The History of Aviation

世界航空史

〔英〕罗伯特·杰克逊 著　李志涛 译

北京航空航天大学出版社
BEIHANG UNIVERSITY PRESS

图书在版编目（CIP）数据

世界航空史/(英)罗伯特·杰克逊著；李志涛译
. -- 北京：北京航空航天大学出版社，2021.5
书名原文：The History of Aviation
ISBN 978-7-5124-3284-0

Ⅰ．①世… Ⅱ．①罗… ②李… Ⅲ．①航空－技术史
－世界 Ⅳ．①V2-091

中国版本图书馆CIP数据核字（2020）第053631号

本书中文简体翻译版授权由北京航空航天大学出版社独家出版并限在中国大陆地区销售。
北京市版权局著作权合同登记号　图字：01-2020-0903号
版权所有，侵权必究。

世界航空史

责任编辑： 邓　彤
责任印制： 刘　斌
出版发行： 北京航空航天大学出版社
地　　址： 北京市海淀区学院路37号（100191）
电　　话： 010-82317023（编辑部）　010-82317024（发行部）　010-82316936（邮购部）
网　　址： http://www.buaapress.com.cn
读者信箱： bhxszx@163.com
印　　刷： 天津画中画印刷有限公司
开　　本： 889mm×1194mm　1/16
印　　张： 28
字　　数： 966千字
版　　次： 2021年5月第1版
印　　次： 2021年5月第1次印刷
定　　价： 258.00元

CONTENTS

CONTENTS

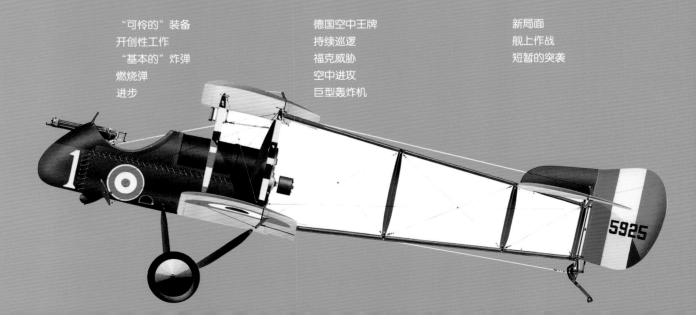

目录

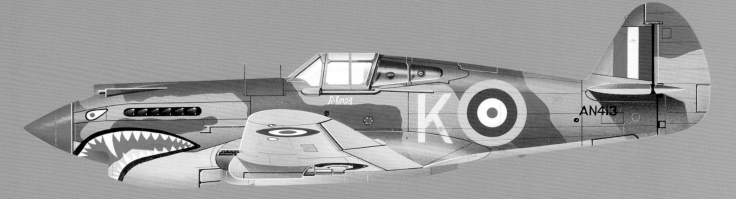

CONTENTS

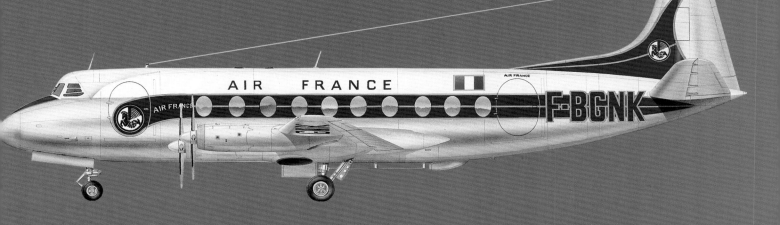

CONTENTS

1958年，随着战略空军司令部地面警戒部队建设进程的顺利推进——此时1/3的轰炸机全天候处于战备状态，战略空军司令部开始采取其他行动以确保轰炸机部队的大部分战机都能够在完成突袭后安全返航，而且能够发起大规模的报复性打击。需要克服的主要问题之一是过度拥挤。20世纪50年代进行的大幅扩张导致一些基地需要供养多达90架B–47轰炸机和40架KC–97空中加油机。首支B–52联队也体量庞大，拥有45架轰炸机和15或20架KC–135 空中加油机，而且全部位于一个基地

第二次世界大战结束不久，美国陆军航空队、国家航空咨询委员会（NACA）和贝尔飞机公司就开始共同致力于设计并生产一款研究用飞机，以探索超音速（1马赫以上）高速飞行领域。通俗地说，由奥地利教授恩斯特·马赫（Ernst Mach）在1887年设计并在后来以他的名字命名的声速单位"马赫"相当于在15摄氏度（59华氏度）的气温条件下，在海上以1224.68千米/小时（760.98英里/小时）的速度飞行，在11000米（36098英尺）以上这一速度降为恒定的1061.81千米/小时（659.78英里/小时）

US AIR FORCE
6675

BELL X-2

CONTENTS

■ 目录

引言

几个世纪以来人类做出的所有重大技术进步中，航空可以说是最为重要的。商用航空业已将全球缩小到一个世纪以前难以置信的程度，而军用飞机已变成影响战争结果的工具。

本书提供了民用和军用航空业的权威年谱，将事实、图像、名人和成就巧妙融合在这部有参考价值的单卷著作中。从古代中国起源到今天的超音速喷气式飞机，追踪航空的主要发展，介绍了航空史上一些最重要的事件。

航空一直是开创性领域，从让·弗朗索瓦·彼拉特尔·德·罗泽尔（Jean-François Pilâtre de Rozier）成为乘坐热气球升空的第一人，到莱特兄弟在基蒂霍克（Kitty Hawk）取得的重大成就，再到今天的高效客机和隐形轰炸机，航空业已生产出可怕的、能够让人类从地球上消失的大规模杀伤性武器的工具，而这种工具已能让人类把蹒跚的脚步踏到别的星球上。人类将选择哪条道路，只有时间能够告诉我们答案。

洛克希德"星座"（Lockheed Constellation）涡轮螺旋桨客机，具有优美的海豚型机身和独特的三尾翼，它是第一架具有广泛用途的密封增压客机

飞翔之梦

一些最丰富、描述最为详细的有关古代飞行器的记载出现在印度神学文献中，特别是在《萨摩拉经》（Samaranga Sutradhara）——组11世纪编辑的文字中，但可能是基于更为古老的素材。这个古老的飞行器被称为"天堂战车"，据称装有一个动力是来自潜藏在汞中某种能量形式的引擎

没有人能够准确知道人类何时第一次飞上蓝天。古时候的传说中夹杂着有关飞行生物和飞行器的故事，很多年来伪科学将这些作为消失的文明了解飞行奥秘的"证据"。据报道，一套名为哈卡沙（Halkatha）的巴比伦法律文件中包含一段这样的文字："操纵一架飞行器是一大特权。飞行的知识最为古老，是远古众神为挽救生命的馈赠。"另一部零散的巴比伦文本——《伊塔那史诗》（*Epic of Etana*）——追溯到公元前3000年到公元前2400年，似乎描述的是一位牧人飞跃中东的故事，而带他飞翔的是一只他救的鹰。一个类似的传说，时间可以追溯到公元前1500年，涉及一位名叫卡乌斯（Kawus）的波斯国王。

虽然这些传说可能很引人入胜，但有关飞行历史的真实记录最早出现在有关中国皇帝的详细的记录中，据载他们尝试过各种各样的飞行器，比较有名的是由人拖动的风筝。他们的目的是战争。公元前206年，中国的将军韩信利用风筝计算他的军队与位于他所围困城中未央宫之间的距离。公元549年，梁国的防御者在城池被敌军包围的情况下通过风筝向周围村庄求救，使用的是一种类似于旗语的信号形式。中国的这种风筝在14世纪被威尼斯探险家马可·波罗记录下来，他将这个概念介绍到西欧，并成为当地的新鲜事物。

然而，其他富有冒险精神的灵魂不满足于大地的束缚，努力模仿鸟儿飞翔。他们制作翅膀，捆绑在身上从高处快速地一跃而起，当翅膀无法使他们在高空飞行时，他们以同样引人注目的方式丢掉性命。

早期飞行理论

尽管早期有许多刻骨铭心的失败，但其中有些人找到了以更为科学的方式解决载人飞行面临的问题。在13世纪，首屈一指的是英国学者和方济会修士罗吉尔·培根（Roger Bacon），他在一篇题为"魔术师作品"（*Opus Magus*，即《大著作》）的科学手稿中设想了飞行器的构造。培根一直痴迷于有一天人类可以飞翔，

▲中国是世界上最早的以载人风筝的形式建造实用飞行器的国家

▶一幅想象中的描写早期飞行尝试的图像，图中展示了一位东方的皇帝乘坐一艘拴着飞鸟的平底船

▲17世纪，意大利布雷西亚的基督教牧师弗朗西斯科·德拉纳提议的飞艇模型。德拉纳设想用抽掉空气的铜球携带他的飞艇升空

◀13世纪，英国修道士罗吉尔·培根推断：比空气更轻的飞行器将是人类飞翔的手段

但起初他不知不觉掉进陷阱，相信人类飞翔必须尽可能模仿鸟类的飞行，也就是要用人造翅膀搏击长空。

培根的学识使得他得以学习研究教会以外的有关早期载人飞行尝试的记载，他渐渐认识到，重复失败的真正原因在于人类微不足道的肌肉无法如鸟儿那样飞翔来带动他的体重，他写道："可以建造一个飞行器，让人坐在引擎环绕的机器中间，通过它让人造翅膀像飞翔的鸟儿一样搏击长空"。发动机的概念由此产生。

正是在这个时候，培根的创意将他带入一个新的思维通道。如果迄今为止载人飞行的尝试因为重量而失败，那么解决方案很明显就是要构建某种装置，不仅可以把一个人带离地面，还要能够让他停留在空中。他在自己两部主要的科学著作中讨论了如何实现，其中他设想了一个有极薄的金属制作的巨大球体，可以在球体中充满"上层大气的稀薄空气，或充满液体燃烧剂，以此升到天上"。虽然这可能超出了培根的科学天赋或是他煞费苦心提出的生动想象，但他的著作确实给了我们有关"轻于空气"原理这一重要思想的原始记录实例。

差不多4个世纪以前，出现了对载人气球雏形理论的回归。这次，涉及的科学家是一位名叫弗朗西斯科·德·拉纳（Francesco de Lana）的基督教牧师。1637年拉纳生于意大利的布雷西亚，他对自然科学具有浓厚兴趣，十分重视最新科学发现的应用。在学习了布莱兹·帕斯卡尔（Blaise Pascal）和伊凡基斯塔·托里切利（Evangelista Torricelli）的实验（发现大气的密度能够测量而且随着高度的升高下降）以及奥托·冯·格里克（Otto von Guericke）的发现（真空环境可以人为创造）之后，拉纳设计了一艘由4个薄铜制大球拖拽升空的飞船，这4个球体中的所有空气都被抽空。

虽然原理听起来已经很充实，不过拉纳的设计可能不能付诸实施，比较简单的原因是铜球会被大气压力立即

◀1790年，安托万·劳伦·拉瓦锡命名了氢气，不过是亨利·卡文迪什在1766年首先发现了这种气体。在整个19世纪，氢气将在气球飞行中广泛使用

压扁。到了18世纪中叶，科学家们开始有了新的发现，这些发现最终将使得人类将拉纳和其他科学家的梦想变为现实。

1766年，英国皇家学会的科学家亨利·卡文迪什（Henry Cavendish）发现了一种气体药剂，他将其称为"易燃气体"，安托万·劳伦·拉瓦锡（Antoine-Laurent Lavoisier）在1790年将其命名为氢气。期间的1774年，伯明翰的化学家、医师约瑟夫·普利斯特里（Joseph Priestley）正在继续他发现"脱燃素气体"或是随后拉瓦锡所称的氧气的研究，普利斯特里在一部题为《关于不同种类气体的实验和观察》的著作中阐述了他的发现。

孟高尔费兄弟和他们的飞行梦

欧洲的科学家们对普利斯特里的书产生了浓厚兴趣，尤其是激发了一个人的想象力：36岁的约瑟夫·孟高尔费（Joseph Montgolfier），当这本书的法文版在1776年出现时他得到了一份手抄本。约瑟夫·孟高尔费对飞行可能性的兴趣可不是昙花一现，而他的弟弟艾蒂安（Étienne）即使不是那么热衷，至少也是一名感兴趣的观察者。随后，艾蒂安变得和他的哥哥一样热衷于这件事，不过是约瑟夫在读了普利斯特里和其他科学家的著作后受到鼓励从而实施他自己的实验。

约瑟夫的第一次尝试性实验涉及他氢气的使用。他做了一个小型纸质气球——对材料的一种自然选择，因得益于孟高尔费家族的造纸贸易，它大量存在——并向其中填充气体，期待着它能升上天空。但这次实验失败了，后来使用的丝质气球也失败了。原因很简单，即氢气能够轻松穿透丝绸和纸。

约瑟夫因此放弃了氢气的使用，他开始实验将热空气作为产生所需提升力的手段。他的有关轻于空气飞行的想法最终在1782年11月得以实践，他在当时居住的法国南部的阿维尼翁建造并实验了他的第一个气球模型。他将丝质气囊罩在火上直到其充满热空气，随后他放开手。这个气球升到天花板并在那悬停了半分钟，直到其中的热空气冷却，气球才旋转着落下。

此时，约瑟夫的弟弟艾蒂安加入进来，他们继续做了三个实验气球，每个都比前一个大一些。第三个气球的直径有10.6米（35英尺），在1783年4月25日起飞，飞到了海拔大约244米（800英尺）的高度，随后落到距离出发点一英里外的地方。

接下来的气球比孟高尔费兄弟之前尝试做的所有气球都要大得多，其容积有622.6立方米（22000立方英尺），总重量为226千克（500磅）。它的气囊由布制材料做成，内衬纸质材料，周长为33.5米（110英尺），通过一个蜘蛛网型网线加固，底端附在一个环绕气孔的方形木框上。1783年6月5日，这个庞然大物在阿诺奈的众人面前展示，它飞到了1830米（6000英尺）的高度，在开始下落之前还在微风的吹拂下漂移了2.5千米（1.5英里）。

第一位飞行员

在阿诺奈取得成功后，孟高尔费兄弟决定冒着巨大风险在凡尔赛宫当着路易十六和王后玛丽·安托瓦内特（Marie Antoinette）的面展示他们的下一个气球。他们克服了一系列挫折，1783年9月19日这天，他们将最新作品悬停在凡尔赛宫的一个平台上面，用脚手架上垂下的布帘把它隐藏起来。为了更好地防范，皇家卫队的士兵站在平台周围以防止任何人对气球造成损害，无论是否有意。

在参加完以他们的名义举办的宴会后，孟高尔费兄弟着手放飞气球，路易十六和王后到场观看。一个小时左右，气球完全充好气，在平台上方鼓起。附在气球颈部的一个柳条笼子内坐着三位不知所措的乘客：一只羊、

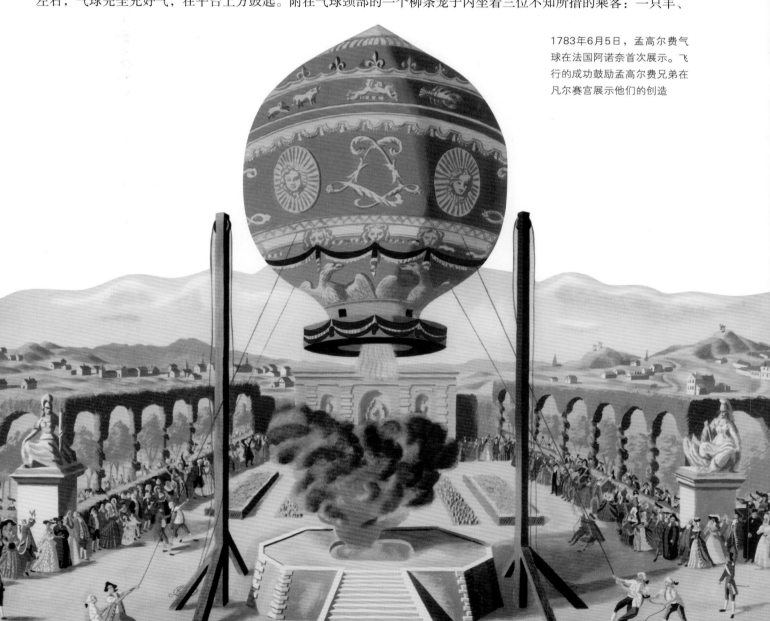

1783年6月5日，孟高尔费气球在法国阿诺奈首次展示。飞行的成功鼓励孟高尔费兄弟在凡尔赛宫展示他们的创造

一只公鸡和一只鸭子。起初，孟高尔费兄弟想找一个人尝试这次飞行，但路易十六并不像两兄弟那么有信心，完全否决了这个想法，他认为这是充满极端风险的冒险行为。因此，成为历史上第一位飞行员的荣誉落到三只动物身上。

四门大炮炮响之后，缆绳被解开，气球飞向天空，爬升到大约500米（1700英尺）的高度后顺风飘远。8分钟过后，它降落在距离出发地3000米（2英里）外沃克雷松的森林里。这是一次令人失望的短暂飞行，而之前孟高尔费兄弟测算这次飞行会维持至少20分钟，气球能达到3660米（12000英尺）的高度。后来，他们在布料上发现了一些小洞，导致过早下降。

一些观众骑着马追随这次飞行，最先赶到着陆的现场。那些期望看到三位动物乘客残骸的人很失望。在气球穿过树木下降中柳条笼子已经破开，那只羊站在附近，专心吃着一片草，鸭子漠不关心地在周围蹒跚踱步，只有那只公鸡挂了彩，一只翅膀受了点轻伤。

▲ 这幅虚构的绘画描述了孟高尔费气球携带彼拉特尔·德·罗泽尔（可以看到他在吊篮里挥舞帽子）在塞纳河上遨游的景象

▼ 1785年6月15日，法国气球驾驶员让·弗朗索瓦·彼拉特尔·德·罗泽尔和他的助手罗曼·皮埃尔·安吉尔在试图横跨英吉利海峡的飞行中遇难，他们的气球起火并坠向地面

"飞"向天空的人

　　凡尔赛展示数天后，孟高尔费兄弟宣布他们将建造一个更大的气球，设计携带两个人升空。国王保持怀疑态度，但最终表示同意，1783年10月15日，一个孟高尔费氏气球搭载一位志愿者进行了一次拴绳升空。这位志愿者的名字叫让·弗朗索瓦·彼拉特尔·德·罗泽尔（Jean-François Pilâtre de Rozier），一位曾目睹过孟高尔费兄弟早期展示的29岁的化学和物理教师。德·罗泽尔做了四次上浮，每一次都比前一次更高。第三次，压载物被撤掉，另一位乘客——吉伦特·德·维莱特（Girond de Villette）爬到边座坐好。气球携带着这两个人飞到了100米（324英尺）的高度，9分钟后降落到平台上。德·维莱特随后出来，他的位置由马奎斯·阿兰德斯（Marquis d'Arlandes）——一位富有且有影响的、曾帮助说服路易国王改变有关携带乘客问题看法的贵族取代。

　　自由飞行的尝试计划原定于11月20日进行，但由于风雨的干扰受阻。第二天早晨天气明显改观，继续为飞行做准备。孟高尔费兄弟请德·罗泽尔再做一次有牵制的飞行以检查气球的升举能力，这一次气囊适当充气。突然，一场意想不到的阵风吹向气球并将其吹离建立在布洛涅森林米埃特城堡内的发射台。气球被艰难地拉回地面，但气囊已经被撕开几个大洞。

　　孟高尔费兄弟面临不得不打算取消这种尝试，不过，他们碰到了意想不到的好运气，一些女裁缝师从聚集的人群中自告奋勇地走出来帮助修补破洞。两小时后，孟高尔费兄弟又能够为气球充气了，13点50分德·罗泽尔和马奎斯·阿兰德斯登上气球。4分

▲ 为一个氢气球充气。氢气易燃的特性意味着它是一种危险的气体，但直到氦气产生前它是唯一可用的气体

钟后，德·罗泽尔给出解开的信号，随后气球伴随着观众的巨大欢呼声平稳地升上天空。当到达大约91米（300英尺）的高度时欢呼声更加高涨，两位飞行员挥舞帽子向大家致意，随后温和的西北风吹来，气球朝着塞纳河的

方向飘去。

25分钟后，德·罗泽尔和他的乘客安全地降落在现在意大利广场所在的鹌鹑之丘附近，这里距离米埃特城堡8千米（5英里）左右。整个飞行在相对低的高度——低于305米（1000英尺）——上进行，即使这样，飞行也并非一帆风顺；好几次，两个人不得不使用湿海绵堵住由飞散的火花在气囊上造成的漏洞。成功和灾难之间的边界很窄，但人类第一次剪断了将其束缚在地球上的绳索。对天空的征服真正开始了。

同时，另一位法国人——雅克·亚历山大·塞萨尔·查尔斯（Jacques Alexandre César Charles）正在试验氢气填充的气球。他在1783年8月27日展示了他的研究原型，这只无人气球从巴黎的战神广场起飞，到达915米（3000英尺）的高度。它在飞行中进出云层，45分钟后降落在24千米（15英里）外距离戈内斯村不远的地方。不过，当查尔斯和他的助手到达现场，气球剩下的是一团被撕碎的布料，散落在农场上——当地农民由迷信带来的恐惧和无知驱使他们用长柄大镰刀和干草叉"消灭"了这个翻滚的怪物。

查尔斯筹集了建造一个载人氢气球所需的资金，其中对氢气球的基本设计（仅有微小变化）沿用了一个世纪。这个圆形气球的直径超过8.2米（27英尺），由经过特殊橡胶胶水处理的丝绸材料的截锥形部分制成，这一发明来自查尔斯的亲密伙伴安尼（Ainé）和柯德特·罗伯特（Cadet Robert）。这个气球的颈部有开口，使得气体能够在膨胀时溢出——因此避免了高度增加压力减少时造成的气球爆炸危险——而且多余的气体也可以通过气球顶部用弹簧顶住的阀门释放出去，这个阀门的控制通过悬到气囊内部的绳索完成。一个貌似小船的稍显华丽的吊舱悬挂在气球颈部下面。

气球的首航安排在1783年12月1日，查尔斯和安尼乘坐其中。它从巴黎的杜伊勒里宫花园起飞，受西南风的影响，飘过法国的乡村前行了43.5千米（27英里），航行了两个小时后降落在内勒。气球被来自内勒的农民和一群市民牢牢抓住，两位气球驾驶员安定下来趁着细节在头脑中还比较清晰时专心致志地记录这次短暂的飞行，同时等待那些从杜伊勒里宫出发追逐气球的人。

三名骑手在夕阳西坠时飞奔过来热情地拥抱这两位气球驾驶员。充满成功喜悦的查尔斯立即表示要再做一次短途飞行，这次是他自己。他爬回气球的吊舱，示意地面的志愿者放飞。气球在黄昏中迅速上升，过了一会儿，当残阳的最后一缕光辉落在气球上，气球变成他们头顶上空一个鲜艳的发光气泡时，观众发出狂热的呼叫。

金色的日光

气球快速攀升至大约3050米（10000英尺）的高度。温度已经降到很低，但查尔斯几乎没有感觉。他独自身处金色日光中，而气球掠过的下面的人在夜幕中没有注意到。当光线淡出淡入地平线，这位飞行员被一个新的惊喜围绕，他意识到他成为第一个在同一天内看到两次日落的人。突然，他的右耳感到一阵剧痛——由于快速爬升至接近3千米（2英里）的高度——打扰了他的白日梦。他拉动阀门的释放线，气球开始下降，第二次梦幻飞行开始后半小时，他降落在距离内勒3英里的一片耕地上。

雅克·查尔斯到底是经受不起这种传奇经历带来的刺激，还是被独自飞行深深地惊吓了，我们不可能知道。我们知道的情况是他再也没有飞行，虽然罗伯特兄弟（安尼和柯德特）之后又多次乘气球飞行。

虽然从事飞行的一些先驱者借助充满热空气或氢气的气球飞上蓝天，但其他人在能够仿效鸟儿飞翔（或尽可能接近之

▲雅克·亚历山大·塞萨尔·查尔斯率先使用氢气填充的气球。在他早期进行的一次升空中，他本人成为第一个在一天内两次看到日落的人

前不会止步。罗吉尔·培根（Roger Bacon）是其中一位；另一位是列奥纳多·达·芬奇（Leonardo da Vinci），在1495—1505年这十年间，他似乎沉迷于人类飞行问题。类似培根，达·芬奇的想法远远超出他所处的时代；不同于培根，他将大量工程学知识应用其中。他是阐明飞行原理的第一人；他知道水和空气都是流动的，而固体穿过这两个介质的行为在本质上应当是相同的。

1505年，达·芬奇撰写了一部有关鸟类飞翔的非常详细的论著，这是一部用秘密的反手笔迹写就的天才著作。在教会以令人不快的方式对待那些被认为是异端看法的年代，达·芬奇费尽心机地隐藏他以科学研究的方式所做的事情。结果是他的大部分科学著作在其逝世的将近400年里不为世人所知；否则的话，后来的飞行先驱者就可以免遭大量的磨难和悲剧。例如，达·芬奇清楚，伸开翅膀的鸟儿不能垂直下落，而是要以一定角度滑翔。他还知道鸟儿利用翅膀和尾巴作为空气制动器来抑止下降，而且还会利用上升的气流飞得更高。他甚至知道当一只飞翔的小鸟突然失去平衡时，要使其恢复安全必须要有足够的高度。达·芬奇涉及飞行的著作总计约35000字。

滑翔机模型

▲列奥纳多·达·芬奇将工程学原理引入飞行科学

▶图中所示的是列奥纳多·达·芬奇设计的一款扑翼飞机的机翼结构

虽然列奥纳多·达·芬奇在他的著作中为飞行的原理奠定了基础，但是在300年后定义机械飞行原理——重量、提升、拖拽和推力之间的关系的是一位英国人。他就是住在靠近约克郡斯卡伯勒市的布朗普顿庄园的乔治·凯利爵士（Sir George Cayley），他无疑是航空史上最有才华且多才多艺的先驱者之一。

1804年，在实验了多款滑翔机设计模型后，凯利建造了被认为是历史上第一个严格意义上的航空器，一架大约1.5米（5英尺）长的滑翔机。这个滑翔机装有倾斜成6度的固定翼，机身上还有一个通过万向节安装上的十字形水平尾翼。五年后，他建造了一架更大的成功空载飞行的滑翔机，有时可以携带一个人或一个大人背一个小孩飞行几米。没有关于这个机器外形的现存记录，也没有图纸，但凯利在1810年留

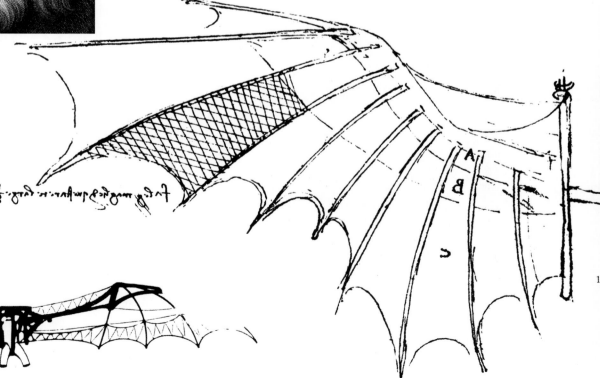

▲列奥纳多·达·芬奇绘制的旋翼机草图展示了他对直升机原理的牢固把握，用奇特的反手笔迹注释了他的草图

下了这段"诱人"的记录："去年我做了一台机器，表面积为300平方英尺（28平方米），在有机会试验推进装置效果之前意外损坏；但它的驾驶和稳定性大为改进，能够通过方向舵的控制朝着任何方向向下倾斜飞行。即使在这种状态下，当有人驾驶它以全速向前奔跑，利用微风，滑翔机能够具有足够强劲的向上动力以使得他几乎脱离地面；还会经常把他拉起来，送到几米远的地方。"

凯利从未失去对航空的兴趣；他在接下来的30多年里触及各个领域，试验了扑翼飞机和飞船气球，还发明了火炮炮弹的稳定翼片。随后，1843年，在建造了多个模型、提出有关垂直升降飞机（一种直升机）的一个独创性设计后，他在1849年建造了一架三翼飞机，第一次进行携带压载物试飞后，他一位仆人的仅有10岁的儿子随后进行了飞行。这次被称为"男孩运载者"的载人飞行有可能仅仅飞行了几米。

▲乔治·凯利对航空事业的巨大贡献后来得到莱特兄弟的确认。他是重于空气飞行的先驱

1853年，凯利完成了滑翔机3号，这架飞机与前一架几乎没什么差别，也是一架三翼飞机，同年6月的某天，这架飞机携带凯利的马车夫进行了一次著名的简短飞行。这位车夫被称作约翰·艾伯比（John Appleby），实际上，他的真实身份至今还是个谜。这架滑翔机搭载着惊恐的乘客，据说跨越布朗普顿庄园后的一个小山谷飞行了大约500米（1500英尺），随后撞向地面。毋庸置疑，这次飞行可以被描述为历史上第一次载人（但不是飞行员）滑翔机飞行。顺便说一下，这位马车夫（或根据另一项记载，男管家）相传在降落时摔断了一条腿，并且当场辞职。很多年后，凯利的孙女多拉·汤普森（Dora Thompson）回忆这次事故说："我记得后来听说是一个大型机器在他所居住的布朗普顿庄园后山谷偏高的一面启动，这位马车夫坐在里面被发射出去，他飞跃了这个小山谷约500米后向下摔下来。动力是什么我不知道，但我想这位马车夫的动摇，导致他的倾覆，观看者急忙营救。他挣扎着起来说道，'乔治阁下，我想做个通告。我是被雇来驾车的而不是飞行的'……我想我可以这样说，在1852年我9岁大的时候，我目睹了该机器飞跃山谷。至少很像是这样。"

▲乔治·凯利的设计包括可垂直升降的飞机、直升机和飞机，图中所示是模型。这一概念在一个世纪后成为现实

▼1853年，凯利设计的一款载人滑翔单翼机。这大概就是那位不情愿的马车夫在约克郡乘坐完成一次横越山谷短暂飞行的单翼机

领先他的时代

　　除了诸如此类的实际实验，凯利的科学论文对扩展的航空领域也产生了深远的影响。他的最重要的题为《航空》的著作，讨论了空气动力学原理及其实际应用，还载于在1909至1910年被称作"尼科尔森自然哲学、化学和艺术期刊"的一份科学出版物上。然而，很长一段时间过后，大约在其死后20年，凯利的著作才被更多读者见到，他的论文在1876年和1877年分别在英国和法国出版。

　　在其中一段，凯利阐明他"完全相信这项卓越的技能很快会被人类掌握，我们最终将能够带着我们的家属和行李比乘船更安全地旅行……唯一需要的就是一个比人类的肌肉系统更为发达的能够在每分钟产生更多动力的发动机"。而这正是乔治·凯利爵士的悲哀：他的设计足以让空运成为可能，但是缺少维持在空中的动力。如果有一种合适的动力源——如内燃机可以利用，几乎可以肯定的是凯利的设计能够在19世纪的后半期促成持久的跨越英格兰约克郡山谷的动力飞行。

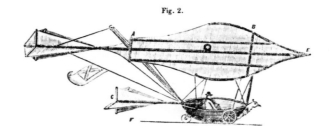

Mechanics' Magazine,

MUSEUM, REGISTER, JOURNAL, AND GAZETTE.

No. 1520.]　　SATURDAY, SEPTEMBER 25, 1852.　　[Price 3d., Stamped 4d.

Edited by J. C. Robertson, 166, Fleet-street.

SIR GEORGE CAYLEY'S GOVERNABLE PARACHUTES.

Fig. 2.

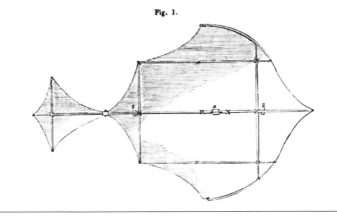

Fig. 1.

◀英国工程师威廉·塞缪尔·亨森为他设计的一款"空中蒸汽客车"申请了专利，它是第一个顺应现代路线的固定翼飞机概念

蒸汽机

有一个深受乔治·凯利爵士著作影响的人，他认为蒸汽机（虽然很笨重）能够为飞行器提供合适的动力源。他是英国萨默赛特郡的一位工程师，名叫威廉·塞缪尔·亨森（William Samuel Henson）。1842年，他设计并获得专利的一个飞行器对后来重于空气航空器的发展产生了巨大影响。亨森的设计——空中蒸汽客车，是第一个顺应现代路线的固定翼机概念，由一个船型机身、装在其上的传统机翼和尾翼组成。亨森对这个项目是这样打算的：设法促成一项空运业务，并计划与他的朋友约翰·斯特林费洛（John Stringfellow）合伙成立一家空中蒸汽转运公司。但这家公司一直没有建立起来，亨森在一个成比例模型试验失败后失去了兴趣。1848年他移居美国，对航空也不再有兴趣。

亨森的航空梦破灭并移居国外后，约翰·斯特林费洛着手改进他的朋友建造的小型蒸汽发动机，并将其安装在一架新的翼展为3米（10英尺）的单翼飞机模型上。这个模型在1848年进行了试验，但结果令人失望。它从萨默赛特郡查德地区的一个高处起飞，但没有实现持续飞行。

▲在一个试验模型失败后，塞缪尔·亨森开始对"空中蒸汽客车"不抱幻想，但这一概念由他的同事约翰·斯特林费洛继续下去，他着手改进亨森的蒸汽机并设计了一款新的单翼机

约翰·斯特林费洛（上图）可能是第一个建造并试飞一架有动力飞机的人，虽然他的模型（左图）并不被认为能够完成持久飞行

斯特林费洛在接下来的20年里没有进行航空设计，但在1868年创作了另一个模型，这次是一架三翼飞机。他同年在伦敦水晶宫举行的首次世界航空展上展示了他的设计，其模型的创新性为他赢得了100英镑的奖励（来自航空领域的捐赠）。实际上，这个奖励在很大程度上是承认了他的小型蒸汽发动机的效能，被认为是当时所有经过试验的功率重量比最好的动力设备。当时对这个模型的描述存于一本航空领域的期刊之中：

"它由三个总面积为28平方英尺（2.6平方米）的叠合面和一个8平方英尺（0.7平方米）多的尾翼组成。重量不到12磅（5.5千克），它通过一个由蒸汽机（1/3马力，有点高估）提供动力的中央螺旋桨驱动。它在试验中向上运动到电线高度时停了下来，没能完成自由飞行，主要是平衡性存在缺陷的缘故。"

根据一位目击者的记录，斯特林费洛在水晶宫展示结束回到查德后继续测试他的模型："当放飞时，它沿着一定倾角下降直到撞到展台的帆布上；但给人的印象是如果有足够的下落过程，它能够自我恢复……最后准备在户外放飞这个模型，当展示所需条件得到满足时，发现发动机由于过度使用需要维修。好几个月后，在查德的一片空地上（上面覆有一条导线）当着作者的面进行了试验。发动机的燃料是甲基化酒精（methylated spirits），模型在线下运行的某些阶段，产生的气流使得发动机总是熄火，因此这些有趣的试验宣布失败。"

斯特林费洛用奖金"……竖立了一个70多英尺（21米）高的建筑物，利用它进行实验，目标是最终建造一个能够携带驾驶员（控制方向、完成操作）的飞行器，模型实验给他留下深刻的印象，即对于不具有自动稳定性的任何航空装置来说都要有智能控制。但他已经69岁了，视力下降，直到1883年去世，他也没能在已有成就的基础上更进一步。"

约翰·斯特林费洛的去世并不意味着他的家族在航空领域销声匿迹，他的儿子——小斯特林费洛（F.J. Stringfellow）继承了父亲的研究路线，于1886年设计了一个带有两个螺旋桨的双翼飞机模型，但这个设计最终也失败了。如果斯特林费洛父子进行的研究证明了什么，那就是蒸汽并不是解决动力飞行问题的正确答案。

蒸汽实验的继续

尽管斯特林费洛的实验没有成功，但是确有一个蒸汽发动机经过调整促成了世界上第一次成功的动力模拟飞行。这个模型于1857年由一位法国海军军官——费利克斯·杜·坦普·德拉克鲁瓦（Félix du Temple de la Croix）设计出来并试飞。1874年，他建造了全尺寸版——杜·坦普单翼机，搭载着一个不知名的水手，在经过一段下坡加速后这架飞机通过发动机起飞，虽然没能维持飞行，它也成为第一架全尺寸、离开地面的、有动力装置的飞机。

1884年，一位名叫亚历山大·福利多维奇·莫扎伊斯基（Alexander Feodorovitch Mozhaiski）的俄国工程师建造了一架由英国产的蒸汽机驱动飞机，在圣彼得堡附近的红村进行了试飞。飞机的驾驶员为戈卢别夫（I.N. Golubev），他沿着"跳台滑雪"式斜坡向下完成起飞，但没有实现持续飞行。飞机的设计以亨森的"空中蒸汽

▲克莱门特·阿德是当之无愧的设计一款能够依靠自身动力飞行飞机的第一人，但他的信誉由于他随后欺骗性地声称自己是完成持续的重于空气飞行的第一人而被毁

◀1897年，克莱门特·阿德试验他的"军用飞机III"号。这款飞机没能成功离开地面，试验被放弃

客车"为基础，而且起飞的方法也源于他的技术。在斯大林时代，苏联作家都渴望将这次飞行称为世界首次动力飞行，但不管怎样想象它都不是。

不幸的是，欺骗性的声明在航空事业的早期较为普遍，成功飞上天空是一场竞赛。最令人心痛的一个例子是克莱门特·阿德（Clement Ader），一位非常有天赋的法国工程师，他因设计了第一架靠自身动力飞行的飞机而在航空史上占有一席之地。不幸的是，阿德的信誉由于他随后声称自己是完成持续的重于空气飞行的第一人而被毁，这项声明很快就被毫不含糊地被驳回了。

风神

阿德设计的蝙蝠形状的蒸汽动力飞机被命名为"风神"（Eole，希腊传说中掌管四方风的神），在1890年完成，同年10月9日阿德准备在靠近法国格里兹的奥美威列尔城堡前的空地进行一次试飞。发动蒸汽发动机后，阿德坐进简陋的驾驶舱，下午2点，"风神"出发，滑行了一小段距离后升上天空，"跳跃"了大约50米（160英尺），掠过地面。这次简短的飞行是在不受控制的情况下完成的，不相称的蒸汽机也无法保证持续飞行。然而，阿德首次表明，一个重于空气的航空器能够靠自身动力飞离水平面。

在军事部门的资助下，阿德着手改造并扩大风神的基本设计，1892年，他开始建造一台他命名为"军用飞机II号"（Avion II）的机器（军用飞机这个词是阿德的发明，至今还在标准法语中使用）。这台机器没有完成，但阿德随后着手设计另一个版本——"军用飞机III"号，其中由两个15千瓦（20马力）的蒸汽机带动对转牵引式螺旋桨。这台机器于1897年10月12日和14日在凡尔赛南部的萨托里试验了两次，但都没有离开地面。第一次试验这架军用飞机仅仅沿着事前铺设好的轨道运动，第二次它"跳离"轨道进入附近的田地。由于没有实现飞行，进一步的试验被放弃。

不过在1906年，阿德声称"军用飞机III"号完成300米（985英尺）的飞行，并撰写了一份完全虚构的飞行报告。且不说后来成为"阿德事件"的这件事非常糟糕的性质，阿德在他的研究中始终将蝙蝠作为飞机的形状也很令人遗憾。如果他的设计以鸟的翅膀为基础，他可能真的成为第一个完成可控的、重于空气飞行的人；然而，"军用飞机III"号和更早的"风神"一样，不适合作为升降舵或任何飞行控制的手段。克莱门特·阿德于1926年

3月5日在法国图卢兹去世。

美国19世纪科学研究的领导人物——塞缪尔·皮尔庞特·兰利（Samuel Pierpont Langley），在飞行器方面也有建树，他设计了一系列飞机模型，全部叫作"Aerodrome"。这个名字随着时间的推移在航空领域有了完全不同的意思（现在是指飞机场、航空站）。在经历了几次设计上的失误（太脆弱、动力不足而无法维持自身），兰利第一次真正意义上的成功发生在1896年5月6日，他设计的"Aerodrome5"号完成了第一次无人驾驶、发动机驱动、重于空气大尺寸飞机的成功试飞。它通过一个安装在弗吉尼亚州匡蒂科附近的波托马克河游艇上的弹簧驱动弹射器启动。那个下午进行了两次飞行，一次大约1000米（3300英尺），另一次700米（2300英尺），速度大约是40千米/小时（25英里/小时）。11月28日这天，一个类似的模型——"Aerodrome6"号，完成了另一次成功飞行。这次飞行的距离大约有1460米（4790英尺）。

串翼机

1903年，兰利接着建造了一架全尺寸、有人驾驶的串翼机；不过，它在从改装的游艇上启动的两次试飞（10月7日、12月8日）过程中坠入波托马克河，后来被放弃。

当阿德、兰利和其他人在19世纪后期实验有动力装置的设计时，一个人却在力图通过使用滑翔机实现完美的重于空气飞行。他就是奥托·李林塔尔（Otto Lilienthal），一位德国的工程师、发明家，他也是历史上第一个成功起飞并完成可控飞行的人。李林塔尔在童年时代（14岁时）就对飞行力学感兴趣，他实验过两架初期的滑翔机。19世纪60年代后期，在弟弟古斯塔夫（Gustave）的陪伴下，他开始认真研究航空学，研究鸟儿飞翔的机理和空气动力学。

▼阿德的"军用飞机Ⅲ号"在法国的工艺美术博物馆有图片展示。其前身"军用飞机Ⅱ号"一直没有完成

▲1903年12月8日，兰利的“Aerodrome A”在从停泊在匡蒂科附近的波托马克河上的一艘游艇上启动不久在空中解体。这是两次尝试发射的第二次

▼塞缪尔·皮尔庞特·兰利的“Aerodrome”安装在波托马克河的一艘游艇上。兰利是美国19世纪科学研究领域的领袖人物，设计了一系列飞机模型

1891—1896年间，他以一系列非常成功的全尺寸滑翔机试飞的方式将他的研究付诸实践。在这个时期，李林塔尔以他有关空气动力学的研究为基础通过16个不同的滑翔机模型完成了将近2000次简短飞行。他的前两架滑翔机并不成功，但第三个设计——一个带有十字形水平尾翼和垂直尾翼的单翼机运行良好，之后的机器也是如此。多亏了一个用柳木制作的圆形减震器，他才得以在“滑翔机9号”俯冲向地面的严重撞击中幸免于难。他接着研制了他“标准”的单翼滑翔机——“李林塔尔11号”。

李林塔尔的大部分滑翔都是从他位于大光野（Gross-Lichterfelde）家附近的小山以及距离柏林80千米（50英里）环抱里诺村庄的群山上出发的。这些滑翔机，最远飞行了300多米（985英尺），持续了12～15秒。

在1896年夏天，李林塔尔的飞行实验走向悲惨的结局。8月9日这天，当他驾着一架标准单翼滑翔机翱翔在天空时，一股强风使得飞机急剧上升，滑翔机失速从15米（50英尺）的高度栽向地面。李林塔尔脊椎断裂，第二天在柏林医院去世。

皮尔彻的滑翔机

尽管结局悲惨，但李林塔尔在滑翔机方面的努力为其他想要成为飞行员的人提供了灵感。其中一位是名叫珀西·辛克莱·皮尔彻（Percy Sinclair Pilcher）的

苏格兰工程师，他两次造访李林塔尔并购买了一架由这位德国工程师设计的飞机。在获得了这方面的经验之后，皮尔彻着手设计滑翔机。他于1895年完成第一架，命名为"蝙蝠"。他接下来的两架滑翔机并不成功，但在1897年他的最新款式的设计——"鹰"，创造了230米（750英尺）的距离纪录。

1899年，"鹰"号滑翔机因结构故障坠毁，皮尔彻丢掉了性命。在他去世前的那段时间里，他正在建造一架单翼机，为其提供动力的小型重油发动机已经完成并经过测验。2003年，这架飞机的复制品由英国克莱菲尔德大学航空学院建造出来，这架滑翔机在无风的空气条件下（没有利用逆风来帮助它升空）完成了1分26秒的持续可控飞行。如果不是英年早逝，珀西·皮尔彻可能成为第一个完成持续动力飞行的人。代替他享受这一荣誉的是两个美国兄弟，他们一直竭力追随大西洋彼岸欧洲早期飞行员的脚步。

1878年的一天，这对兄弟获得来自父亲的一份礼物。一个大约30厘米（1英尺）长的飞机模型，它是由纸、竹子和软木做成的，机身上搭配的双螺旋桨通过橡皮筋的张力拉动旋转。这对兄弟对飞机模型爱不释手，直到其损坏，他们随后着手建造一架他们自己的飞机。这对兄弟的名字是威尔伯·莱特和奥维尔·莱特。

▲1895年10月，奥托·李林塔尔在大光野展示他的双翼滑翔机。李林塔尔的大部分飞行都从这里开始，从一座他自己建造的小山上起飞

▼李林塔尔的11号单翼滑翔机。1896年8月9日，李林塔尔驾驶一架单翼滑翔机坠毁并遭受致命创伤

一名摄影师记录了莱特兄弟在基蒂霍克进行的一次早期飞行。莱特兄弟对研究一丝不苟，在尝试动力飞行前建造了几架滑翔机

2 动力飞行先锋：
1900—1914年

想成为飞行员的人在19世纪后期争相试验各种类型的内燃机，但真正促使载人飞行出现技术革命的是1876年由尼古劳斯·冯·奥托（Nikolaus von Otto）首次展示的四冲程汽油发动机

莱特兄弟（奥维尔和威尔伯）在尝试建造有动力装置的飞机之前选择了一条明智的道路：进行风筝和滑翔机试验。作为俄亥俄州代顿市的居民，他们经营一家自行车设计、维修和制造企业，这家企业的成功使得他们能够无所顾忌地沉迷于飞行。他们阅读的有关奥托·李林塔尔及其滑翔机飞行的文章，对他们产生了巨大影响，1896年的三个事件似乎促使他们建造自己的飞机。第一个是史密森尼学会（the Smithsonian Institution）的秘书长塞缪尔·兰利建造的无人驾驶蒸汽动力模型飞机试飞成功；第二个是一位名叫奥克塔夫·沙尼特（Octave Chanute）的芝加哥工程师在密歇根湖的南岸试验了各种类型的悬挂式滑翔机；第三个是李林塔尔的意外死亡。

莱特兄弟的第一架滑翔机在1899年建造完成。这是一架双翼飞机，装有一个前置单翼机升降舵而且没有尾翼面。在咨询了气象局后，他们决定将试验飞机的最好地点放在北卡罗来纳州的基蒂霍克，这里大部分时间气象条件都相对稳定。他们于

▲奥维尔·莱特（左）和他的哥哥威尔伯。这对兄弟受到奥托·李林塔尔及其滑翔机飞行、兰利模型试验的重要影响

1900年10月在这里试飞，很像是放飞风筝，他们轮流试验以找到空气动力的"感觉"是什么样的。1901年7月和8月，他们的2号滑翔机在基蒂霍克南部的斩魔山（Kill Devil Hills）起飞。这也是一架装有前置单翼机升降舵且没有尾翼面的双翼飞机，不过在1902年8月试飞的3号滑翔机开始有固定的双尾翼。后来又替换为一个后方向舵，这个方向舵与翘曲机翼（实现横向操纵的一种方法，后来被副翼替代）相连以抵消翘曲阻力。

一种科学的方法

莱特兄弟对待工作有一种科学的态度。他们甚至设计了一个风洞来测量气流对飞机机翼作用力的大小和方向。他们对托举、阻力还有其他影响飞行的因素进行了测量，并将这些数据以表格形式记录下来。他们研制的第

▼1909年，安装轮式起落架之后的第一架莱特"飞行者"。照片中的人代表当时美国陆军通信兵的整个飞行分支

▲1903年12月17日，莱特"飞行者"在基蒂霍克起飞完成历史性的12秒飞行，驾驶它的是奥维尔。当天又进行了三次飞行

三架滑翔机就是以这些风洞测量结果为基础的，他们认为这些数据的精确程度足以让他们着手设计一架有动力装置的飞机。

在图版上渐渐浮现的这个飞行器是一架翼展12.3米（40英尺）、长8.5米（28英尺）、高2.5米（8英尺）的双翼飞机，重量为274千克（605磅）。机翼由翼梁和翼肋组成，上下包裹着原色、未经处理的棉布。外翼末端可翘曲以维持侧面的平衡。机翼后面有两个螺旋桨，以相反方向旋转。它们是用两层云杉木胶合在一起的，每一层有4.5厘米厚。翼肋和起落架（一对滑橇）用两次生长的白蜡木制成，翼梁和支杆是云杉木的。前面装在悬臂支架上的是升降舵，可移动，用于垂直控制，表面积为4.5平方米（48平方英尺）。后面是方向舵，表面积为1.9平方米（20平方英尺）。飞行员趴在下翼上，用左手摆动一个小控制杆来操纵升降舵；他控制彼此连通的机翼和方向舵的翘曲程度，通过将身体从一边移动到另一边来转动屁股下面的操控支架。他处在飞机下翼稍稍靠左的位置，以此平衡安装在翼梁上的发动机的重量。

由于无法从美国制造商那里取得发动机，莱特兄弟——他们曾组装过为工具车间提供动力的发动机——决定在受雇机械师查尔斯·泰勒（Charles E. Taylor）的协助下建造发动机。在他们的共同努力下，生产了一个缸径与行程为10厘米、输出功率将近9千瓦（12马力）的四缸发动机。

莱特"飞行者"	
机型：试验用双翼机	
发动机：一台9千瓦（12马力）莱特四缸直列发动机	
最大速度：50千米/小时（31英里/小时）	
重量：340千克（750磅）	
尺寸： 翼展	12.29米（40英尺）
长度	6.43米（21英尺）
高度	2.81米（9英尺）
机翼面积	35平方米（510平方英尺）

第一架真正的有动力飞机
莱特"飞行者"

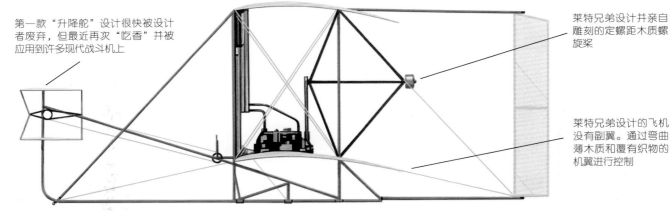

第一款"升降舵"设计很快被设计者废弃，但最近再次"吃香"并被应用到许多现代战斗机上

莱特兄弟设计并亲自雕刻的定螺距木质螺旋桨

莱特兄弟设计的飞机没有副翼。通过弯曲薄木质和覆有织物的机翼进行控制

▲莱特"飞行者"的侧面图，展示了发动机的位置以及驱动螺旋桨的曲轴的安排。莱特兄弟的设计展示了许多巧妙之处

1903年9月，这架飞机和它的引擎被运到基蒂霍克。装配耽误了一些时间；不过，在12月14日这天，试飞工作一切就绪。飞机迎着风安装于架设在18米（60英尺）发射轨道上的小机车上。这对兄弟抛硬币决定谁作为飞机的第一位飞行员，威尔伯胜出。螺旋桨开始转动，飞机沿着轨道向下移动，速度提升，升上天空——由于上升的角度太陡，飞机坠落下来，摔坏了一个滑橇和其他一些小部件，但威尔伯没有受伤。

12秒飞行

修缮工作很快完成，12月17日是寒冷多风的一天，兄弟俩再次试飞，这次飞行由奥维尔操纵。在滑行了12米（40英尺）后（威尔伯在一旁奔跑着紧紧抓住一侧的翼尖来保持飞机的平衡），这架飞机升上天空迎着风飞行了37米（120英尺），速度达到43千米/小时（27英里/小时）；飞行持续了12秒。

那天还进行了三次飞行，兄弟俩轮流操控，最后一次飞行在威尔伯的控制下持续了59秒，飞行距离达到260米（852英尺）。不幸的是，着陆不大稳当，损坏了滑橇和升降舵的吊带。而且当莱特兄弟站在旁边讨论飞行时，一股突然刮来的强风吹向飞机，几次将它掀翻，损害更加严重。由于现场无法维修，在基蒂霍克的飞行被迫中止，受损的机器用船运回了俄亥俄的代顿市。

莱特兄弟的第二架双翼飞机（或"飞行者II号"）于1904年5月23号首飞，飞行地点从基蒂霍克移到代顿附近的荷夫曼牧场（Huffmann Prairie）。之前的飞机都是通过轨道起飞，在发动机高速旋转时飞机是被拴住的，然后放飞；在荷夫曼牧场起飞是在起重装置的协助下完成的，这种方法在随后的数百次起飞中被采用。

1904年11月9日，在完成了首次巡回飞行后，"飞行者II号"在12千瓦（16马力）莱特发动机的驱动下在一次飞行中创造了新的纪录：飞行距离4.5千米（2.75英里），飞行时间5分钟。1905年，在提供给（被退回）美国和英国军方之后，"飞行者II号"被拆散，很多部件被用在性能大为改进的"飞行者III号"的构建上。这是莱特兄弟首架完全实用性的飞机，至同年10月中旬，进行了大约50次飞行。

▼寇蒂斯"六月虫"——也被称为"金色飞行者"（Golden Flyer），是由美国先驱格伦·寇蒂斯建造的第一款飞机。它因在1909年完成一次40千米（25英里）的飞行而获得《科学美国人》杂志的奖励

此时，相对于欧洲同行，莱特兄弟已遥遥领先。他们在美国没有真正的竞争者，虽然随后几年一位名叫古斯塔夫·怀特海德（Gustave Whitehead，一个在美国定居的德国人，他之前的名字是古斯塔夫·韦斯科夫）声明说他在1901年就完成了一系列动力飞行，其中包括于1912年飞越位于美国东海岸长岛海峡的11千米（7英里）多的飞行。这一声明被驳斥为伪造的。虽然怀特海德确实建造并试飞了一些滑翔机，但它的动力飞机模型从来没有飞过。照片显示，这架飞机模型有一个类似于船体的机身用于安置飞行员和发动机，发动机驱动两个位于悬臂支架上的牵引式螺旋桨；机翼的设计来源于李林塔尔，还有一个像鸟的伸展开的没有方向舵的尾翼面。

改进版

直到1908年5月展示"飞行者III号"的改进版，莱特兄弟没有再飞。同时在1907年10月，由亚历山大·格雷厄姆·贝尔（Alexander Graham Bell）博士及其夫人资助的名为"航空实验协会"（the Aerial Experimental Association）的组织成立。其成员包括两个加拿大人凯西·鲍尔温（F.W. Casey Baldwin）和约翰·麦柯迪（J.A.D. McCurdy），还有美国的萨费奇（T.E. Selfridge）中尉和格伦·寇蒂斯（Glenn H. Curtiss）。航空实验协会的基地位于加拿大新斯科舍省巴德克湾的宾布瑞格（Beinn Bhreagh）和美国纽约州库克湖的哈蒙兹波特（Hammondsport）。这个协会的第一项设计是一个大的风筝型滑翔机，它在1907年12月完成了两次成功的拖曳飞行；第二个是一架双翼悬挂式滑翔机，它在1908年年初完成了大约50次飞行。

航空实验协会的首架动力飞机——取名"红翼"（Red Wing）——在1908年3月完成了两次试飞，它装有一台由格伦·寇蒂斯设计的30千瓦（40马力）发动机。1908年5月，"白翼"（White Wing）号推出；它是美国生

▼20世纪最初的十年，副翼（可以从图中勒瓦瓦瑟尔单翼机的翼尖看到）开始替代经过多次改进的、莱特兄弟和其他早期设计者采用的机翼翘曲技术

"布雷里奥特XI"的动力来自一台带有金属螺旋桨的22千瓦（30马力）发动机

机身由橡木和白杨木制成，并覆有织物

"布雷里奥特XI"单翼机

机型：单翼机
发动机：16.5～19千瓦（22～25马力）安扎尼三缸风扇式发动机
最大速度：75.6千米/小时（47英里/小时）
重量：230千克（507磅）
尺寸：　　翼展　　　7.79米（25英尺7英寸）
　　　　　长度　　　7.62米（25英尺）
　　　　　高度　　　2.69米（8英尺10英寸）
　　　　　机翼面积　14平方米（150平方英尺）

产的第一架在翼尖装有副翼的飞机。航空实验协会的第三架飞机是"六月虫"（June Bug）号，于1908年6月21日在哈蒙兹波特首次试飞，它由"红翼"的30千瓦发动机驱动。设计者是格伦·寇蒂斯，他在转入航空领域之前是一位顶级的摩托车制造家和车手。7月4日，它因完成美国历史上首次有官方记录的超过1千米（0.6英里）的飞行而赢得《科学美国人》杂志的奖励，虽然莱特兄弟的改进版"飞行者III"号已在威尔伯的控制下于5月14日完成了5英里的飞行。那天之前，"飞行者III"号还完成了两次携带乘客的飞行——这也是历史上首次携带乘客的飞行。

　　航空实验协会的第四个也是最后一个型号的飞机是"银镖"（Silver Dart），它与"六月虫"类似，但其动力是一台安装在上下主翼面之间的37千瓦（50马力）水冷寇蒂斯发动机，通过链条—皮带传动带动位于后机身框架外的两个推进器上的螺旋桨。在哈蒙兹波特建好后，这架飞机被送到冰封的巴德克湾。在这里凯西·鲍尔温和约翰·麦柯迪进行了试飞，他们两个后来成为在不列颠外的大英帝国完成飞行首批飞行员。

　　在欧洲，在这一时期对航空发展贡献最大的人要数里昂·勒瓦瓦瑟尔（Léon Levavasseur）。他曾是一位美术家，后来成为一位工程师，自1903年开始生产了一系列性能优越的发动机，他的设计最初是为摩托艇提供动力的。他后来成为安托瓦内特公司（Société Antoinette）的首席设计师——这家公司以创始人的女儿安托瓦内特·加斯唐比德（Antoinette Gastimbide）小姐的名字命名。

▼布雷里奥特单翼机——第一款飞越英吉利海峡的飞机，开启了飞行的新纪元。这款久经考验的设计在此后的民用和军用领域受到广泛青睐

海峡飞越者
"布雷里奥特XI"单翼机

———飞机仅有一个基本的尾橇

▶1872年7月1日，路易斯·布雷里奥特生于法国康布雷，在巴黎学习工程学。他很早就对航空产生兴趣，1900年建造了一架电机驱动的扑翼飞机，但没有成功

▼"布雷里奥特XI"单翼机是英国比格尔斯威德城沙特尔沃思收藏品（Shuttleworth Collection）的一部分。它依然能够飞翔，但仅限于天气条件非常好的时候

降落在海上

　　勒瓦瓦瑟尔设计的是单翼机。第一架是推进式飞机，没有完成；第二架是"加斯唐比德–曼金 I"（Gastimbide-Mengin I，曼金是公司的一位成员）号在坠毁前好像完成了几次短暂的"跳跃"。重新建造的"安托瓦内特 II"号在1908年7月22日试飞成功，8月21日完成了单翼机的首次巡回飞行。"安托瓦内特 IV"号于1908年10月首飞，它是第一架"标准"的安托瓦内特飞机。这架飞机由先驱飞行员休伯特·莱瑟姆（Hubert Latham，具有英国血统，但生于法国）驾驶，他在1909年7月19日试图驾机飞越英吉利海峡，失败后降落在海上。

　　一周后，即1909年7月25日，法国飞行员路易斯·布莱里奥特（Louis Blériot）成功飞越英吉利海峡。1908年12月，布莱里奥特——从1908年开始建造试验机——在巴黎的汽车和航空展上展示了他的三款设计。其中，"布莱里奥特 IX"号是一架装有75千瓦（100马力）安托瓦内特发动机的单翼机，它只完成了几次简短的跳跃，而推进式飞机"布莱里奥特 X"号一直没有完成。第三款飞机——"布莱里奥特 XI"号注定要为布莱里奥特赢得声望和财富。"布莱里奥特 XI"号是一架牵引式单翼机，于1909年1月23日在伊西首飞，其动力来自一台装有简易四叶片金属螺旋桨的22千瓦（30马力）罗伯特·埃斯诺·佩尔特里（Robert Esnault-Pelterie）发动机。当飞机在4月份进行改装时，发动机替换为19千瓦（25马力）的安扎尼发动机，这台发动机装有更加精制的螺旋桨。飞机使用翘曲机翼技术实现横向操纵，是欧洲第一架有效采用这一系统的飞机。

　　在1909年春夏完成多次精彩飞行（包括一次50分钟的飞行）之后，布莱里奥特驾驶着 XI 型飞机从法国加来市附近的乐巴拉克起飞，差不多半小时后降落在英国多佛城堡附近的牧场上。他成为首位驾机从两个方向来回飞越英吉利海峡的飞行员，并为此赢得了诺思克利夫勋爵（伦敦《每日邮报》的所有者）提供的1000英镑的奖金。这一功绩对 XI 型飞机的发展产生了巨大的推动作用，很快就开始为法国和其他国家的空军生产这种机型。

　　与此同时，莱特兄弟已证明了他们在航空发展上的领先地位。1907年7月，最新型飞机"莱特 A"（the Wright A）号被运送到法国的勒阿弗尔。这是莱特氏设计首次在公开场合亮相，威尔伯·莱特亲自驾驶，观众被他展示的飞行控制能力所震惊。从1908年8月到12月，威尔伯在休诺迪瑞斯（Hunaudières）和奥沃斯（Auvours）进行了113次飞行（其中60次是携带乘客的），随后转移到波城并在那进行了68次飞行（由威尔伯或他的学生完成）。当这些展示在进行中时，"莱特 A"的第二代正在经受美国陆军通讯兵团（the US Signal Corps）的验收试验，但这个机型在1908年9月17号坠毁，萨费奇中尉遇难，奥维尔·莱特受伤。尽管发生了这样的悲剧，第二代机型还是成功建造并被陆军通讯兵团接受，成为世界上首架军用飞机。1909年，应各种顾客的使用需求，10架"莱特 A"在欧洲被生产或组装出来。

▼1908年威尔伯·莱特在法国的巡演中说服了英国的贺拉斯·绍特、尤斯塔斯·绍特和奥斯瓦德·绍特三兄弟组建飞机制造公司。这是他们的双翼机1号

1908年，威尔伯·莱特在法国的巡演中说服了贺拉斯·绍特（Horace Short）、尤斯塔斯·绍特（Eustace Short）和奥斯瓦德·绍特（Oswald Short）三兄弟在英国组建第一家生产商用飞机的公司。1909年年初，绍特兄弟在气球制造方面的卓越技巧为他们赢得了为英国消费者生产6架莱特飞机的执照，但此时贺拉斯·绍特已经着手设计自己的飞机。他设计的推进式双翼飞机基本上以莱特的设计为基础，在位于伦敦市巴特西区铁路拱桥下的公司厂房内建造，并于1909年夏天完成。它的动力来自一台22千瓦（30马力）的发动机，虽然进行了多次试飞，但从未离开它的发射轨道。接下来的飞机更为成功，并于1909年9月27日首次起飞，驾驶员为摩尔·布拉巴宗（J.T.C. Moore Brabazon），1910年3月1日，他凭借在31分钟内完成了30多千米（19英里）的飞行并赢得了"大英帝国米其林杯"（the British Empire Michelin Cup）。

作为一系列奖杯之一的"米其林杯"极大地推动了20世纪早期航空事业的发展。这项奖励由米其林轮胎公司颁发，针对的项目是持续飞行，它向所有参与者开放。第一位获奖者是威尔伯·莱特，他在1908年12月31日驾驶飞机绕着2.2千米（1.37英里）的环路飞了56圈，同时创造了飞行时间和距离的世界纪录。随后的比赛只开放给驾驶英国飞机的英国驾驶员，他们争夺大英帝国米其林杯的第一名和第二名。第一次比赛中摩尔·布拉巴宗拔得头筹。

有一个人可能比其他人更努力地为了运动的目的促进飞行事业的发展——阿尔贝托·桑托斯·杜蒙特（Alberto Santos-Dumont），一位定居在巴黎的巴西移民。20世纪初，他通过自己的小型运动飞艇在促使欧洲人热爱航空方面发挥了重要作用。他随后转入生产一系列重于空气的航空器，他的航空器可以无可争议地被描述为世界上最早的真正意义上的轻型飞机。他们中的第一架是"14二代"（14-bis），1906年被悬挂在桑托斯·杜蒙特14号飞艇下进行试飞，随后进行了一系列短暂的有动力的"跳跃"。后来的设计转向一系列小型的被称为"少女"（Demoiselle）的单座飞机，第一架于1907年试飞。1909年9月，进行了较大修改、装有更大动力发动机的"少女20号"持续飞行了16分钟，飞行距离为18千米（11英里）。"少女"系列飞机是第一批为了运动目的生产的飞机，10～15架卖给了有抱负的飞行员。不幸的是，"少女"系列成为桑托斯·杜蒙特第一批也是最后一批成功的设计，1910年多发性硬化症的发作迫使他离开职业生涯，1932年自杀身亡。

高额奖金

与此同时，其他飞行员争相追逐为鼓励飞行成就而设立的高额奖金。其中一位就是阿弗罗（Avro）的创始人阿里奥特·韦尔东·罗（Alliot Verdon Roe）。这家公司在航空事业发展上发挥了极为重要的作用，他于1907年

▼因一系列小型飞艇而闻名的阿尔贝托·桑托斯·杜蒙特继续生产主要用于运动飞行的有动力飞机

开始从事飞机设计行业，第一个作品是一架鸭式推进式双翼飞机（canard pusher biplane）——"罗氏1号"（Roe No. 1）。他在一次比赛中驾驶飞机绕着布鲁克兰赛道（Brooklands racing circuit）飞行，但没有成功（获得额度为2500英镑的奖金）。他并没有因此退缩，而是着手设计一个三翼飞机。1909年7月23日，罗驾驶由英国设计的发动机提供动力的"三翼机1号"（Triplane No. 1，它也成为英国的第一架飞机）在英国完成了一次成功的飞行。第二代飞机——"罗氏2号"三翼飞机在布鲁克兰取得成功。这些早期的设计为阿里奥特·韦尔东·罗第一架成功的作品——著名的"阿弗罗504"提供了宝贵的经验。

继绍特兄弟成立英国第一家飞机制造厂之后，又一对兄弟——加布里埃尔·沃伊津和查尔斯·沃伊津（Gabriel and Charles Voisin）于1906年年初在比扬库尔成立了欧洲第一家飞机制造厂。沃伊津兄弟主要是为私人客户生产一系列普通但安全的双翼飞机。其中一名客户是名叫亨利·法尔曼（Henry Farman）的飞行员，他是一位在巴黎工作的英文报刊记者的儿子。法尔曼在航空领域的早期职业生涯与沃伊津兄弟（他们于1907年夏天为法尔曼量身定做了一架飞机）有密切联系。法尔曼对它做了多处修改，10月7日"沃伊津–法尔曼I号"进行首次试飞并取得巨大成功，它飞到了771米（2530英尺）的高度，飞行时间持续了52.6秒。

1909年，亨利·法尔曼成立了自己的工厂并开始生产自己设计的飞机；从那时起亨利·法尔曼系列的双翼飞机持续发展壮大，成为那个时期最可靠、使用最广泛的机型（不仅在欧洲，还包括世界其他地方）。1910年4月，法尔曼双翼飞机在一次壮观的由伦敦到曼彻斯特的飞行比赛中由克劳德·格雷厄姆·怀特（Claude Grahame-White）和路易斯·波朗（Louis Paulhan）两位飞行员驾驶，比赛的奖金为10000英镑，由英国《每日邮报》提供。波朗赢得了比赛，奖金被两位竞争者平分，因为格雷厄姆·怀特为摆脱不利地位进行了一次大胆的夜间飞行——这在英国是史无前例的。

▼阿里奥特·韦尔东·罗的三翼机。韦尔东·罗继而组建了世界上最著名的飞机制造商之一：阿弗罗。这家企业后来生产了在第二次世界大战中著名的"兰开斯特"轰炸机等卓越的飞机

▲阿尔贝托·桑托斯·杜蒙特是"巴黎喜爱的小男人"。桑托斯·杜蒙特将自己描述为"空中运动员"。他最初的飞行是雇用一名有经验的气球飞行员并以乘客的身份完成第一次气球之旅

军用飞机1号

在这个先锋年代，有一个人登上了英国航空事业的巅峰。他是一位美国移民，名叫塞缪尔·富兰克林·科迪（Samuel Franklin Cody），他在范堡罗的皇家工兵部队气球厂（Royal Engineers Balloon Factory）担任观测风筝指导员。科迪载人风筝在1906年被英国军方正式采用，而且被广泛使用。1909年成为英国公民的科迪在1907年试验了一架无人驾驶的带有动力装置的风筝，1908年他建造了他的第一架全尺寸动力飞机——"英国军用飞机1号"（British Army Aeroplane No. 1）。这架飞机以莱特式设计为基础，是一架双螺旋桨推进式飞机，动力来自一台37千瓦（50马力）的安托瓦内特发动机。"英国军用飞机1号"于1908年9月29日完成其首次充分认证的飞行——"跳跃"了71.3米（234英尺）。10月16日，这架飞机在范堡罗实现了被认为是官方认可的、在英国境内进行的、由一台重于空气机器完成的首次持续动力飞行；在紧急降落之前它飞了423.7米（1390英尺）。1909年9月8日，经过多次改装后，这架飞机在范堡罗周围的"拉芬平原"（Laffan's Plain）完成了一次超过一个小时的持续飞行，飞行距离大约64千米（40英里）。

在驾驶"英国军用飞机1号"进行了一年多的试飞后，科迪为参加第一届米其林杯的争夺建造了另一架双翼飞机。这架飞机被简单地命名为"科迪米其林杯双翼机"（Cody Michelin Cup Biplane），与第一架飞机类似，但在操控上有所改进而且使用副翼代替了翘曲机翼技术。科迪驾驶他的第二款双翼飞机创造了英国飞行时间和飞行距离的新纪录，这架飞机用2小时45分钟的时间飞了152千米（94.5英里）。1910年12月31日，他赢得米其林杯并打破他自己保持的纪录，持续飞行了4小时47分钟，飞行距离达到298.47千米（185.46英里）。

在此期间，绍特兄弟搬到伊斯特彻奇的新居，将注意力转向满足英国海军部的要求。贺拉斯·绍特的第一

开创性经典
"阿弗罗" 504

机身由白蜡木制成，
云杉做横撑，覆有上
过涂料的翼布

主起落架包括附有
钢管的白蜡木刹车
和橡胶减震器

▲1913年，第一架"阿弗罗"504由阿里奥特·韦尔东·罗建造。第一次世界大战结束很久以后，这一机型在各种装束下仍坚持服役。在24年后这一机型结束生产时，已有504架出口到世界各地

款单翼机建造于1912年1月，装配有37千瓦（50马力）小型发动机。它属于布莱里奥型，在被淘汰前有很多海军飞行员进行了试飞。第二款飞机根据海军部的指令建造，装有两个52千瓦（70马力）的小型发动机，分别安装在双人驾驶室的后面。发动机会将润滑油喷洒到驾驶员身上，飞机因此得到一个昵称："双倍航脏"（Double-Dirty）。它在很多场合进行了试飞，但是没有被海军采用，虽然海军部对绍特下达了一系列指令（包括设计可折叠机翼以满足船舶装载的需要）。

1912年末，贺拉斯·绍特接到海军部的合约，建造两架装有可更换起落架的牵引式双翼机以使得它们既可以在地面使用也可以在水上使用。两架中大一些的"S.41"号于1912年4月首飞，随后被改装为水上飞机。5月3号，为参加1912年的海军检阅，它被运到英国的港口城市韦茅斯，从皇家海军巡洋舰"希伯尼亚"（Hibernia）号上下水，由指挥官萨姆森（C.R. Samson，这架飞机首飞的飞行员）驾驶着飞往波特兰。三天后，这位飞行员驾驶着"S.41"号出海与舰队会合并护送旗舰进入韦茅斯湾。之后还完成多次成功飞行的"S.41"号是绍特建造的一系列成功牵引式动力水上飞机的先驱。

下定决心

1913年，绍特兄弟下定决心长期从事海上航空事业。这一年贺拉斯·绍特为响应海军部之前的要求开发能够将海上飞机的机翼向后折叠放在机身旁边的技术，以使飞机可以轻松装载到军舰上。1913年，绍特的新型折叠机进入皇家海军航空队服役，1914年7月28日，由飞行中队指挥官朗莫尔（A.M. Longmore）驾驶的一架战机空投了英国历史上第一枚鱼雷。

20世纪第一个10年结束时，飞机越来越被看作一种潜在的战争机器。1910年2月10日，法军在凡尔赛附近的萨托里接收了第一台重于空气航空器——莱特式双翼机。负责军用航空的罗魁斯（Roques）将军发起招募飞行员的行动，炮兵提供了3个人，步兵4人，而骑兵轻蔑地拒绝了这个要求！同年6月，法国航空部队执行了第一项作战任务，费昆特（Féquant）中尉和空中观察员马克奈特（Marconnet）队长驾驶一架双座布莱里奥特飞机从查隆

这款登记为G-EBIZ的飞机一直用到1935年

"阿弗罗" 504 K
机型： 双座初级训练机
发动机： 一台82千瓦（110马力）罗纳河转缸式活塞发动机
最大速度： 153千米/小时（95英里/小时）
空载连续航距： 402千米（250英里）
使用（或实用）升限： 4875米（16000英尺）
重量： 空机558千克（1230磅）；最大起飞重量830千克（1829磅）

尺寸	翼展	10.97米（36英尺）
	长度	8.97米（29英尺5英寸）
	高度	3.17米（10英尺5英寸）
	机翼面积	30.66平方米（330平方英尺）

▼ "阿弗罗" 504在一次飞行表演中显示了自身的本领。数以千计的英国皇家空军、英联邦和外国的飞行员开始学习驾驶这款飞机，它还用于轰炸、侦察和夜间攻击

第一次世界大战期间，许多同盟国飞行员的首次飞行尝试都是在莫里斯·法尔曼"短角牛"（Shorthorn）战机通风良好的驾驶舱里完成的。战争中的首次夜间轰炸袭击就是由皇家海军航空队的一架"短角牛"执行的

空勤机械师正在维护科迪的"米其林杯"飞机,它的设计者和飞行员驾驶它创造了持久和距离的纪录。它实际上是一款改进的"军用飞机1号"

斯飞到文森斯并拍摄了航空照片。

1911年4月1日，英国的皇家工兵部队的空中大队在威尔特郡的拉克希尔组建，部队由亚历山大·班纳曼（Alexander Bannerman）少校负责指挥。这支部队有两个连队：一连（飞艇、气球和风筝）和二连（飞机）。空中大队设有14名军官和176名士兵，但过了很长时间才实现满员。部队有三个飞艇——贝它（Beta）、伽马（Gamma）和德尔塔（Delta），以及一架过时的最初属于罗尔斯（C.S. Rolls）的莱特飞机；一架有点过时的、非常危险的布莱里奥特飞机——"波朗"号（一种在波朗已经不再卖的机型）；一架德·哈维兰；一架亨利·法尔曼；四架布莱里奥特和一架霍华德·莱特。

1911年9月10日，分别装备了25架飞机的法国第六和第七军团，在法国东部边境开始了为期一周的密集军事演习。这个演习最初定在法国中部举行，后来随着政治紧张局势的升温被转移到与德国的交界处。这是第一次将飞机用于展示军事实力的一部分。

战局

不过，在战场上使用飞机的第一个国家是意大利。1911年10月22日，因在涉及利比亚的昔兰尼亚和的黎波里塔尼亚两个地区归属问题上发生争执，意大利向土耳其宣战，卡洛·皮耶萨（Carlo Piazza）队长负责指挥意大利远征军空中部队，通过"布莱里奥特XI"号飞机对土耳其的黎波里和阿奇奇亚之间的阵地进行了侦察。

首先明确战时飞行员角色的是英国皇家海军。1911年12月，皇家海军的第一所飞行学校在肯特的伊斯特彻奇成立，这所学校有6架从弗兰克·麦克林（Frank McLean，皇家飞行俱乐部的倡导者）那里借来的绍特双翼飞机。四位皇家海军飞行员实际上已于1911年3月开始飞行训练。他们的主要任务是侦察，但也会奉命搜寻潜艇，定位雷区，从浮动基地（floating base）起飞充当海军舰炮着弹点的观察员。

1912年4月13日，英国皇家陆军航空队组建。一个月后正式成立，并吸收了皇家工兵部队的空军营和海军的航空队。新的皇家陆军航空队包括一个陆军分队、一个海军分队、一个中央飞行学校、一支预备役和一家皇家飞机制造厂（位于范堡罗）。由赛克斯（F.M. Sykes）担任队长的陆军分队将由一个指挥部、七个飞机中队、一个

▼1908年10月16日，塞缪尔·富兰克林·科迪驾驶"英国军用飞机1号"起飞完成英国首次有动力飞行

飞艇和风筝中队、一个飞行站点和一条通讯线组成。1号、2号、3号中队于1912年5月13日组建，4号中队1912年9月组建，5号中队1913年8月组建，6号中队1914年1月组建，7号中队1914年5月组建。前四个中队装备的飞机种类五花八门。

　　1913年3月5日，美军陆军通信兵航空部发布1号指令，在得克萨斯的加尔维斯顿湾成立第一支飞行中队，队长由查尔斯·钱德勒（Charles Chandler）担任。最初的家底就是航空部唯一的一架莱特双翼机，加上一架"寇蒂斯D"型飞机、一架"伯吉斯H"型飞机和一架"马丁TT"水上飞机。虽然有莱特兄弟早期建立的领导地位，但在部队组建初期，美国的航空发展赶不上欧洲的脚步。不过美国的飞行员是世界上第一批经历战争——1914年年初墨西哥危机期间美国海军分遣队的飞行员驾驶寇蒂斯水上飞机执行观察任务——的飞行员。5月6日，一架飞机在墨西哥韦拉克鲁斯上空被小型武器击中。

　　在德国——值得注意的是，当时作为一个统一的国家仅仅30年——20世纪初强调的重点是创造一支强大的舰队挑战英国在公海的主导地位，最初德国的飞机建造主要局限在得到授权的外国机型上，军方表现出的兴趣不大。对德国航空将产生重要影响的公司，如雅芭图和福克，直到1912年才建立起来。

　　不过，在一个领域——商业和军事用途硬式飞艇（rigid airship）的发展上——德国将赢得声誉，一个人站在这一领域的最前列，他就是斐迪南·冯·齐柏林伯爵（Count Ferdinand von Zeppelin）。

▼1908年10月16日，"英国军用飞机1号"在完成首次有动力、持续飞行后的照片。虽然飞行以紧急迫降告终，但飞行员没有受伤

▲格伦·寇蒂斯（左）与他的E型水上飞机合影。寇蒂斯是美国仅次于莱特兄弟的有动力飞行先驱。他的首架水上飞机在1911年完成试飞

▲ "寇蒂斯A1"是美国海军订购的主要机型，开启了与格伦·寇蒂斯的长期合作。在向主浮筒添加了可伸缩轮组后，这款飞机被命名为"三和音"（Triad）

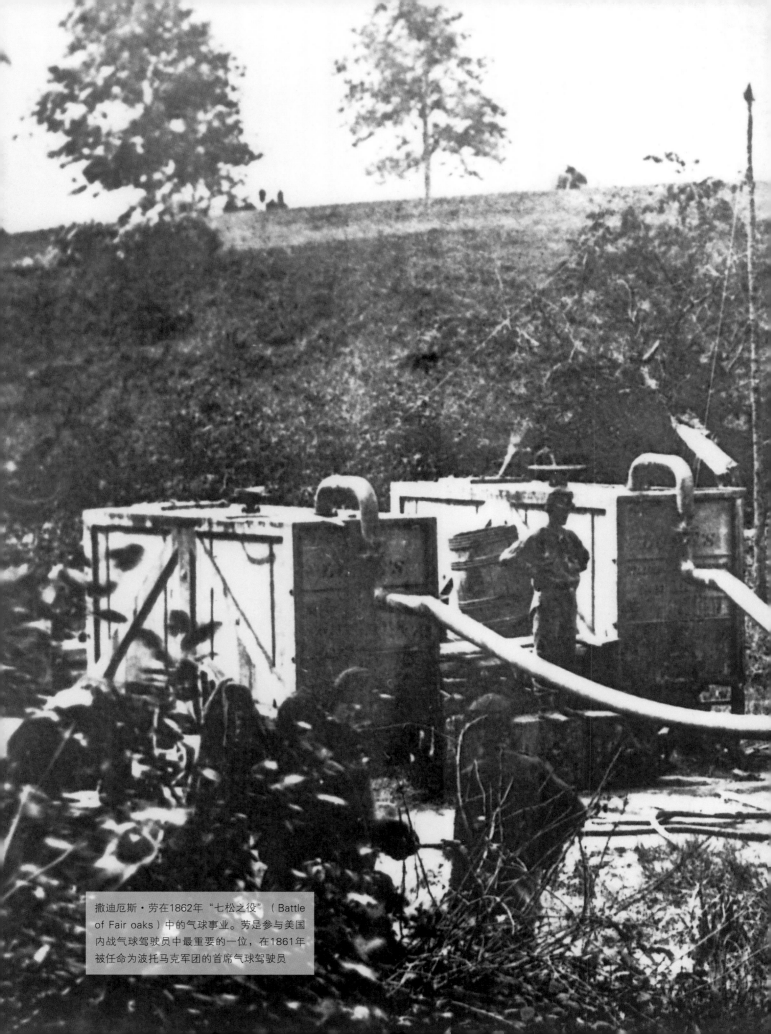

撒迪厄斯·劳在1862年"七松之役"（Battle of Fair oaks）中的气球事业。劳是参与美国内战气球驾驶员中最重要的一位，在1861年被任命为波托马克军团的首席气球驾驶员

3 战争及和平用途的飞艇

19世纪后半叶，乘热气球飞行已成为富人广泛接受的消遣娱乐方式。不仅如此，气球也被证明可服务于军事用途，特别是在美国内战中，它们成为观察敌情的重要手段。不过，虽然感受到飞行带来兴奋和喜悦的人群稳定增长，还是有人感到不满足。他们知道在气球里的人不可能真正掌控他的新飞行环境，人们能够爬上云端并安全地返回，但落在哪里取决于变幻莫测的风向。直到一位飞行员掌握了操纵气球的一些手段，能够指引气球按照他的选择飞行，对天空的征服才开始成为现实在飞行中操控气球的首次尝试出现于1784年3月2日，由一位31岁的具有非凡创造能力的名叫让·皮埃尔·布兰卡德（Jean-Pierre Blanchard）的法国诺曼人完成。在16岁时，他造了一辆"脚踏两轮车"（velocipede，自行车的原型），随后为其装备了四个由脚踏板和杠杆驱动的扑翼，他试图将这台机器送上天，但没有成功。后来在第一个气球升空后，他决定将转向装置安装到氢气球的驾驶舱上；随着拉升问题的解决，他推断他可以自由地将精力集中在操纵上。

这个气球在巴黎的战神广场（the Champ de Mars）起飞。他的机械翅膀猛烈摆动，布兰卡德努力让气球飞向他希望的方向。不用说，他失败了，同年随后进行的两次尝试也是同样的结局。他带着气球失望地来到英国，在这里他作为一名气球驾驶者的本领很快被认可。逐渐累积的声望把他推向大师级气球驾驶员的行列。

可操纵气球

虽然布兰卡德的扑翼设计就其本身来说足够巧夺天工，但它是以对飞行中的鸟类的研究为基础的，而且也没有可靠的科学知识支撑。它在各个方面都与处理这一问题的另一种方法——由一位名叫让·巴普蒂斯特·梅斯尼埃（Jean-Baptiste Meusnier）的年轻法国军官提出的有所不同。当布兰卡德忙着拍打那无效的翅膀时，梅斯尼埃

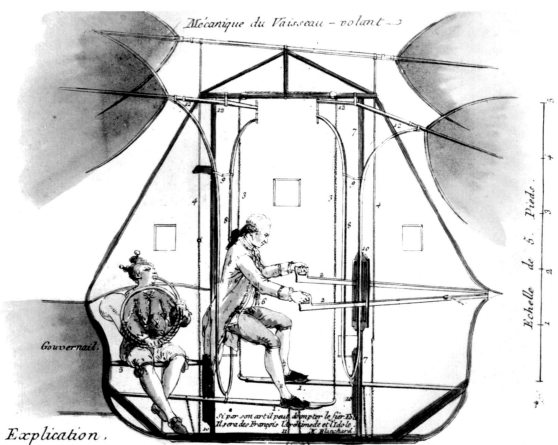

▲首次尝试驾驶气球飞行的是一位名叫让·皮埃尔·布兰卡德的法国诺曼人，他发明了一套扑翼系统，如图中所示。可以预见，布兰卡德设计的系统会以失败告终

▲让·巴普蒂斯特·梅斯尼埃认为他的可驾驶气球可以和靠帆前行的船以同样的方式在空中"劈风前行"，并通过一个方向舵转向

正在为一个可操控气球的设计做着收尾工作：这是一个具有流线型细长气囊的飞行器，它通过来自驾驶室的三个人工驱动螺旋桨推动。

梅斯尼埃把他的可操纵气球视为一种船，它在空中"劈风前行"就像一艘普通的船只在海上破浪前行，借助方向舵使得它按照飞行员的意愿转向。虽然他的飞行器注定在未来几年里不能飞行，但天空会找到它的继任者。飞艇成为一个实际命题还要再过100年——100年后操纵飞行的梦想才变为现实。不过，是梅斯尼埃在观看首次气球升天的人们发出的喝彩声消失之前就指明了未来的发展方向。但对他来说已没有机会进一步追寻他的想法。1793年，他在美因茨与普鲁士人作战时牺牲。

在19世纪中叶，一位重要的气球驾驶员查尔斯·格林（Charles Green）适时演示了一项将对航空业产生革命性影响的创新。科学家查尔斯·曼斯菲尔德（Charles B. Mansfield）在他于1877年出版的名为《航空》的书中描述了这项革新：

1840年，格林先生在伦敦的皇家理工学院展示了一个装有弹簧驱动螺旋桨的微型气球，目的是表明将这样一个物体按照某一慢速水平升降是可能的，还有

▲查尔斯·格林，当时的一位领袖级气球驾驶员，他演示了一个气球如何能够通过螺旋桨在空中向前推进，这一革新很快对航空业产生了革命性影响

一个目的就是寻找适当的气流……这个充满煤气的气球随后被稳定住，也就是在驾驶舱放上足够的重量以使它悬停在空中，既不能上升，也不会下降。格林先生随后触动处在停止状态的弹簧系统，快速旋转动力立即传导到叶片，于是这台机器稳定地升到天花板，并继续从天花板回弹了一段时间，直到发条装置耗尽能量。没有了这个辅助设备，这台机器立即掉了下来。

雪茄形状

在接下来的几年里，数个飞艇模型被建造出来并进行了试飞，取得了不同程度的成功，大都由发条装置驱动螺旋桨提供动力。最好的一架可能由一位名叫皮埃尔·朱利安（Pierre Jullien）的法国钟表匠于1850年在犹太城建造的这个模型又细又长，像雪茄一样，由一个丝光线框架维持。它的吊舱以及升降舵和方向舵安装在气囊下方；小的发条装置驱动着安装在两个侧面的螺旋桨。这个模型在巴黎竞技场被展示，引起了巨大反响。

其中一个观众名叫亨利·吉法德（Henri Giffard），他后来开始设计一个全尺寸蒸汽动力飞艇。这个飞艇具有一个氢气填充的直径为12米（40英尺）、44米（144英尺）长的气囊，气囊逐渐变细在每一端形成一个尖角。整个气囊覆盖着一张网，连接着长木杆的吊舱

▲带着极大兴趣观看飞艇模型飞行的亨利·吉法德受到1850年由皮埃尔·朱利安制作的发条驱动模型的启发，设计了一个全尺寸蒸汽动力飞艇并在巴黎竞技场进行了演示

▼亨利·吉法德建造了世界上第一艘成功的飞艇并在1852年9月24日进行了首次有动力飞行。这艘飞艇是蒸汽驱动的，首次飞行距离为27千米（17英里）

悬挂在飞行器下面。吊舱和气囊之间的距离大约12米（40英尺），以防止发动机溅出的火花使得整个飞艇着火。总重量为158千克（350磅）的动力装置驱动一个三叶片螺旋桨，推动总重达1.5吨的飞艇飞行。

这个飞艇的首航于1852年9月24日在巴黎竞技场进行。伴着发动机发出的嘶嘶声和重击声，飞艇在几乎完美的天气条件下稳定上升，慢慢飞跃城市的上空。飞行中的平均速度为8千米/小时（5英里/小时），飞行器安全着陆于距离出发地27千米（17英里）外的特拉普。吉法德完成了人类的首次动力飞行，他随后乘坐同一个飞行器又进行了几次飞行；在一次飞行中，他通过在巴黎市区屋顶上空画出一个大圈展示了飞艇三角帆布舵的效力。

不过，吉法德承认自己特别幸运。他知道哪怕是一阵微风吹过来，他的蒸汽机的动力也不足以克服。

奇怪的是，吉法德首次蒸汽动力飞艇的成功试飞并没有激发人们的兴趣，也没有引起本可以预期的其他科学家、飞行员的效仿和改进。事实上，其后15年里对可操控气球的研究兴趣出现了衰落的迹象。大量成功的模型被建造和试飞，少数进行试验的全尺寸飞行器带来的是令人失望的结果，对吉法德的设计没有提出改进措施。

后来爆发了普法战争，气球在巴黎包围战中发挥了显著作用，突然整个航空领域被赋予新的意义。1870年9月23日至1871年1月28日之间，100名乘客搭乘总计66个气球成功离开城市，同时还携带了400只信鸽和10吨邮件。

虽然通过气球飞行逃离巴黎——史上第一次空运——在某种意义上是一段史诗，但很清楚的是：如果气球是可操纵的，这次冒险将享受更加巨大的成功。由此带来的直接后果是一位名叫迪皮伊·德·洛美（Dupuy de Lôme）的轮机工程师收到一份合同，为法国政府建造一个可操纵的气球。这个气球由橡胶布制成，装备有一个大型四叶片螺旋桨，由8名工作人员转动曲柄。1872年2月2日做了一次飞行，搭载了15名乘客，成功完成一次平均速度为8千米/小时（5英里/小时）的低空巡航。不过，这次飞行实际上并没有定向控制，这一项目最终也被放弃。

燃气发动机

一位名叫保罗·亨莱因（Paul Haenlein）的奥地利人受到普法战争中航空技术应用的启发，他之前一直在认

▼1870—1871年间，气球被用于携带被普鲁士军队包围的巴黎民众和邮件。这是历史上第一次空运，也突出显示了对可操纵气球的需求

▲法国人艾蒂安·勒努瓦在1860年获得燃气发动机的专利。其工作原理是将燃气和空气引入一个带电极的汽缸，随后用电火花点燃

▼艾伯特·蒂桑迪尔和加斯顿·蒂桑迪尔兄弟1881年在巴黎演示了一个电力驱动的飞艇模型，两年后的1883年10月，全尺寸飞艇完成首飞

真思考为可操纵气球提供动力的问题。1860年，一位名叫艾蒂安·勒努瓦（Etienne Lenoir）的法国人获得了燃气发动机——内燃机的前身——的专利，其工作原理是将燃气和空气的混合物装入一个由阀门控制的带电极的汽缸中，随后用电火花点燃。这种发动机非常粗糙，实际上表现得不像最新型的蒸汽机那样有前景，但至少它不再需要使用锅炉，而且抱着强烈兴趣追随勒努瓦研究的亨莱因已开始探究使用燃气发动机驱动可操纵气球螺旋桨的可能性。

普法战争让亨莱因相信，应当抓紧时间将他的理论付诸实践，并于1872年动手设计飞艇。这个飞行器有50米（164英尺）长，容积为2400立方米（85000立方英尺）。尽管有着火的风险，但气囊和装有燃气发动机的吊舱之间仅有非常小的空隙。燃气发动机驱动一个螺旋桨；不同于早期设计飞艇的螺旋桨，亨莱因的螺旋桨是牵引型的。换句话说，它是设计用来通过空气起到提升而不是推进作用的。发动机的燃料来自气球自身（这时的气球填充的是煤气而不是氢气）。这个气球装备有一个副气囊，这样飞艇驾驶员就可以吸取空气填充进来，以此维持气囊的形状（气囊里原有的煤气随着供给发动机会渐渐用尽）。

1872年12月13日，这个气球在布隆首次试飞。这是一次拴绳飞行，第二天又进行了一次。结果令人失望：虽然气球在绳索放到最长时获得了15千米/小时（9英里/小时）的速度，但显

然发动机装配太重而气球的提升力度明显不足，由于使用气体类型的缘故完成了一次自由飞行。这个项目（可能会出现明显的改进，因为亨莱因是一位非常有天赋的工程师）由于资金的不足被放弃。

燃气发动机充分发展起来作为一种有效的动力源还需要一段时间。与此同时，另一种可能性——电动机引起人们的巨大兴趣。1881年，两位兄弟——艾伯特·蒂桑迪尔和加斯顿·蒂桑迪尔（Albert and Gaston Tissandier）在巴黎展示一个电力驱动飞艇模型时引起了轰动。一些有影响的人对这个小飞行器的表现留下了非常深刻的印象，以至于他们立即提出愿意提供所需的资金来建造一个全尺寸飞艇。全尺寸设计在1883年完成，这个飞艇有28米（92英尺）长，直径为9米（30英尺）。电动装置用的是西门子电动机，驱动的是一个安放在开放框架船体船尾部分的推进型明轮叶片螺旋桨。这个飞艇搭载着两兄弟在1883年10月8日完成首航，用了1小时15分钟从奥特伊飞到了塞纳河畔的克鲁瓦西。第二次飞行在11月26日完成，飞了24千米（15英里）。

虽然蒂桑迪尔飞艇的表现比之前的所有飞艇都要好，但它的成功完全受限于其电动机可怜的功率质量比。不过，当蒂桑迪尔兄弟继续进行飞行实验时，即将作为世界上第一个真正成功的飞艇载入史册的飞行器已在建造之中。它的设计者是法国部队的两位轮机军官——查尔斯·雷纳德（Charles Renard）和亚瑟·克雷布斯（Arthur Krebs）。这艘飞艇名为"法兰西"号（La France），气囊容积为1867立方米（66000立方英尺），长度大约有52米（170英尺）。雷纳德和克雷布斯设计了电动机为其提供动力，但随后被一个更有效的装置取代。

▲查尔斯·雷纳德（1847—1905）上尉在普法战争结束后立即着手设计飞艇，他在战争期间曾在法国部队的航空部门服役

电力飞行

这个飞艇在1884年6月完成，处女航于8月9日在巴黎郊外的沙莱默东举行。当天下午4点，两位飞行员登上飞艇，离开地面平稳上升。雷纳德在15米（50英尺）的高度启动电动机，飞艇开始向前移动，慢慢向南航行。克雷布斯缓慢地测试方向舵并感到"法兰西"号在方向上有了可察觉的变化。飞艇从舒瓦西向凡尔赛前行，克雷布斯将飞艇向右舷慢慢拉，打算向西飞一会。随后，他一时兴起，改变了想法，继续转动180度直到飞艇调头朝着沙莱默东飞去，迎着北风前行。这是飞行员首次迎着风飞行，也是第一个真正可操纵的飞艇。起飞23分钟后，飞艇再次来到沙莱默东上空，飞行员小心翼翼地将它安全着陆。他们飞行的总距离将近8千米（5英里）。

内燃机

1885年，当雷纳德和克雷布斯仍在努力从电动机上获取更多动力时，一位德国的名叫戈特弗里德·戴姆勒（Gottfried Daimler）的工程师在为早期四冲程燃气发动机的一个革命性进展——一台汽油驱动内燃机做最后的润色。1888年，这台内燃机

▲在飞艇研究方面声名显赫的亚瑟·克雷布斯（1850—1935）又设计了法国第一艘潜艇，同时在汽车设计方面引入许多改进措施

▲1884年8月9日，查尔斯·雷纳德的电力驱动飞艇返回沙莱默东。这是首次真正意义上的可操纵飞艇飞行。这次飞行的距离大约8千米（5英里）

在由卡尔·沃尔菲特（Karl Woelfert）建造的飞艇上进行测试。在进行了几次飞行后，戴姆勒将改进发动机的全部注意力转向"不用马拉的马车"上，对飞艇项目失去了兴趣。这对几乎完全依靠戴姆勒资金支持的沃尔菲特是一个沉重的打击；不过，他设法东拼西凑到足够的钱建造了他的飞艇的改良版。1897年6月12日，他带着他的工程师罗伯特·柯纳比（Robert Knabe）从柏林郊外的机场起飞。在9200米（30200英尺）的高度时飞艇爆炸，燃烧着坠向一个木材堆置场，两位飞行员全部遇难。

当这些实验在德国进行时，法国——其先锋飞行员自孟高尔费兄弟完成首次飞行以来在航空领域扮演领导角色——飞艇的发展原地踏步。后来一位年轻的名叫阿尔贝托·桑托斯·杜蒙特（Alberto Santos-Dumont）的巴西

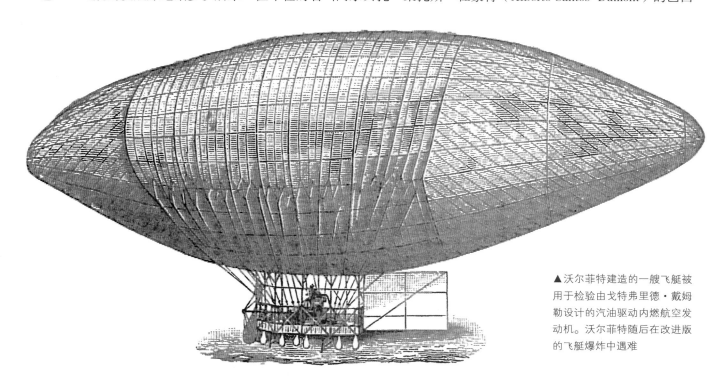

▲沃尔菲特建造的一艘飞艇被用于检验由戈特弗里德·戴姆勒设计的汽油驱动内燃航空发动机。沃尔菲特随后在改进版的飞艇爆炸中遇难

人来到巴黎，他具备想要成为19世纪后期飞行员的两个绝对重要的特征：卓越的机械能力和可观的财富。

1898年9月18日，桑托斯·杜蒙特试飞了他的第一个飞艇，随后两年他又建造了3艘，每个都比前一个有一定的改进。在一系列灾祸中幸免于难之后，他继续建造、试飞了11艘飞艇，他的专业知识给他带来了回报。1901年10月19日，他获得由巴黎航空俱乐部主要成员亨利·多伊奇·默尔特（Henry Deutsch de la Meurthe）颁发的30000英镑奖金（大部分他都捐给了慈善机构）。这个奖金用于颁给那些成功从航空俱乐部所在地圣克鲁（Saint-Cloud）起飞绕埃菲尔铁塔一圈后返回出发地的飞行员。这段距离为11千米（7英里），整个过程需要在30分钟内完成。桑托斯·杜蒙特用了29分半钟。

他进行的一些飞行是充满危险的。比如，1902年2月13日，他在成为第一位曾经"紧急迫降"飞艇的飞行员之后被从摩纳哥湾捞了出来。1903年6月27日，他完成了另一个第一（尽管是更令人愉快的一个）：他带着一位名叫梅莱·阿科斯塔（Melle d'Acosta）的女士和他共乘飞艇完成了一次短暂的飞行；她是第一位登上飞艇的女士。桑托斯·杜蒙特最有名的也是最小的飞艇是"9号"，其容积仅为218立方米（7710立方英尺）。阿尔贝托像其他人驾驶马车和汽车一样驾驶这个小型飞行器。他会非常自在地降落在一个咖啡馆，将飞艇拴在一个灯柱或方便的栏杆上，然后走进去悠闲地享用一杯。

灵感源泉

桑托斯·杜蒙特这个"巴黎爱戴的小个子"的英勇事迹，对于世纪之交的很多其他飞行员来说是灵感的源

▼1898年9月，阿尔贝托·桑托斯·杜蒙特的"飞艇1号"飞越巴黎上空时引起轰动。接下来的几年，这位生在巴西的飞艇驾驶员建造了全系列飞艇

泉。其中一家大型制糖厂的所有者保罗·勒博迪和皮埃尔·勒博迪（Paul and Pierre Lebaudy），委托他们的总工程师亨利·朱利奥特（Henri Julliot）建造一艘飞艇。这个名为"勒博迪1号"的飞行器在1902年11月完成。它有57米（187英尺）长，直径为9.7米（32英尺），容积为2547立方米（90000立方英尺）。飞艇的气囊被固定在一个由钢管做成的平台上，在距离不到飞艇长度的一半的地方连接着吊舱。飞艇的双螺旋桨安装在吊舱的两侧，动力来自一台26千瓦（35马力）的戴姆勒发动机。

自1902年11月处女航至1903年7月，这艘飞艇在靠近南斯的穆瓦松进行了29次飞行，在这个过程中创造了许多飞行距离上的纪录。在一次紧急迫降中受损后，它被改装为"勒博迪2号"，继续进行了多次成功的飞行，其中1905年的一次持续航行3小时21分钟。这是在7月3日从穆瓦松到夏隆的最后一段飞行中完成的；那天，这艘飞艇在空中总计6小时38分钟，飞行总距离为203千米（126英里）。

"勒博迪2号"后来被法军征用，一直服役到1909年年中。它是勒博迪飞艇——在几个国家使用的非常成功的飞行器中的杰出代表。不过，在20世纪初期，在主导欧洲飞艇界的并不是法国。在飞艇的发展中，有一个人不得不提，他的出现像彗星一样耀眼，相比之下其他所有人都黯然失色，他的名字将成为"飞艇"一词不可分割的一部分。

1838年7月8日，斐迪南·冯·齐柏林出生在德国的康斯坦茨，他的父亲是弗里德里克·齐柏林（Frederick Zeppelin）伯爵，母亲是艾玛利亚（生在法国）。1857年，他19岁时加入德军，开始了他漫长的军旅生涯。1870年，在对美国进行的一次访问中，他对军用气球的认识有了第一次提升。

1874年，当齐柏林读到一篇题为《世界邮件和德国邮政总局局长的飞艇旅行》（*World Mail and Airship Travel*

◀1901年，桑托斯·杜蒙特赢得了一大笔奖金，他从圣克鲁起飞，绕埃菲尔铁塔一圈后返回出发地。他的飞艇设计秉持"运动飞行"的理念

▼1903年，"勒博迪1号"飞越法国南斯市。它完成了29次飞行，创造了多个距离纪录。在一次紧急迫降受损后，它被重新建造为"勒博迪2号"并续写它的成功

by the German Postmaster-General）的报道后，他才真正开始参与飞艇开发。10年后，当雷纳德和克雷布斯乘坐"法兰西"号完成他们的第一次飞行后，齐柏林开始产生一种紧迫感。他很快意识到飞艇作为一种武器的潜在可能，他担心德国可能在发展"空中巡洋舰"的竞赛中落在后面。

此时，齐柏林已是一位中将。他是一位非常有影响力的人，享有德国最好工程师之一的美誉，他提出的关于将德国置于坚实航空基础之上的建议得到上层社会的赞许。不过，他仍是一名军人，他的航空事业不得不让步于军事职责。军人身份的特殊性很可能让他的名字被列入被遗忘先驱的名单之中。

硬式飞艇

1889年，情况发生了戏剧性变化，齐柏林给德国作战部写了一封措辞激烈的信，断言国家的军队已经渐渐落入普鲁士人的控制之中。他在52岁被迫退休，将全部注意力转向飞艇设计上。1893年，在一位名为希欧多尔·科伯（Theodore Kober）的工程师的协助下，他向作战部递交了一份硬式飞艇的设计。作战部指定一个科学委员会检验了这份设计。这艘飞艇长度为117米（384英尺），直径为11米（36英尺），由两台戴姆勒发动机提供动力。齐柏林设想了一种"空中列车"，主飞艇牵引一系列无动力的像火车车厢一样连在一起的携带旅客和货物的硬式飞艇。

不过，科学委员会指出齐柏林的设计和性能估计存在诸多严重缺陷，建议不能用公款冒这个风险。齐柏林勇敢地着手设计第二个飞艇并组建自己的公司，投入几乎全部个人财产冒这个险，其余资金由德国工程师协会募集。他的第一艘飞艇——"齐柏林飞艇1号"的建造，在公司成立后不到一年内开始，飞艇的结构逐渐在齐柏林建造的位于腓特烈港附近康士坦茨湖上的巨大浮棚中成形。

"齐柏林飞艇1号"于1900年完成，首航在7月2日进行。在进行了另外两次飞行后，可以肯定的是"齐柏林

▼斐迪南·冯·齐柏林的第一艘飞艇——LZ.1，图中是它在飞越康士坦茨湖。LZ.1是第一个解下绳索的硬式飞艇，1900年7月2日携带5名乘客完成首飞

飞艇1号"不够稳定，是个败笔，因此被毁掉了。1905年，齐柏林又筹集了更多的钱开始建造第二代——"齐柏林飞艇2号"。它与前者几乎一样，长度为126米（413英尺），直径为11.13米（36英尺8英寸），容积为10400立方米（367500立方英尺）。不过，它的两个发动机有了巨大的改进，每个发动机的功率高达63千瓦（85马力，"齐柏林飞艇1号"的发动机功率为12千瓦）。

不幸的是，让它坠落的正是发动机。在1905年11月30日进行的首航中，发动机故障迫使飞艇在康士坦茨湖降落，随后它被拖到安全的地方。1906年1月17日的第二次试飞，发动机故障使得飞艇紧急迫降在距离基地32千米（20英里）的地方。那晚，凶猛的暴风雨吹来，它被完全毁掉。

国家和公众都不愿意继续拿钱支持这个被认为是齐柏林伯爵的疯狂计划了。然而，通过对他剩余财产的东拼西凑，加上从一些忠实的朋友那里借来的钱，齐柏林又有能力开始毫不迟疑地建造第三艘飞艇。"齐柏林飞艇3号"的尺寸和前两个类似，和第二个飞艇一样，它装备了两个63千瓦（85马力）的发动机。它被非常快地建好，于1906年10月9日进行首航。

持久性纪录

这次，好运眷顾了伯爵。在首航中，"齐柏林飞艇3号"用了两个小时飞行了96千米（60英里），并毫不困难地回到了基地。

◀斐迪南·冯·齐柏林伯爵较为年轻时的照片。作为一名职业军人，他被授予中将衔，是德国最优秀的工程师之一

▲法国士兵检查齐柏林LZ.4硬式飞艇的吊舱。这款飞艇完成了几次著名的飞行，其中一次是飞往瑞士的苏黎世。1908年8月5日，这个飞艇在一次暴风雨中受损，不过没有人员伤亡

▼齐柏林L2（LZ.18）硬式飞艇是为德国海军建造的，它是一款在德国海军飞艇部队服役的远程齐柏林硬式飞艇的前身。在1913年10月10日的一次飞行高度测试中，这款飞艇发生爆炸，27人遇难

在接下来的几个月里，这艘飞艇继续完成了多次更为成功的飞行。1907年9月，它创造了飞艇飞行的新纪录——坚持飞行8个小时。

现在，齐柏林的设计得到证明，有关当局开始对他的工作感兴趣，他收到50万马克的拨款进行进一步的开发工作。

他使用这笔款项建造了一个更大、更好的飞艇库，建造了第四代产品——"齐柏林飞艇4号"。它和"齐柏林飞艇3号"的直径一样，但比前者更长，从头到尾共136米（446英尺）。它在船的腹部位置携带一个小型客舱，装备有两台功率为78千瓦（105马力）的发动机。"齐柏林飞艇4号"的首航在1908年6月20日完成，并准备在8月4日完成破纪录的24小时飞行，但在一次停泊过程中遇到恶劣的雷雨天气，计划宣告失败，幸运的是工作人员已离开飞艇上岸。

齐柏林又开始集中精力重建残留的飞艇——"齐柏林飞艇3号"。1908年10月重建完成，随后被军方接管，而1号被用作训练飞艇。1909年5月26日，当1号正在接受最后的军用试验时，齐柏林的最新型飞艇——"齐柏林飞艇5号"首次试飞。5月29日，一次飞往柏林的尝试付诸实施。由于旅途中受到恶劣天气影响，飞艇被迫返回；不过，它完成了一次破纪录的长达37小时40分钟的持久飞行，飞行距离长达970千米（603英里）。

1909年11月16日，德国飞艇运输公司（German Airship Transport Company）在法兰克福成立。10天后，世界上第一艘商业飞艇——"齐柏林飞艇7号"接到订单。它在1910年5月完工，此时第一批工作人员已接受完训练。6月22日，这艘名为"德意志"号（Deutschland）的飞艇搭载32人完成了一次持续2小时30分钟的前往杜塞尔多夫的成功飞行。不过，在第六次飞行中，齐柏林飞艇的厄运再次袭来，飞艇的一个发动机发生故障，坠落在条顿堡森林并完全毁掉，幸运的是没有人员伤亡。它的替代者——"德意志II"号在1911年5月的一次地勤事件后几乎

▼图中是LZ.3被调入位于康士坦茨湖上的浮动船坞，这是齐柏林的第一款真正成功的飞艇，到1908年共完成45次飞行。它后来进入部队服役，被重新命名为"Z1"

齐柏林LZ.5在军事调动中的照片。注意
最显著的位置中堆放的步枪和行囊。
LZ.5证明飞艇是商业运输的实用选择

要完全重建。

　　1911年7月15日，齐柏林的下一代商业飞艇"施瓦本号"（Schwaben）完工。5天后它完成了从腓特烈港到卢塞恩的首航，德国飞艇运输公司的飞行操作主管雨果·埃克纳（Hugo Eckener）亲自指挥。在11个月的时间里，它完成了总共218次飞行，运送了1553名乘客。它的职业生涯在1912年6月28日突然停止，那天在到达杜塞尔多夫安全卸下乘客几分钟后，一阵暴风袭来，飞艇在强风的反复冲击下散架并起火。这艘飞艇完全损毁，但没有一个人受伤。

路线网络

　　同时，另一艘飞艇开始在德国飞艇运输公司服役，它就是"维多利亚路易斯"号（Viktoria Luise），它在1912年2月14日完成首航。从这天开始到1913年10月31日，它完成了384次飞行，有记录的飞行时间为838小时，共运送了8135名乘客。在此期间，德国飞艇运输公司的路线网络持续稳定扩张，到达汉堡、福荷斯布特和波茨坦。另外两艘飞艇——"萨克森"号（Sachsen）和"汉莎"号（Hansa）也加入编队，1913年6月，埃克纳指挥前者飞往维也纳并返回。直至1914年8月，在开展服务的四年里，德国飞艇运输公司的飞艇在1588次飞行中总共飞了172534千米（107231英里），运送乘客10197名。在夏季的几个月，大部分乘客都见证了快乐的飞行。通常，20位乘客舒适地乘坐一艘飞艇，在24小时的往返旅程中享用大餐。

　　在扮演先锋角色的几年里，由于没有竞争者，齐柏林能够继续在硬式飞艇领域的研究。一些飞艇出于其他考虑被建造出来，而且这些都是非硬式的或半硬式的。到了1911年，齐柏林伯爵在硬式飞艇设计上的一位真正竞争者进入这个领域：曼海姆莱瑙舒特-兰兹飞艇公司（the Luftschiffbau Schütte-Lanz of Mannheim Rheinau）。它的第一艘飞艇——"舒特-兰兹1"号在1911年10月17日试飞。

　　这种飞艇的艇身不使用铝合金，而是用层积胶合板梁（laminated plywood girders）建造，相互之间以菱形交叉。它有128米（420英尺）长，两个总功率为403千瓦（540马力）的发动机使得飞艇的最高速度可以达到61千米/小时（38英里/小时）。代号为"舒特-兰兹2"号的飞艇后来装备四台迈巴赫发动机。当时这是相当先进的，呈漂亮的流线型并装有一组简单的十字形的尾翼。前部的操纵驾驶室是完全封闭的，这与齐柏林飞艇通风的开放式吊舱（过了很长时间齐柏林伯爵才宣布放弃他的理论，即只要飞行员感到了脸上的风，飞艇就可以恰当着陆）形成对比。

　　舒特-兰兹飞艇只建造了几艘。1914年8月，这家公司被德国政府接管，并被整合进齐柏林集团。因为此时飞艇即将进入战场。

◀齐柏林LZ.7在1910年飞越条顿堡森林的一次事故中彻底损坏。起因是发动机故障，没有造成人员伤亡。这是LZ.7的第六次飞行

▲第一款完成1000次飞行的齐柏林硬式飞艇——商用齐柏林 LZ.11 "维多利亚路易斯"号在第一次世界大战爆发时被德国军队征用。它毁于1915年的一次停泊事故

▼商用齐柏林飞艇LZ.13 "汉莎"号1913年1月在波茨坦的照片。它是世界上首个提供国际商业客运服务——1912年9月19日从汉堡飞往丹麦哥本哈根和瑞典马尔默的飞艇

法国民众查看"鸽"式单翼机，它被带到法国境内后装到一个底座上。德国拥有这款飞机的一支大规模飞行队

4 雄鹰的坠落：世界各地的航空活动

　　1914年8月，德国的帝国空军有246架飞机、254名飞行员和271名观察员。其中，有33个战场飞行小队（field flight sections），每个小队有6架飞机；8个要塞飞行小队（fortress flight sections），每个小队有4架飞机。前者归入军队的直接作战控制，一个小队指派给每个单独的部队指挥部，还有的编入作战军团；后者执行的任务是保卫沿着德国边境筑有防御工事的市镇。这些飞机中有大约一半是"鸽"式的，在战前的几年由几家公司——其中包括信天翁（Albatros）、哥达（Gotha）、鲁姆普勒（Rumpler）和德意志飞机工厂（DFW）大量生产。没有武装的"鸽"式单翼机最高飞行速度为96千米/小时（60英里/小时）。其他服役的飞机类型都为双翼机，其中包括德国通用电力公司B.II型（AEG B.II）、"信天翁"B.II型、阿维亚迪克B.I、B.II型（Aviatik B.I、B.II）和DFW B.I型

法国的航空部队可供支配的飞机有132架，另外还有150架备用飞机，后者大部分在圣西尔装配。一线飞机被分为24个飞行小队，每个小队平均有6架飞机（具体数字会有变化）。5个小队装备有莫里斯·法门斯（Maurice Farmans）型飞机，4个小队装备有亨利·法门斯（Henry Farmans）型飞机，2个小队装备有瓦赞（Voisins）型飞机，1个小队装备有考顿斯（Caudrons）型飞机，1个小队装备有布里古特斯（Bréguets）型飞机，7个小队装备有布雷里奥特（Blériots）型飞机，2个小队装备有迪波杜森斯（Deperdussins）型飞机，1个小队装备有瑞普斯（REPs）型飞机，1个装备有纽波特斯（Nieuports）型飞机。所有这些飞行小队都肩负着侦察的任务，同时也被指派给在西线作战的法国野战集团军。

英国的皇家陆军航空队名义上至少有180架飞机，其中包括各种类型，但其中大部分都是老旧的训练机型，而且仅有84架能够真正划为适航飞机。在战争开始时组建的皇家陆军航空队的5个空中中队驾驶着各种各样的飞机，其中包括布雷里奥特XI（Blériot XIs）型，亨利·法门斯型，莫里斯·法门斯型，皇家飞机工厂BE.2s、2as型，索普威斯型和阿弗罗504s、BE.8s型。皇家海军航空队有71架飞机，其中包括31架水上飞机。陆上飞机也是"大杂烩"，但绍特兄弟公司已确立为水上飞机的主要供应商，他们当时有17架飞机在军队服役。可用的飞机以英国东海岸沿线（从英吉利海峡到苏格兰）的一系列飞机场为基地。这些基地都在彼此的飞行距离之内，使得皇家海军航空队能够增强海岸巡逻队的力量。

"可怜的"装备

1914年8月，其他两个主要交战国——苏联和奥地利，在飞机装备方面可以用可怜来形容。俄罗斯空军只有24架飞机、12艘飞艇和24个观测气球。大部分飞机来自法国。在俄罗斯，当时最有希望的是由伊戈尔·西科斯基（Igor Sikorsky）设计的伊利亚·穆罗麦特兹（Ilya Murometz）型飞机。这架世界上首个装备有四台发动机的轰炸机在1914年早期试飞，战争爆发时空军订购了10架，这一数字后来增加到80架。

奥地利空军总共有36架飞机、1艘飞艇和10个气球。飞机大部分是"鸽"式的。奥地利薄弱的航空工业直到1915年夏天才真正发展起来，此时奥地利随着意大利的参战正经历快速扩张。

所有交战国空军的主要任务都是空中侦察，这催生了无线电话和航空摄像等新技术。机载无线电话的首次实物试验是在1912年英国皇家工兵部队的军事演习中进行的，此时非硬式飞艇伽马和德尔塔传输的信号可以在56千米（35英里）外收到。海军航空联队（后来的皇家海军航空队）也进行了无线电话的试验，战争爆发时，它的16架水上飞机已装配有法国设计的与海岸电台进行通信的轻型装备。这一阶段的无线电通信是单向的，从空中到地面；飞机在接受方面的困难还没有克服。早期的机载无线电话装备体积大且不

▼ "阿维亚迪克B.I"被德国用于侦察，直到1916年年初

可靠，在第一次世界大战的前几个月，通过板条、面板和其他设备发出可视信号仍是侦察飞机和炮队之间的主要通信手段。

开创性工作

无线通信方面的许多开创性工作都是由皇家陆军航空队第三空军中队完成的，这个部队在空中摄影方面也是先锋力量。资金的缺乏意味着军官不得不自己购买照相机，并通过反复试验以使得它们适合空中作业。就在战争爆发之前，他们成功拍摄出覆盖怀特岛和索伦特海峡防御的一整套照片。最初的照相机是可折叠式的，带有风箱且装载着木板。在空中使用它们很麻烦，特别是在寒冷的天气，照出的照片也不理想。1914年秋，萨尔蒙德（W.G.H. Salmond）少校成立了当时最先进的法国摄影机构，随后，一个试验性摄影小分队组建起来，其成员包括摩尔·布拉巴宗（J.T.C. Moore Brabazon）、坎贝尔（C.D.M Campbell）中尉、劳斯（F.C.V. Laws）中士和二等空勤机械士科斯（W.D. Corse）。这四个人着手设计一个新型、有效的空中照相机并在不到4个月后完成了任务。

通过他们的努力，第一次成功的摄影侦察在1915年1月实现，拍摄的照片中发现在拉巴塞运河（the La Bassée Canal）南岸有一些砖堆。这揭露了一个之前未知的德国战壕，为盟军1月6日的攻击成功做出了巨大贡献。从此以后，空中摄影成为各条战线作战至关重要的元素；其重要性如此之高，以至为保护摄像侦察机而专门发展出战斗护航机的要求，这反过来对整体战斗力的发展产生了巨大的推动作用。

从一开始，飞机的武器装备主要是机关枪。不过，在这一解决方案变成现实之前，有一些问题需要克服。首先，机关枪只能在坚固的机型上使用，其重量使得其他飞机无法接受；其次是任何枪支的瞄准和开火都会遇到的问题，因为飞行员和观察员被相当大的机翼面积包围，坐在大号、脆弱的木制螺旋桨后面或前面的助手负责支杆和张线。

▼阿弗罗504是个"多面手"，它可执行从训练到夜间攻击等多种任务。第一次世界大战结束很久以后，它还留在部队服役，同时也在民用领域大显身手。下图是一款加拿大变体——阿弗罗504 Q水上飞机

不过，皇家陆军航空队和皇家海军航空队很快将美国设计的12千克（26磅）刘易斯式机关枪作为侦察机的标准武器，特别是那些为前排观察员装备了可以上下左右调整武器瞄准方向的大号发射台的推进式飞机。开始时，安装的机关枪通常由观察员设计以符合自己的要求。法国选择的是霍奇基斯机关枪，它和刘易斯式机枪一样，是空气冷却型；作为一种使用弹药带的机枪，它起初对于观察员来说不太灵活，后来采用了筒式填弹。德国选择了轻量级的帕拉贝伦MG14——水冷式马克西姆重机枪的改良版；这种机枪也有一个筒式弹药库。1914年10月5日，VB24飞行小队的一架装配有霍奇基斯机关枪的瓦赞推进式双翼机由约瑟夫·弗朗茨（Joseph Frantz）中尉（飞行员）和昆奈特（Quénault）下士（观察员）驾驶，他们在法国的兰斯附近击落了德国的一架阿维亚迪克双座飞机。这架阿维亚迪克飞机的机组成员在飞机失事时遇难，他们是飞行员威廉·施利希廷（Wilhelm Schlichting）和弗里兹特·冯·查根（Frizt von Zangen）中尉。昆奈特下士向阿维亚迪克飞机发射了47发子弹，这架飞机成为历史上第一架被击落的军用飞机，虽然几周前（8月25日）皇家陆军航空队第二中队的三架BE.2型飞机使得敌军的一架双座飞机迫降。一位英国飞行员哈维·凯利（H.D. Harvey-Kelly）中尉和他的观察员在附近降落，在敌军机组人员赶到附近的一片森林之前放火烧了德国的飞机，随后再次起飞。

在战争初期，盟军使用最为广泛的一种飞机是布雷里奥特XI号，它服役于法国航空部队的至少8个飞行小队和在法国的皇家陆军航空队的6个中队。当意大利在1915年参战时，它的空军拥有6个装备有布雷里奥特XI型飞机的飞行中队。

这种类型的飞机还服役于比利时的空军部队，同时还承担非常重要的侦察任务，一些布雷里奥特飞机被用作轰炸机，在驾驶舱栏板下机身两侧的支架上携带着小型手掷炸弹或镖弹（金属飞镖）。镖弹是锋利的有凹槽的钢制飞镖，大约13厘米（5英尺）长，从1500米（5000英尺）的最佳高度投下并在到达地面时达到步枪子弹的速度。这种武器本打算用来对付成群的部队和骑兵，但在实际中几乎没用。步枪或手枪是机组成员携带的唯一其他武器。在1914年8月14日的一次著名任务中，空军部队的塞萨里（Cesari）中尉和布鲁托豪米奥克斯（Prudhommeaux）下士驾驶一架布雷里奥特XI型飞机轰炸位于梅茨弗里斯卡蒂的德国飞艇棚屋。在8月18日的另一项类似任务中，法国飞行员声称摧毁了停在地面的三架敌军飞机和一艘飞艇，虽然情况未经证实。同样是驾驶着一架布雷里奥特XI型飞机，第三中队的儒贝尔·德拉·费特（Joubert de la Ferte）上尉完成了皇家陆军航空队在第一次世界大战中的首次侦察突围，于1914年8月19日从法国飞到了比利时。

▼世界上第一款四引擎轰炸机——西科斯基"伊利亚·穆罗麦特兹"进行首飞。它能够持续飞行5小时以上，创造了许多飞行纪录

▲空中摄影是第一次世界大战期间空中作战的一个重要部分。皇家陆军航空队在这一领域的专业部队是第3空中中队,其成员学习了法国的摄影技术并加以改进

▼因其绰号"哈利·塔特"(一位喜剧演员的名字)而闻名的皇家飞机制造厂RE.8,它比替换下来的BE.2系列飞机稍好一点,需要在强劲的战斗机护航机的保护下作战

"基本的" 炸弹

从第一次世界大战爆发伊始,飞机就用来轰炸,战争爆发时双方可用的炸弹都是非常基本的配置。战争前几个月,标准的德国炸弹是所谓的碳质炸药型;最小重量为4.5千克(10磅),最大重量为50千克(110磅)。它们呈梨形,有个尖头,还有一个螺旋驱动装置。它们的稳定性不是通过尾翼维持,而是靠依附在炸弹尾部的倒转的锡帽。德国还使用一种手掷的类似于手榴弹的投射体,但这种武器太小而基本没什么杀伤效果。

燃烧弹

早期对德国海军齐柏林飞艇棚屋实施空袭而在战略轰炸方面领先的皇家海军航空队最初可用的武器是9千克(20磅)的马滕·黑尔炸弹(Marten Hale bomb),这种炸弹装有2千克(4.5磅)阿马图炸药(TNT和硝酸铵的混合物),撞击后会发生爆炸。炸弹通过一种熔断机制配备引爆装置,通过尾翼后面,当炸弹投下时开始旋转的小型螺旋桨激活。皇家海军航空队还少量使用由伍尔维奇皇家兵工厂生产的45千克(100磅)重的炸弹,但这些炸弹的安全装置不过关,对使用者来说也有危险。同时进行尝试的还有燃烧弹,这种炸弹包含一个装有9公升(2加仑)汽油的轻壳;它装有一个在炸弹投下时会爆炸并点燃液体的弹药筒。这种原始的炸弹也被皇家陆军航空队使用,机组人员同时也使用镖弹。

▼尽管具备结构稳固、承载能力好等特点,但瓦赞8和瓦赞10型飞机受限于糟糕的最大速度。这款样机被美国空军用于训练机

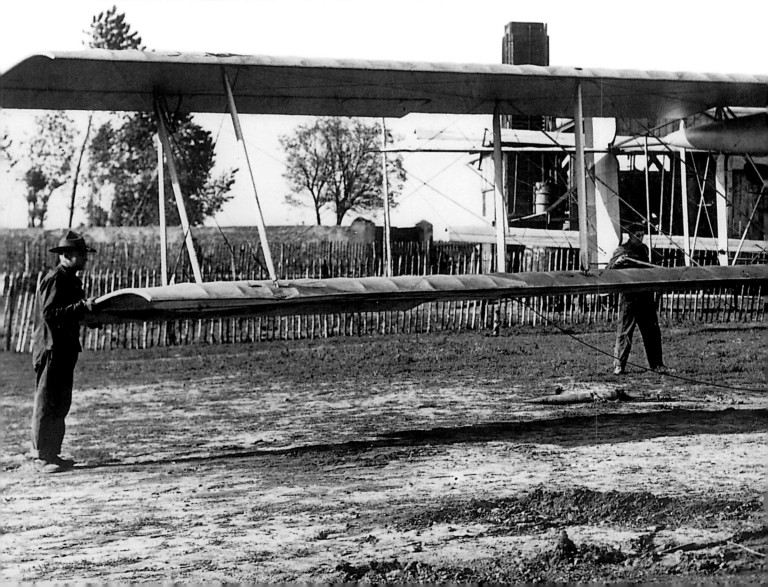

　　法国空军部队早期使用的炸弹仅仅是改进的75毫米或155毫米炮弹。其中，75毫米炮弹重9千克（20磅），被证明是杀伤力相当强的武器，一般来说它的投掷高度为2000米（6500英尺）。1915年，法国精心策划了一次战术行动，装配大尺寸炸弹袭击德国内部的目标。第一架飞机通常由领导整个任务团队的指挥官，他的战机通过在后中心支柱上悬挂三角旗加以区分。一旦飞行队列在敌后（敌军的直接视力范围之外）集结完毕，团队指挥官会发射一连串信号弹，随后以最佳巡航速度飞往目标，其余飞机尽可能近似地仿效他。到达目标上空后，他们的飞行队列可保证炸弹顺风依次投下，增加其地面速度从而最小化在防卫区域停留的时间。各飞机通常从不同高度进行攻击以增加防空枪手防御的难度。

　　除了可以想象的以最少时间离开目标区域的要求之外，顺风投弹的另一个原因是当时使用的投弹瞄准器的特征——没有计算侧风轰炸角度的装置。皇家陆军航空队和皇家海军航空大队使用的中央飞行学校投弹瞄准器是有代表性的一种。它以早期由一位美国人——赖利·斯科特（Riley Scott）中尉设计的瞄准器为基础，经过中央飞行学校试飞中心的鲍迪伦（R.B. Bourdillon）中尉和斯特兰奇（L.A. Strange）中尉的改进。这种被称为"中央飞行学校4B"型号的投弹瞄准器有一个使飞行员或观察员可以借助秒表通过两次观看一个目标来估量地面速度的时间刻度。一个可移动的瞄准器随后设定在时间刻度上，以与在短时间内记录在秒表上的两次观看的时间间隔相一致，这就可以给出投弹的正确角度。

进步

　　1915年，空战技术实现了一次重要进步，法国开发了一种使机关枪能够穿过飞机螺旋桨叶片向前射击的装置。这个装置——虽然相当危险，但是特别简单——由三角形钢楔构成，安装在靠近每个螺旋桨叶片的一侧，以使得任何击中它的子弹都会转向。罗兰·加洛斯（Roland Garros）在行动中对这个装置进行了测试，这位飞行员

在战前就已是法国航空领域的先锋人物，他在三周的时间里击落了6架敌机，后来由于发动机故障迫降被俘。

加洛斯被俘后，他驾驶的飞机很快飞往柏林接受德国人的检查。奉命进行检查的是一位自1913年起就为德国设计军用飞机的荷兰年轻工程师，他名叫安东尼·福克（Anthony Fokker）。由于担心盟军很快会有数百架装有机枪的飞机，德国最高司令部仅给福克48小时的时间设计一种可以与之匹敌的、能穿过旋转的螺旋桨盘进行射击的方法。

福克立即意识到加洛斯的方法太简单、太危险：击中偏转板的子弹的力量迟早会损坏螺旋桨并动摇发动机。福克推断，所需要的是让螺旋桨自身适应机关枪发射的某种方法——一种同步化装置以使得每个子弹在旋转的叶片之间通过。他在螺旋桨上安装了一个小旋钮，在转动时会撞到一个凸轮；这个凸轮通过一个导线与枪的击锤相

连。福克测试了这个装置，取得成功。在经过几次完善后，他将此项技术展示给总参谋部。他们非常钦佩福克，并命令在前线进行测试。

在早期的测试后，在1915年夏天这个装置开始被派上用场，装备有一挺可穿过螺旋桨盘射击的施潘道机关枪的福克E.I型单翼机首次亮相。这是一项盟军还不清楚的进展，而盟军装配着向前开火的机关枪仅是一些速度较慢的推进式飞机。几周后，德国帝国空军开始接收改进的福克E.III型，由此开启的盟军飞行员的噩梦持续了一年之久。

德国战斗机飞行员现在掌握了整个局势，在巡航高度上能够从容地选择目标、实施俯冲攻击，使用整个飞机作为一个瞄准平台，而且由于他们的机关枪是使用弹药带的（大部分英式和法式使用的是筒式填弹），能够携带更多弹药因此能够喷射更长的火蛇。拜福克所赐，BE.2s型飞机损失尤为严重，因为在这种飞机的腹部下有一个易受攻击的盲点，而德国飞行员充分利用了这一点，他们从受害者下面直线上升，在其飞走时开火。BEs型飞机的观察员只能在福克飞机攀升到可视范围时进行攻击，但此刻为时已晚。

▼布雷里奥特XI是1914年盟军使用最广泛的战斗机。除了监视和轰炸任务，它还完成了皇家陆军航空队的首次侦察飞行

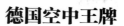

德国空中王牌

　　1915年秋，德国的空中王牌（German air aces）马克斯·殷麦曼（Max Immelmann）和奥斯瓦德·布尔克（Oswald Boelcke）处于支配地位，他们的分数在这一年即将结束之际平稳累积。"王牌"这个词由法国人创造，用来描述英勇的战斗机飞行员，后来被德国人在宣传中采用。但是，皇家陆军航空队拒绝采用这一概念，虽然杰出的英国战斗机飞行员也不可避免地接受了对他们的宣传。

　　奥斯瓦德·布尔克是这一时期德国战斗机飞行员的领袖人物，他在1915年7月6日至1916年10月26日间赢得了40场官方公布的胜利。其中的31次是双座飞机。布尔克在与战友——欧文·博梅（Erwin Böhme）中尉的一次空中撞机中牺牲；后者接着成为德国的另一位领袖级战斗王牌，他在1917年11月29日被皇家陆军航空队第十中队的约翰·佩顿（John A. Pattern）队长击落之前赢得了24场胜利。

　　德国最初的两位空军王牌的另一位——马克斯·殷麦曼——在1916年6月18日（在有些神秘的情况下）坠机身亡，之前取得了13场胜利。根据一种说法，他是被25中队的观察员沃勒（J.H. Waller）下士击落的；另一种说法是福克的同步装置未能恰当地运转，他击中了自己的飞机的螺旋桨致使发动机脱离以至整个飞机的崩溃。

　　1915年即将结束之际，"福克噩梦"的成功使得皇家陆军航空队对战术进行了修正。各种各样的战斗队形都接受了试验，结果成败参半。在一种典型的队列中，由一架侦察机领衔，150米（500英尺）上空的两个45度方向各有一架飞机紧密护航，第三架护航飞机在300米（1000英尺）上空紧随其后。不过，要实现这一点，必须抽调足够的飞机。在1916年年初，这被证明很难实现，此时盟军谋划了一系列大规模进攻，飞机更显得是宝贵的资源。

持续巡逻

　　真正的解决方案是引入至少能够与福克飞机匹敌的战斗机，而且这种飞机能够保持对前线的持续巡逻，每当德国飞机出现时就发动攻击。悲惨的现实是，英国自1913年就拥有这样的飞机——FE.2型。第一批

◄最初从飞机上投掷炸弹采用了极其原始的方式。这是为特定目的生产的炸弹，但很多早期的炸弹就是简单的加装稳定翼片的炮弹

▼BE.2c是第一次世界大战爆发时皇
家陆军航空队的主要观察机。它很
容易驾驶，但其非常好的稳定性也
是祸根，因为这使得它缺乏逃避敌
军战斗机所需的机动性

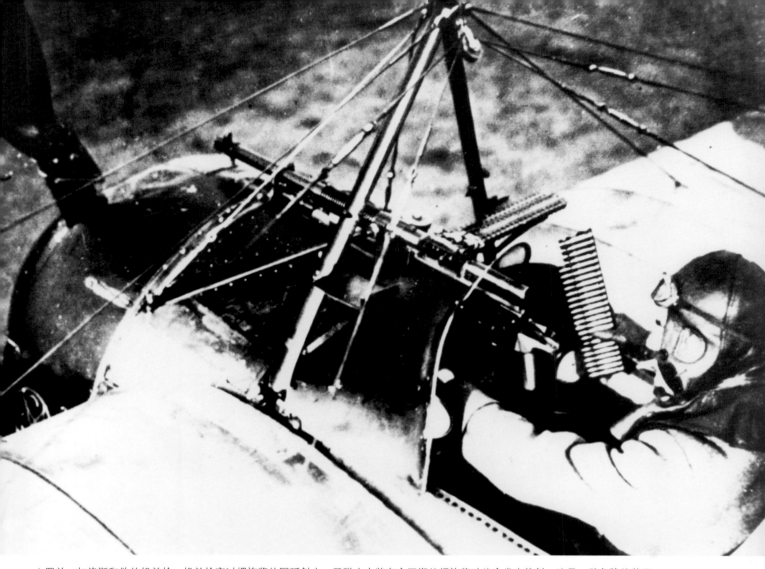

▲罗兰·加洛斯和他的机关枪：机关枪穿过螺旋桨的圆弧射击。子弹击中装有金属楔的螺旋桨叶片会发生偏斜，这是一种危险的装置

FE.2b是为在机动性上与福克单翼机匹敌而推出的，不过它的速度稍慢一些。虽然它在1913年就可用，不过直到1914年第一批样机才被订购

12架飞机一年前就向皇家飞机工厂订购了，但直到1915年5月第一批的少数产品才抵达法国。FE.2b型战斗机是一款双座推进式飞机，配备一台89千瓦（120马力）的比德莫尔发动机，武器装备是前驾驶舱的一挺刘易斯式机枪和一挺越过翼中部分向上开火的套管式装配机枪。这种飞机比福克E.III的速度稍慢一点，但在机动性上可以与之匹敌。

皇家陆军航空队的首个完全装备FE.2b型战斗机的是第20中队，它在1916年1月到达法国。2月份，装备有爱克DH.2（Airco DH.2）型飞机的第24中队也到达法国。DH.2型是一种单座推进式飞机，动力来自一台75千瓦（100马力）莫洛索帕比型发动机，武器装备是一挺安装在驾驶舱左舷支点上的刘易斯式机关枪。由杰弗里·德·哈维兰（Geoffrey de Havilland）设计的这种型号的飞机坚固且具有非常好的机动性，在与福克飞机的实战对抗中，它比盟军任何型号的飞机都要成功。

由霍克（L.G. Hawker）少校指挥的第24中队后来成为盟军中最有名的一支空中部队。它在1916年4月取得第一次成功，从那时起中队的战绩稳定上升。1916年6月，这个中队的飞行员共击落了17架敌机，7月23架，8月15架，9月15架，11月10架。1916年11月23日，在法国巴波姆上空进行了35分钟的决战后，霍克少校被一位极有前途的德国飞行员击落。一颗子弹擦破霍克的头皮，他失去知觉，飞机失去控制坠毁。这位德国飞行员的名字是曼弗雷德·冯·里希特霍芬（Manfred von Richthofen），他后来承认：在他杰出的职业生涯中，与霍克的一战最为艰苦。如果不是那颗子弹，"红色男爵"（Red Baron）的传奇可能永远不会出现。

福克威胁

1916年春夏之际，新型战斗机继续在交战双方的空中部队中涌现。从那年的春天开始，战胜福克的威胁成为一项共同任务，除了FE.2b和DH.2，纽波特11型单座双翼战斗机也加入进来，英国和法国的几位空中王牌，驾驶这种飞机获得了他们早期的胜利。纽波特型战斗机在机翼上方装备着一挺刘易斯式机关枪，越过螺旋桨弧开火。这种型号的飞机具有卓越的上升速度，虽然它的最大速度154千米/小时（96英里/小时）尚不令人满意，而且在暴力操纵时它还有出现结构性损伤的可能。

到1916年夏，盟军的战斗机中队已经可以泰然自若地对付福克飞机了。现在，德国恢复空中优势的希望放在于1916年9月推出的"信天翁"D.I型战斗机身上。这种飞机装备有两挺7.92毫米施潘道机枪，提供动力的是一台119千瓦（160马力）梅赛德斯发动机。它是第一款携带两挺机枪装备而性能又没有损失的德国战斗机，而且，虽然它的机动性不如福克飞机，但它的速度、爬升率和火力都更胜一筹。1916年10月，改进版的"信天翁"D.II型战斗机也到前线服役。

1916年夏天，在索姆河战役（Battle of the Somme）的开局阶段，爆发了一系列激烈的空战。皇家陆军航空队27个空军中队的421架飞机以及4个风筝气球飞行中队的14个气球，奉命支持参战各个方面的英国陆军军团。大部分侦察中队装备有BE.2c型飞机，由于任务的困难程度和危险性，FE.2b和DH.2型飞机为其护航。这次战役中，英国第一架装备有穿过螺旋桨射击机关枪的作战飞机——索普威斯1½斯夸特（Sopwith One-and-a-Half Strutter）战斗机登台亮相。这架双座飞机也是在后驾驶舱装有一挺刘易斯式机关枪。

参战航空部队承担的主要任务是支持法约尔（Fayolle）将军的第六军团，这支航空部队由7个飞行小队组成，全部装备有纽波特型侦察机。盟军的新机型使得他们在战场上空成功取得空中优势，为扭转这种局面，德国最高指挥部下令组建战斗机中队并将其驻扎在前线最活跃的地区。每个战斗机中队平均配备14架战斗机，是德国杰出的战术家奥斯瓦尔德·布尔克（Oswald Boelcke）的杰作。1916年8月末，7个这种类型的中队参战，这一数字在9月份上升至15个，同年末，又增加到33个。战斗机中队最初的装备是福克E.III型单翼机，1916年下半年新添了"信天翁"D.I、"信天翁"D.III和"哈尔伯施塔特"D.II（Halberstadt D.II）等机型。

空中进攻

布尔克的第二战斗机中队事实上单枪匹马地维持着德国空中进攻能力的恢复，直到更多的中队在10月的第

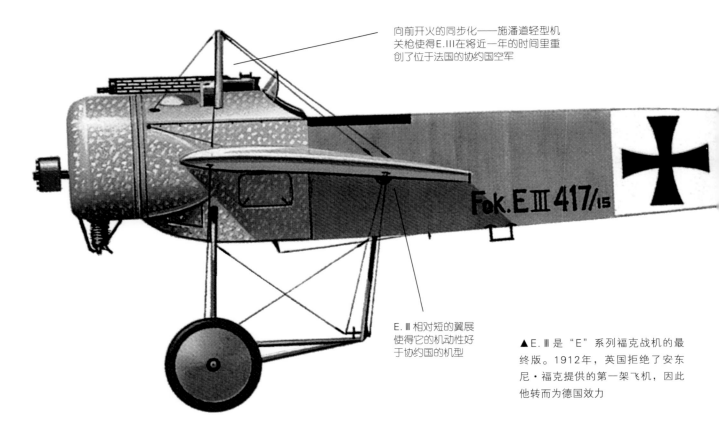

向前开火的同步化——施潘道轻型机关枪使得E.III在将近一年的时间里重创了位于法国的协约国空军

E.Ⅲ相对短的翼展使得它的机动性好于协约国的机型

▲E.Ⅲ是"E"系列福克战机的最终版。1912年，英国拒绝了安东尼·福克提供的第一架飞机，因此他转而为德国效力

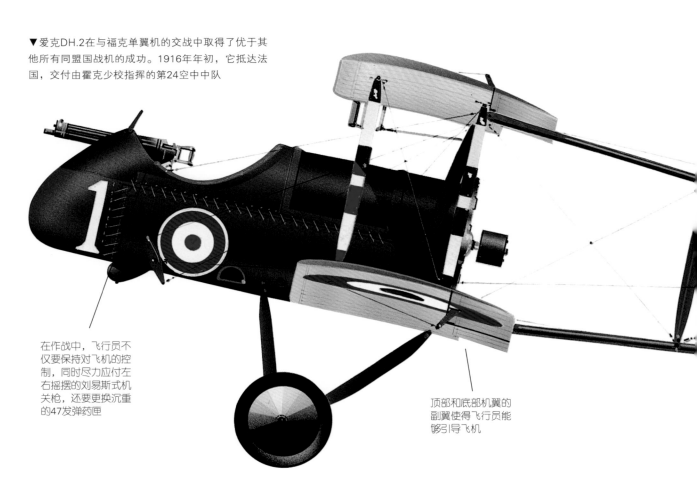

▼爱克DH.2在与福克单翼机的交战中取得了优于其他所有同盟国战机的成功。1916年年初，它抵达法国，交付由霍克少校指挥的第24空中中队

在作战中，飞行员不仅要保持对飞机的控制，同时尽力应付左右摇摆的刘易斯式机关枪，还要更换沉重的47发弹药匣

顶部和底部机翼的副翼使得飞行员能够引导飞机

早期的战斗英雄
福克E.Ⅲ

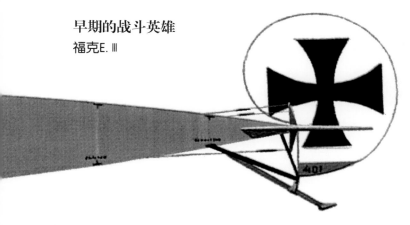

福克E.Ⅲ

机型：单座战斗侦察机
发动机：一台75千瓦(100马力)奥博斯(Oberusel)
　　　　U.19圆筒气冷旋缸发动机
最大速度：134千米/小时（83英里/小时）
持续飞行时间：2小时45分钟
使用（或实用）升限：3500米（11500英尺）
重量：空机500千克（1100磅）；最大起飞重量
　　　　635千克（1400磅）
武器装备：一挺向前开火7.92毫米轻型机关枪
尺寸：翼展　　　9.52米（31英尺3英寸）
　　　　长度　　　7.3米（23英尺11英寸）
　　　　高度　　　3.12米（9英尺6英寸）
　　　　机翼面积　16.05平方米（173平方英尺）

一周到达前线，情况才有实质性改观。9月，盟军的123架飞机（基本上是英国的）中的大部分在索姆河上空被击落，而这一时期德国损失的飞机数量仅为27架。10月，他们又击落了88架盟军战机，自身损失12架。布尔克自己在这两个月击落了20架盟军飞机，10月末他也为此献出了生命。

当索姆河上空激战正酣时，英国皇家陆军航空队和皇家海军航空队的一些飞行员正在进行一场迥然不同的战役——反击齐柏林飞艇的夜袭。德国的帝国海军飞艇部队在1915年1月19日晚对不列颠群岛完成了第一次成功的袭击，此次出动了三艘飞艇——L.3、L.4和L.6号，分别从诺德霍尔茨和福荷斯布特起飞。由于发动机故障，L.6号中途返回，但其他两艘越过了诺福克海岸。L.3号飞艇在大雅茅斯地区投掷了9枚炸弹，杀死2个人，3人受伤。L.4号飞艇轰炸了诺福克的几个目标，其中在金斯林投掷了7枚高爆炸弹和1枚燃烧弹，杀死2个人，13人受伤。皇家陆军航空队首次在夜间出动飞机对抗入侵者，但出动的两架维克斯FB.5型飞机没能完成拦截。由于这次夜袭，伦敦周围的几个皇家陆军航空队机场时刻准备防范夜袭，皇家海军航空队已有一套防空计划，在格里姆斯比和伦敦之间设立一道飞机屏障以拦截从德国北部起飞的飞机，伦敦和邓杰内斯之间的屏障用来对付从比利时基地起飞的飞机。

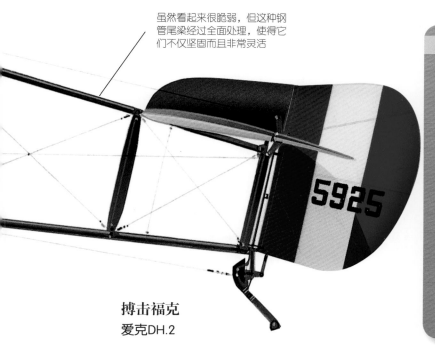

虽然看起来很脆弱，但这种钢管尾梁经过全面处理，使得它们不仅坚固而且非常灵活

搏击福克
爱克DH.2

爱克DH.2

机型：单座侦察战斗双翼机
发动机：一台75千瓦（100马力）诺姆
　　　　（Gnome）单阀式旋转活塞发动机，
　　　　后来的机型使用的是82千瓦（110马
　　　　力）罗纳河旋缸发动机
最大速度：150千米/小时（93英里/小时）
持续飞行时间：2小时45分钟
使用（或实用）升限：1300米（4265英尺）
重量：空机428千克（943磅）；最大起飞重量
　　　　654千克（1441磅）
武器装备：安装一挺灵活的向前开火0.303英寸
　　　　刘易斯式机关枪
尺寸：翼展　　　8.61米（28英尺3英寸）
　　　　长度　　　7.68米（25英尺2英寸）
　　　　高度　　　2.91米（9英尺6.5英寸）
　　　　机翼面积　23.13平方米（249平方英尺）

　　围绕德国飞艇袭击的宣传如此之多，以至于齐柏林飞艇的空袭行动给人留下了深刻的印象。不过，在整个过程中，海军飞艇部队的主要任务是侦察。如果德国海军充分利用其飞艇，它所获得的成就无疑会多得多。能够在空中巡航100小时、覆盖范围达到4800千米（3000英里）的飞艇如果连同潜艇用于侦察，会对北大西洋的盟军护航舰队造成严重破坏。齐柏林硬式飞艇针对不列颠群岛的战术通常是让飞艇爬升到一定高度，顺着东风越过海岸线。齐柏林飞艇只能在好天气和没有或仅有微弱月光的夜晚飞行。在飞艇接近目标区域时，发动机可以关掉，这样一来从地面几乎不可能察觉，除非用探照灯。齐柏林飞艇也并非无敌。1915年6月7日，德国部队的齐柏林飞艇LZ.37号被皇家海军航空队第一中队的副中尉沃纳福德（R.A.J. Warneford）击中，他驾驶的是一架来自敦刻尔克的莫拉内伞翼机。这艘飞艇，和LZ.38号、LZ.39号一起从布鲁日出发到伦敦实施轰炸。沃纳福德尾随这艘飞艇从比利时的奥斯坦德到根特，通过密集的防御火力使得它不能逼近，随后找准机会成功越过飞艇，在其上方投掷了6枚9千克（20磅）重的炸弹。这艘飞艇起火爆炸，坠落到一个女修道院，砸死了两名修女和两个孩子。沃纳福德被授予维多利亚十字勋章，不过仅仅几天后他就在一次坠机中送命。

　　战争结束前建造的115艘齐柏林硬式飞艇，22艘在使用期末坏掉了；9艘在停战后移交给了协约国；7艘被自己的工作人员破坏了；17艘在空中被战机或防空机枪毁掉；19艘在空中损坏并在降落后毁坏；7艘降落在敌方或中立国的领土上；8艘在棚屋被空袭毁坏；26艘意外失踪。大约380名机务人员——占总数的40%——在服役期间牺牲。

　　海军飞艇人员承受的困苦和损失与陆军飞艇部队的经历比起来会显得黯然失色，至少是在战争的早期。他们的很多飞行任务是自杀性的，尽管氢气填充的气囊对于小型武器的攻击都会表现出惨不忍睹的脆弱，飞艇还是要在低空飞到敌军部队密集的地带去。德国陆军广泛应用了舒特–兰兹飞艇，主要是在东部前线；相比起来，德国

◀曼弗雷德·冯·里希特霍芬男爵（右）和他的兄弟洛塔尔·冯·里希特霍芬。曼弗雷德·冯·里希特霍芬是第一次世界大战中领袖级空中王牌，1918年4月21日牺牲，曾获得80次确认的胜利

▼ "索普威斯1¹/₂斯夸特"是第一款具备穿过螺旋桨圆弧射击特征的英国作战飞机。这款战斗机非常古怪的名字来自其机翼支柱的设计

纽波特11拥有卓越的性能，广泛受到飞行
员的喜爱。同盟国的许多空中王牌都是驾驶
这架小型战斗机获得他们的第一次胜利

▼ "信天翁" D.III在1917年年初进入前线作战部队服役，同年4月进入全盛期，它重创同盟国战机，特别是英国皇家陆军航空队的BE.2c观察机

海军因为其脆弱的胶合板结构和糟糕的性能根本看不上这种飞艇。

巨型轰炸机

1917年，轰炸机大踏步向前发展。拥有大型"伊利亚·穆罗麦特兹"系列飞机的俄罗斯帝国是交战国中首先认识到重型轰炸机潜能的国家。装有8挺防御机关枪、由4台发动机提供动力的伊利亚·穆罗麦特兹型飞机在1917年十月革命爆发之前的三年里，执行了450次作战飞行任务，投掷了65吨炸弹，而自身仅损失3架飞机。

意大利是第二个引入重型轰炸机的国家，1917年之前的标准机型是卡普罗尼Ca33，这种轰炸机装有三台发动机，持续飞行时间为三个半小时，能够携带450千克（1000磅）炸弹。这些飞机执行了针对亚得里亚海岸目标，包括里亚斯特的城市和港口的多次战略性作战行动。战略作战行动实际上在1917年11月初就停止了，随着意大利在卡波雷托战败，奥地利人占领了位于波代诺内的卡普罗尼主基地。

法国在1917年的工作主要集中在生产卓越的布里古特斯14中型轰炸机（基本上相当于英国的爱克DH.4型飞机）。英国也着手建造一支高效的重型轰炸机部队，1916年加入的亨德里·佩奇0/100在第二年也有了改进版——0/400。在整个战争时期，这两个型号的飞机对敌军目标的进攻实际上是全天候的，亨德里·佩奇0/100转为夜袭，而性能更好的0/400执行更为危险的白天的突袭。

1917年，德国手上有几架令人生畏的重型轰炸机，尤其是哥达G.Ⅳ、G.Ⅴ和腓特烈港G.Ⅲ。1917年夏天，后者和哥达G.Ⅴ一起执行了一系列针对英国仓库和法国敦刻尔克地区军事设施的夜袭，给两国造成重要损失。不过，也是因为他们在英国的空袭，"哥达"型轰炸机获得恶

齐柏林硬式飞艇复杂的网格结构在这幅正在建造中的飞艇照片中得到非常好的展现。起初，齐柏林飞艇很难截获，它能够比防卫战斗机爬得更高

名，在那年年末，又有一种更为可怕的重型轰炸机——齐柏林斯塔根R.IV——加入它们的队伍。1917—1918年间，这些轰炸机进行的空袭给英国南部的民众造成了沉重的心理阴影。此外，它们迫使英国的防空——到目前为止享受着针对齐柏林硬式飞艇的越来越多的成功——几乎完全改变了策略。

与此同时，西线战场上空激烈的空战仍在继续。1917年4月（在历史上将被称为"血腥的四月"）的第一周，皇家陆军航空队在行动中损失了75架飞机。德国战斗机中队的飞机和战术更胜一筹，仅有17小时飞行经验的新招募的皇家陆军航空队飞行员被送往前线。到了"血腥四月"的中旬，在法国的皇家陆军航空队队员的平均期望飞行寿命已经降到两个月。4月初的激烈空战之后就爆发了4月9日的阿拉斯战役（Battle of Arras）。到了月底，皇家陆军航空队和皇家海军航空队已经损失了150多架飞机，而法国和比利时也损失了200架。德国在整个前线损失了370架飞机，其中的260架是在英国的防区。

新局面

　　1917年登场的新机型给空战带来了新的局面。第一款是布里斯托F.2A型战斗机，首飞安排在1916年9月19日，首次作战亮相是在1917年盟军的春季攻势中。建造了50架F.2A，动力来自142千瓦（190马力）的罗尔斯·罗伊斯福尔肯发动机。1917年3月，第一批F.2A跟随皇家陆军航空队第48中队到达法国，在飞行员还没有制

▼一款特别"多才多艺"的战斗机：爱克DH.4，在第一次世界大战中被称为"蚊子"。正如后来德·哈维兰公司以这个名字命名的战斗机，它承担了各种各样的作战任务并大获成功

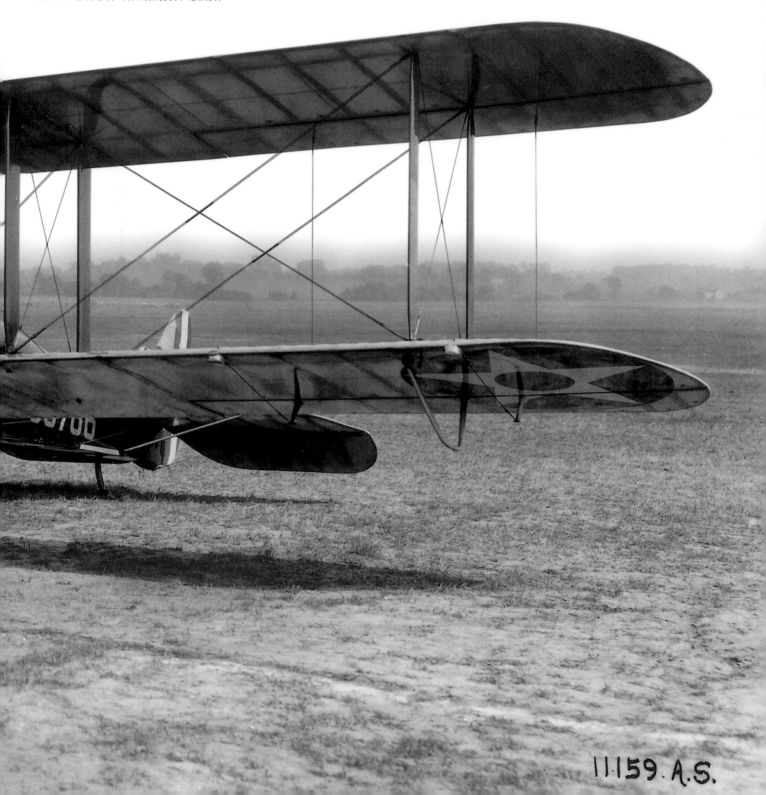

定恰当的战术之前就紧急参与作战。起初，它们被当作早期的双座飞机驾驶，倾向于把观察员的机枪作为主要武器使用，结果损失惨重。当以单座战斗机的方法采取攻势驾驶时，布里斯托战斗机被证明为一种超级武器，在作战行动中创造了令人生畏的记录。F.2A的继任者F.2B拥有功率更高的福尔肯发动机、大跨度水平尾翼、改进的下翼中心剖面和更好的前舱视野。在西线战场的皇家陆军航空队的6个中队、在英国的4个中队、在意大利的1个中队装备了F.2B型战斗机。

和布里斯托战斗机差不多在同一时间推出的是皇家飞机工厂SE.5型飞机，也在1917年春投入使用。虽然机动性不如法国生产的纽波特斯型飞机，但SE.5速度更快而且具有卓越的爬升力，这使得它在与最新的德国战机交战过程中有自身的优势。1917年6月，SE.5开始服役，最初的机型是SE.5a，动力来自一台149千瓦（200马力）希斯巴诺–苏莎发动机。由于发动机严重短缺，交货耽误了一段时间，但接收SE.5a部队的飞行员对飞机优良的飞行品质、物理强度和性能赞不绝口。可以毫不夸张地说，SE.5a在很多方面是第一次世界大战中的"超级火力"（Spitfire）。在战争结束时，英国皇家空军拥有2700架SE.5a，这款飞机服务于24个英国中队、2个美国中队和1个澳大利亚中队。

▼一架腓特烈港G.III轰炸机。G.IIIa与早期G.III主要的不同点是它具有一个复合尾翼组。图中展示的是一架被俘战斗机，在尾翼面和机身侧面有法国的标记

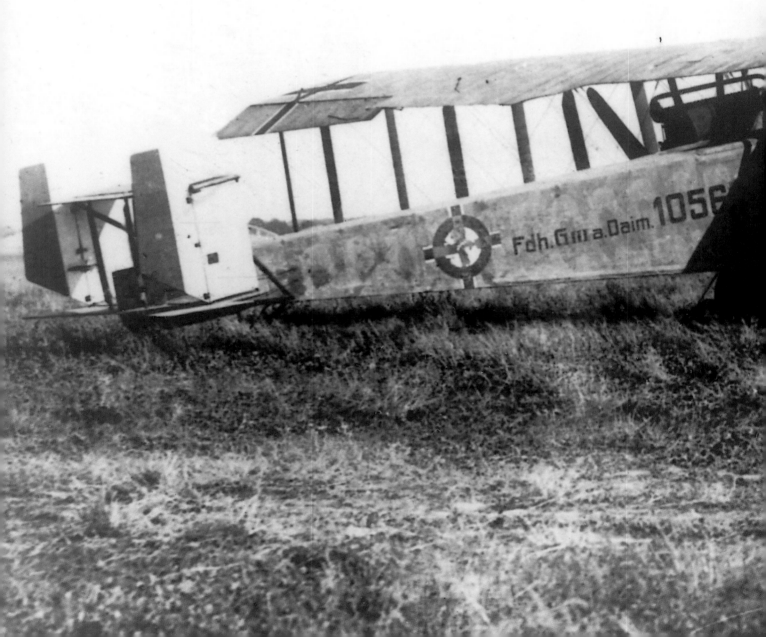

舰上作战

不过，1917年参战的英国战斗机中最有名的可能是索普威斯·卡默尔（Sopwith Camel）型飞机。虽然有若干缺点，但索普威斯·卡默尔型飞机——1917年7月首次配备给处在西线战场的皇家海军航空队第4中队和皇家陆军航空队第70中队——在熟练的飞行员手中确实是一款非常好的战斗机，1918年11月，拥有这款飞机的众多中队声称至少摧毁了3000架敌机（这一战绩超过任何其他机型）。卡默尔的总生产量达到了5490架，很多都在外国的空军部队服役。

早期出产的卡默尔F.1型飞机动力来自97千瓦（130马力）的克勒格特9B或112千瓦（150马力）的宾利BR.1转缸式发动机，后来的飞机安装的是克勒格特或82千瓦（110马力）的罗讷9J发动机。除了在海外服役，许多国内的国防中队也装备了卡默尔F.1型战机，夜间版战机装备是两挺安装在上翼中间部分的刘易斯式机关枪。最后的出产是卡默尔2F.1型飞机，设计用于舰上作战。这款战机不但可以从航空母舰"皇家海军暴怒"号（HMS

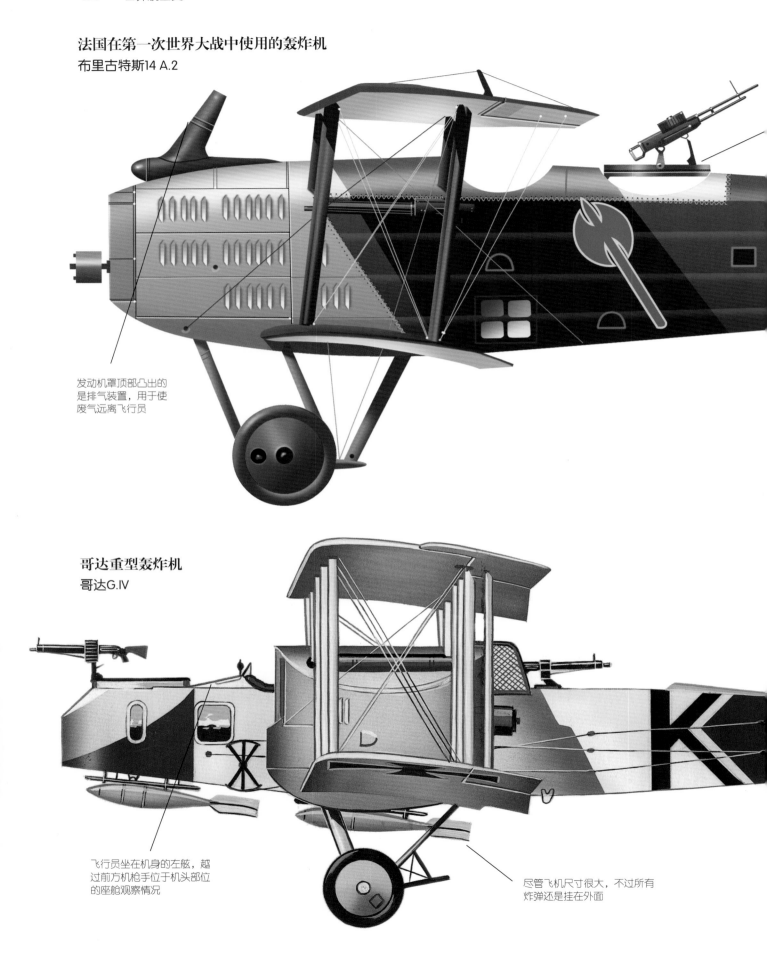

法国在第一次世界大战中使用的轰炸机
布里古特斯14 A.2

发动机罩顶部凸出的
是排气装置，用于使
废气远离飞行员

哥达重型轰炸机
哥达G.IV

飞行员坐在机身的左舷，越
过前方机枪手位于机头部位
的座舱观察情况

尽管飞机尺寸很大，不过所有
炸弹还是挂在外面

布里古特斯14的一个杰出特点
是其驾驶舱设计，飞行员和炮
手/观察员靠得很近

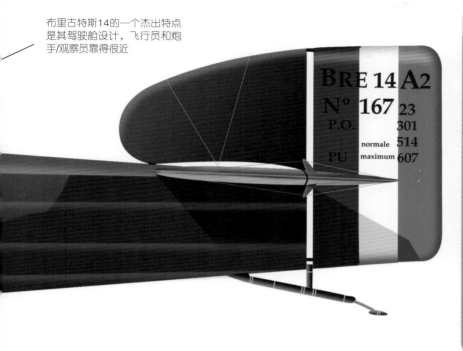

布里古特斯14 A.2	
机型：	双座侦察/轻型轰炸双翼机
发动机：	一台224千瓦（300马力）雷诺12Fe内联活塞发动机
最大速度：	184千米/小时（114英里/小时）
持续飞行时间：	3小时
使用（或实用）升限：	6000米（19690英尺）
重量：	空机1030千克（2271磅）；最大起飞重量1565千克（3450磅）
武器装备：	一挺固定的向前开火0.303英寸机关枪；两挺0.303英寸刘易斯式机关枪；翼下货架最多可携带40千克（88磅）炸弹
尺寸：翼展	14.36米（47英尺1英寸）
长度	8.87米（29英尺1英寸）
高度	3.3米（10英尺10英寸）
机翼面积	47.50平方米（530平方英尺）

▲布里古特斯14大概是第一次世界大战中最好的轻型轰炸机。法国为这款轰炸机设计
了非常好的战术，派出摆好阵型的战机空袭德国西部的目标

尾翼组由覆有翼布
的钢管制成

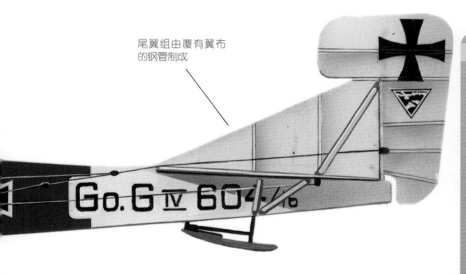

哥达G.V	
机型：	双引擎远程昼间/夜间轰炸机
发动机：	两台194千瓦（260马力）梅赛德斯D Va六缸内联活塞发动机
最大速度：	3660米（12000英尺）高空140千米/小时（87英里/小时）
空载连续航距：	491千米（300英里）
使用（或实用）升限：	6500米（21300英尺）
重量：	空机2740千克（6028磅）；最大起飞重量3975千克（8745磅）
武器装备：	机头和驾驶舱后方各一挺手动7.92毫米帕拉贝鲁姆机关枪，加挂最多500千克（1100磅）炸弹
尺寸：翼展	23.70米（77英尺9英寸）
长度	11.86米（38英尺11英寸）
高度	4.30米（14英尺1英寸）
机翼面积	89.5平方米（963平方英尺）

▲第一次世界大战中的哥达轰炸机，特别是其中的G.IV（图中所示）和G.V型属于战争后
期最知名的德国战斗机，也因它们对伦敦和英国南部的攻击而被记住

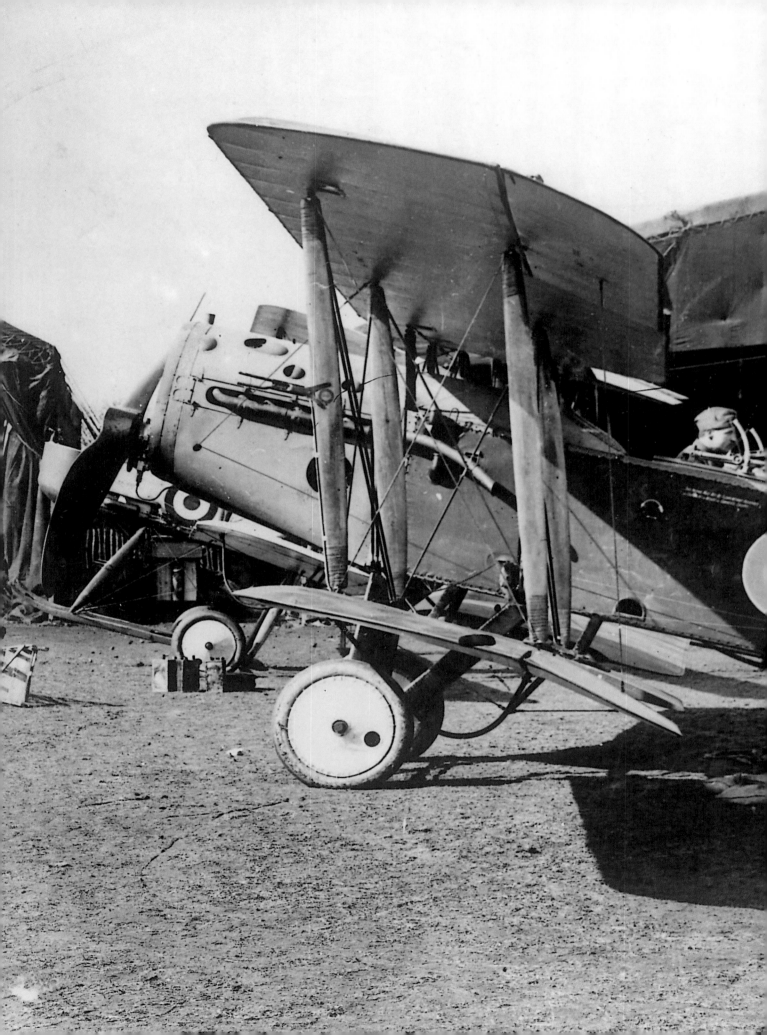

布里斯托F2B战斗机在用于攻击时是一款超级战斗机。虽然德国飞行员起初对布里斯托战机不屑一顾，不过很快他们就转变了这种偏见

S.E.5A与众不同，它仅有一个固定的前置射击武器。维克斯机关枪安装在右舷发动机上，穿过螺旋桨同步射击。

▲皇家飞机制造厂S.E.5A无疑是第一次世界大战中脱颖而出的最好的战斗机之一。它非常坚固，飞行员称赞其卓越的爬升力，这通常在战斗中可抢占先机

索普威斯"骆驼"F.1

机型： 单座战斗侦察机

发动机： 一台130马力（97千瓦）克莱杰（Clerget）旋转活塞发动机

最大速度： 185千米/小时（115英里/小时）

持续飞行时间： 2小时30分钟

使用（或实用）升限： 5790米（19000英尺）

重量： 空机421千克（929磅）；最大起飞重量659千克（1453磅）

武器装备： 两挺固定的前置射击0.303英寸维克斯机关枪，机身两侧最多加挂4枚11.3千克（25磅）炸弹

尺寸： 翼展　　　　8.2米（26英尺11英寸）
　　　　尾长　　　　5.72米（18英尺9英寸）
　　　　高度　　　　2.59米（8英尺6英寸）
　　　　机翼面积　　21.46平方米（231平方英尺）

陆军航空队的救星
皇家飞机制造厂S.E.5A

S.E.5A的木质和织物构造意味着如果起火，它可称得上是一个死亡陷阱，不过它确实具有异常坚固的结构

<table>
<tr><td colspan="3">皇家飞机制造厂S.E.5A</td></tr>
<tr><td>机型：</td><td colspan="2">单座战斗侦察机</td></tr>
<tr><td>发动机：</td><td colspan="2">一台149千瓦（200马力）沃尔斯利（许可建造）西班牙-瑞士8a八缸V形活塞发动机</td></tr>
<tr><td>最大速度：</td><td colspan="2">222千米/小时（138英里/小时）</td></tr>
<tr><td>空载连续航距：</td><td colspan="2">483千米（300英里）</td></tr>
<tr><td>使用（或实用）升限：</td><td colspan="2">5185米（17000英尺）</td></tr>
<tr><td>重量：</td><td colspan="2">空机639千克（1410磅）；最大起飞重量902千克（1988磅）</td></tr>
<tr><td>武器装备：</td><td colspan="2">一挺固定向前射击的0.303英寸维克斯机关枪和装在上翼的一挺0.303英寸刘易斯式机关枪</td></tr>
<tr><td>尺寸：</td><td>翼展</td><td>8.11米（26英尺7英寸）</td></tr>
<tr><td></td><td>长度</td><td>6.38米（20英尺11英寸）</td></tr>
<tr><td></td><td>高度</td><td>2.89米（9英尺6英寸）</td></tr>
<tr><td></td><td>机翼面积</td><td>22.67平方米（444平方英尺）</td></tr>
</table>

索普威斯最出色的战斗侦察机
"骆驼" 2F.I

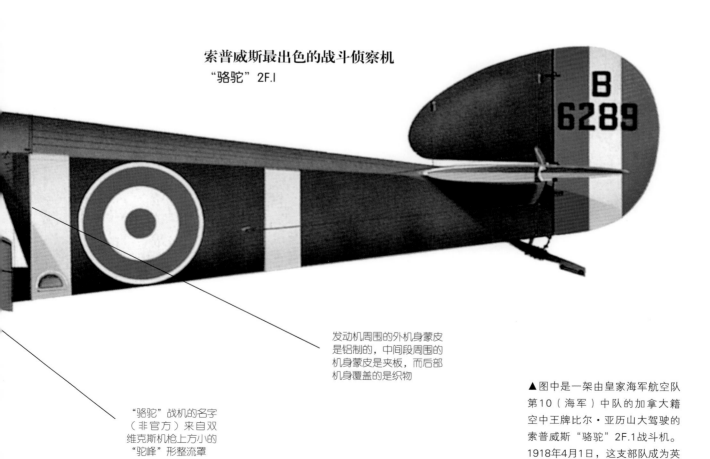

发动机周围的外机身蒙皮是铝制的，中间段周围的机身蒙皮是夹板，而后部机身覆盖的是织物

"骆驼"战机的名字（非官方）来自双维克斯机枪上方小的"驼峰"形整流罩

▲ 图中是一架由皇家海军航空队第10（海军）中队的加拿大籍空中王牌比尔·亚历山大驾驶的索普威斯"骆驼"2F.1战斗机。1918年4月1日，这支部队成为英国皇家空军第210中队

1917年8月2日，中队长邓宁驾驶索
普威斯"小狗"（Pup）战机降落在
"皇家海军暴怒"号航空母舰上，这
是历史上战斗机首次降落在航行中的
舰艇上。5天后，邓宁遇难

▶虽然不是有史以来最好的空中格斗机，但皇家飞机制造厂SE.5a是许多空中王牌的首选座驾，这主要归功于它的速度。英国贝德福德郡沙特尔沃思收藏馆有这款飞机的样机

Furious）和"皇家海军柏伽索斯"号（HMS Pegasus）上起飞，卡默尔2F.1也可以从竖立在炮塔和其他大型军舰前甲板上的平台弹射起飞，或者从驱逐舰后拖拽的驳船上起飞。事实上，海军空中力量的发展是1917年的一个重要进步。

　　此时，皇家海军才真正称得上是航空母舰。换句话说，装备有陆上飞机可以使用的飞行甲板的舰船，遥遥领先于世界其他国家。第一艘是在战争爆发后不久下水的轻型战斗巡洋舰"皇家海军暴怒"号。1916年8月15日正式推出时，这艘巡洋舰上层结构的前部装有飞行甲板，不过最终完成时，它拥有一段连续的飞行甲板和可以容纳14架索普威斯1½斯夸特战斗机和2架索普威斯·帕斯（Sopwith Pups）的飞机库（1918年年初，对它进行改装以适用于索普威斯·卡默尔型飞机）。舰上还有工作车间，从飞机库到飞行甲板的电动升降机和由从横档上悬吊下来的结实的网绳（这些网绳是着陆拦阻装置的原型）。

　　1918年7月17日，从"皇家海军暴怒"号上起飞、由杰克逊（W.D. Jackson）上尉和斯马特（B.A. Smart）上尉

率领的两队索普威斯·卡默尔型战机前往德恩轰炸齐柏林飞艇棚屋。6架飞机都携带着两枚50磅（22千克）炸弹，完成了一次成功的空袭。两个棚屋和一个临时军火供应站被击中并起火，齐柏林硬式飞艇L.54和L.60号被毁。两名英国飞行员回到了军舰上；三名飞行员在恶劣的天气条件下着陆于丹麦，而其他人坠入大海。

短暂的突袭

一艘有类似装备的军舰——"皇家海军卡文迪什"（HMS Cavendish）号于1918年10月服役并被改名为"皇家海军复仇"（HMS Vindictive）号，在1918—1920年间，它的战斗生涯限于通过短暂的突袭支持在俄罗斯北部和波罗的海的盟军干预部队。最重要的发展集中在三艘装有完整飞行甲板的新型航母上：10850吨"皇家海军竞技神"（HMS Hermes）号、"皇家海军百眼巨人"（HMS Argus）号和"皇家海军鹰"（HMS Eagle）号。当然，只有"皇家海军百眼巨人"号在战争结束前加入了舰队。

1917年5月，法国的战斗机中队开始标准化一个新机型——SPAD XIII。和它的前任——SPAD VII一样，它有卓越的火力平台而且极为坚固（虽然它狡猾地低速飞行）。它的动力来自一台希斯巴诺-苏莎8Ba发动机，装有两挺向前开火的维克斯机枪，它的最大时速将近225千米/小时（140英里/小时），当时来说是少有的，而且能够爬升到6710米（22000英尺）的高度。随后建造了8472架SPAD XIII型战机，装备了80多个中队。这种飞机还装备了美国远征军——1918年4月在西部战线参战的16个中队，它还被意大利的空军看中，到1923年仍有100架服役。

在德国方面，1918年4月"红色男爵"曼弗雷德·冯·里希特霍芬去世时，转缸式发动机驱动的Dr.I三翼机——这款飞机开始被人熟知并于1917年10月开始服役，不过，虽然它是一款机动性非常好的战机，但已经被新一代战斗侦察机超越了。这款飞机的早期"职业生涯"被一系列致命坠落困扰。事实上，它受到主要来自能够驾驭它的技艺娴熟的飞行员，如里·希特霍芬和维尔纳·沃斯（Werner Voss）等空中王牌的赞美，连安东尼·福克都表示了惊讶。它从未大批量使用。另外一款福克设计的"D.VII"型战机是一种迥然不同的飞机。第一次世界大战中最好的战机——福克D.VII无疑会被大量生产，它的原型在1917年末出现，当时德国飞行军团正在失去享受了将近三年之久的技术优势和支配地位。德国最高指挥部认识到事态的严重性，下令德国飞机制造厂赋予这款新飞机最优先的开发权；各种设计原型会参与一项竞标飞行。D.VII型战机被证明是到目前为止最好的综合性竞争者并以明显优势胜出，福克获得生产400架的初始合同（那个时候，福克接到的他所设计的战机的最大订单就是60架Dr.I三翼机）。第一批样机被送往第一战斗机中队，到1918年11月停战前，共生产了大约1000架。

1918年夏秋时分参与法兰西上空决战的就是这种战机，直到11月11日停战，历史上第一次空战才宣告结束。

SPAD S.XIII

机型：单座战斗侦察机
发动机：一台164千瓦（220马力）西班牙–瑞士88 Ec八缸V形活塞发动机
最大速度：224千米/小时（139英里/小时）
使用（或实用）升限：6650米（21815英尺）
重量：最大起飞重量845千克（1863磅）
武器装备：两挺固定的向前射击0.303英寸维克斯机关枪
尺寸：翼展　　　 8.1米（26英尺7英寸）
　　　长度　　　 6.3米（20英尺8英寸）
　　　高度　　　 2.35米（7英尺8英寸）
　　　机翼面积　 20.00平方米（199平方英尺）

最大、最快的SPAD
SPAD S.XIII

▲拉斐特飞行小队——一支主要由美国志愿者组成的法国战斗机部队，其拥有一架SPAD XIII。1916年4月，这支中队以"美国人飞行小队"（Escadrille Américaine）的名义组建，此时美国还没有参战

▲维尔纳·沃斯中尉驾驶福克三翼机滑出。这位被称为"克雷费尔德轻骑兵"（Hussar of Krefeld）的德国空中王牌取得了48次胜利，后来被英国皇家空军第56中队的里斯·戴维斯中尉击落

"拉斐特飞行小队"是一支由为法国空军效力的志愿者组成的美国人中队。这支部队包括如拉乌尔·卢弗贝瑞（击落了17架敌机）等空中王牌

和S.VII类似，S.XIII拥有一个修长有坡度的、带肋机翼后缘的尾翼。飞机还有大号、有力的方向舵和升降舵面

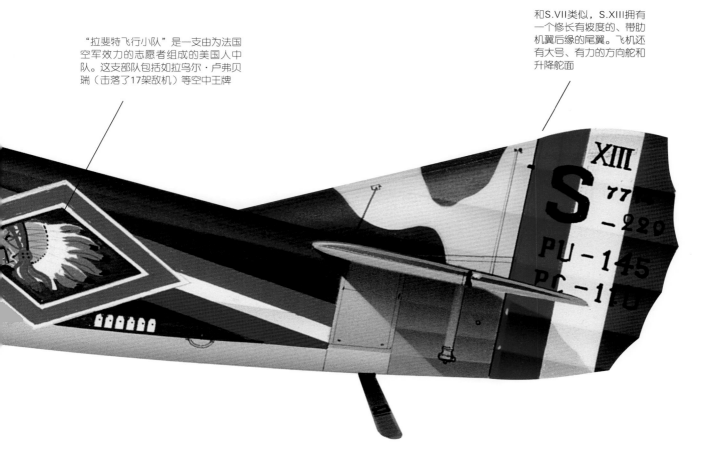

曼弗雷德·冯·里希特霍芬总共驾驶过4架三翼机，其中一架（152/17）战后陈列在柏林博物馆，1944年毁于盟军的轰炸

▲曼弗雷德·冯·里希特霍芬几乎全红的福克三翼机，1918年4月21日，他驾驶的这架飞机被击落，"红色男爵"殒命。福克三翼机的机动性非常强，但需要一位技术非常娴熟的飞行员才能发挥它的最大功效

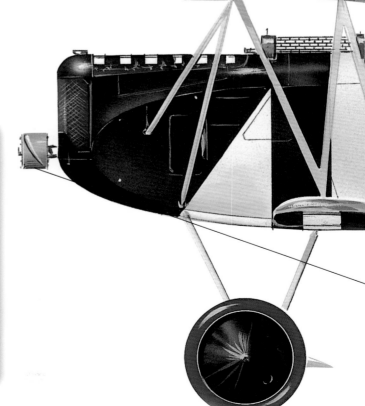

福克D.VII

机型： 单翼机

发动机： 一台138千瓦（185马力）宝马III六缸内联活塞发动机

最大速度： 200千米/小时（124英里/小时）

持续飞行时间： 1小时30分钟

使用（或实用）升限： 7000米（22965英尺）

重量： 空机735千克（1620磅）；最大起飞重量880千克（1940磅）

武器装备： 两挺固定的向前射击7.92毫米轻型08/15机关枪

尺寸： 长度　　　　6.95米（22英尺9英寸）

　　　　翼展　　　　8.9米（29英尺2英寸）

　　　　高度　　　　2.75米（9英尺）

　　　　机翼面积　　20.5平方米（221平方英尺）

"红色男爵"的飞机
福克Dr.I

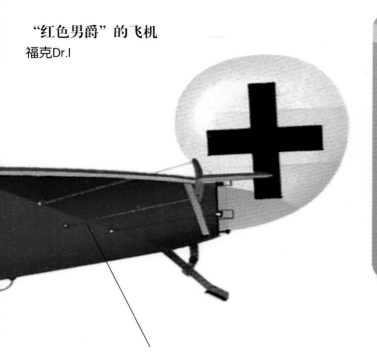

福克Dr.I	
机型：单座战斗侦察机	
发动机：一台82千瓦（110马力）奥博斯Ur.II九缸旋转活塞发动机	
最大速度：185千米/小时（115英里/小时）	
持续飞行时间：1小时30分钟	
使用（或实用）升限：6100米（20015英尺）	
重量：空机406千克（894磅）；最大起飞重量586千克（1291磅）	
武器装备：两挺固定的向前射击7.92毫米轻型08/15机关枪	
尺寸：翼展	7.19米（23英尺7英寸）
长度	5.77米（18英尺11英寸）
高度	2.95米（9英尺8英寸）
机翼面积	18.66平方米（201平方英尺）

与许多报道相反，这款飞机并不是全红的。它的下侧是蓝色的，还有金属质地的整流罩、白色的轮组和垂直尾翼

▼福克D.VII是有史以来最伟大的战斗机之一，第一次世界大战结束前的几个月，它给盟军带来一些非常棘手的难题。它驾驶起来非常灵敏，令人喜爱

福克最棒的双翼战斗机
福克D.VII

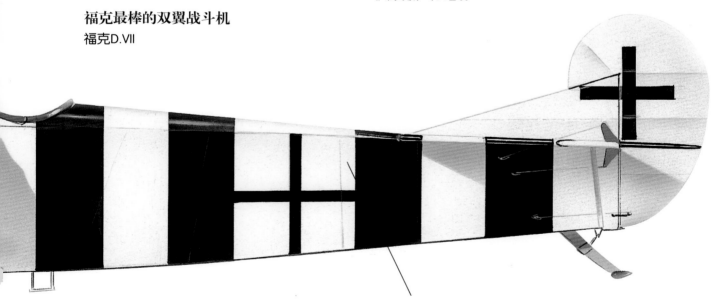

高强度的机身和机翼结构意味着福克战斗机在空战中具备出众的机动性。这一闪光的性能让后来的好莱坞制片人能够精心制作出宏大的空战情景以飨观众

福克战斗机的一个最重要特征是它能够在高空"暂停"螺旋桨。这使得飞行员能够在其他战斗机转向离开时向上射击

英国硬式飞艇R34号在完成从西向东横跨大西洋的首次飞行后，准备降落在纽约米尼奥拉机场的停泊处。1919年7月17日，它返回位于英国普勒姆的基地

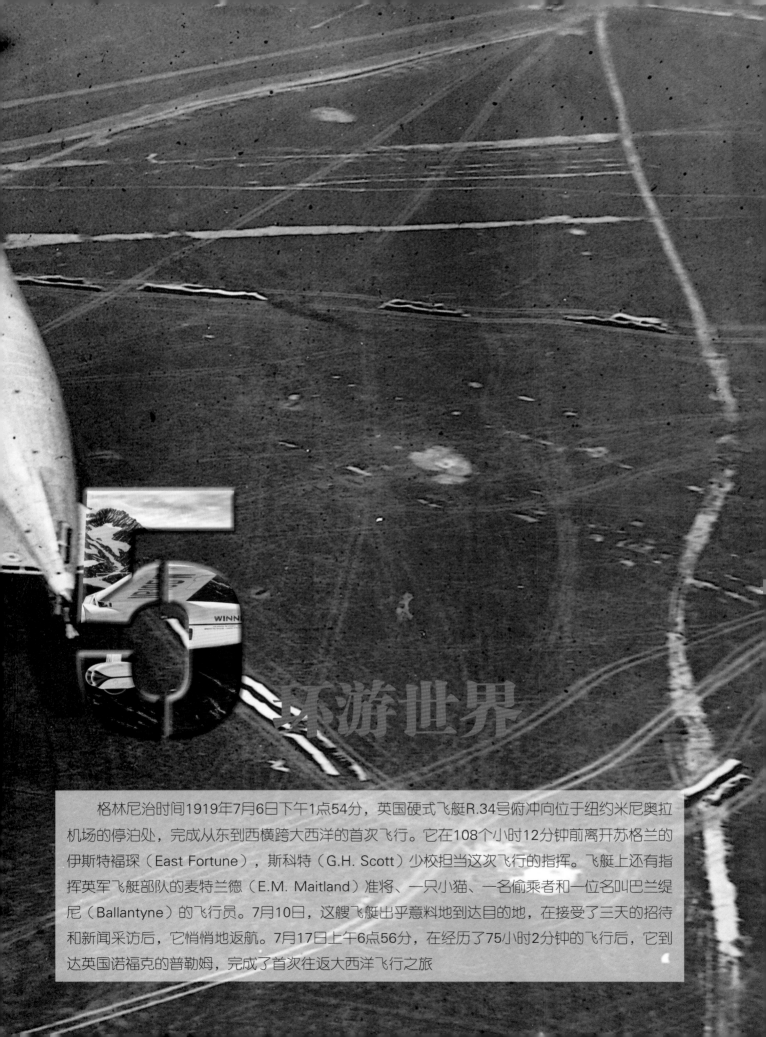

环游世界

格林尼治时间1919年7月6日下午1点54分，英国硬式飞艇R.34号俯冲向位于纽约米尼奥拉机场的停泊处，完成从东到西横跨大西洋的首次飞行。它在108个小时12分钟前离开苏格兰的伊斯特福琛（East Fortune），斯科特（G.H. Scott）少校担当这次飞行的指挥。飞艇上还有指挥英军飞艇部队的麦特兰德（E.M. Maitland）准将、一只小猫、一名偷乘者和一位名叫巴兰缇尼（Ballantyne）的飞行员。7月10日，这艘飞艇出乎意料地到达目的地，在接受了三天的招待和新闻采访后，它悄悄地返航。7月17日上午6点56分，在经历了75小时2分钟的飞行后，它到达英国诺福克的普勒姆，完成了首次往返大西洋飞行之旅

R.34号并不是第一个成功完成跨大西洋飞行的飞艇，但它是第一批中坚持到最后的一个。1919年曾有多次勇敢的尝试与失败，英勇的人们力图应对并克服这一航行路径中最大的天然障碍，有两次重要的成功被广为宣传。寇蒂斯NC-4号水上飞机——隶属美国海军，是飞船小组三艘中的一艘，从加拿大的纽芬兰起飞，经过亚速尔群岛于5月27日到达葡萄牙的里斯本；它的两架同伴NC-1和NC-3都没能完成目标。这艘飞船由海军少校瑞德（A.C. Read）指挥并取得成功，在里斯本停留了10天，随后飞往英国的普利茅斯。不到三周后，迄今为止最为轰动的飞行出现了：第一次不做停留地横跨大西洋，从加拿大的纽芬兰飞到爱尔兰戈尔韦的克利夫登，驾驶的是一架改装的维克斯"维米"（Vickers Vimy）；飞行员是约翰·阿尔科克（John Alcock）上校，导航员是亚瑟·惠滕·布朗（Arthur Whitten Brown）中尉。因此他们获得了《每日邮报》10000英镑的奖金、骑士爵位、世界的喝彩和航空史上令人垂涎的地位。

人们可能认为，这些飞行（以及他们之后的R.34）应该是打破了天然障碍，引起一系列对大西洋上空的航空开发；然而，实际情况并非如此。R.34号完成飞行一年后，这艘飞艇仍然是唯一能够携带一定人数或一定数量货物横跨大西洋飞行的运载工具。剩下的就是探险家，20世纪20年代早期，探险家们正在寻找新的挑战——例如，越过亚洲飞往澳大利亚。后来又有几次分阶段跨越大西

▶约翰·阿尔科克（左）上校和亚瑟·惠滕·布朗中尉在1919年完成首次横跨大西洋的飞行。飞行的结局不大好看：飞机大头冲下栽到爱尔兰的一个泥炭沼里

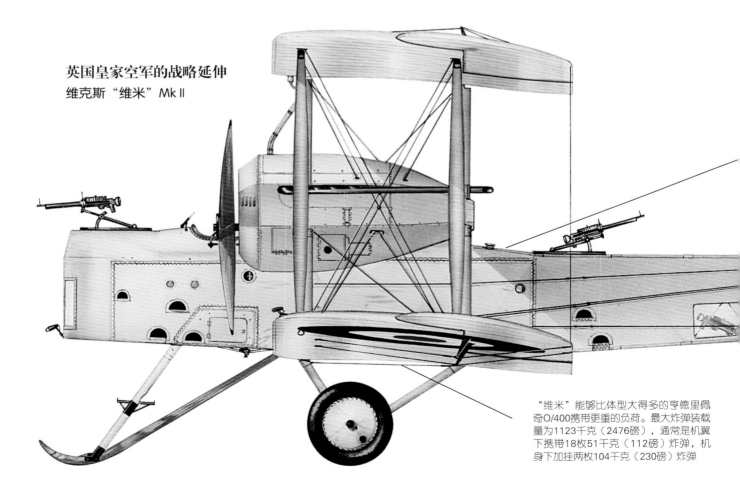

英国皇家空军的战略延伸
维克斯"维米"Mk Ⅱ

"维米"能够比体型大得多的亨德里佩奇O/400携带更重的负荷。最大炸弹装载量为1123千克（2476磅），通常是机翼下携带18枚51千克（112磅）炸弹，机身下加挂两枚104千克（230磅）炸弹

▲1919年5月27日，美国海军NC-4号水上飞机在葡萄牙的里斯本港的照片，它刚刚完成首次横渡大西洋的空中飞行。飞机从加拿大的纽芬兰起飞，经过亚速尔群岛到达里斯本

"维米"有四名机组人员：一名飞行员、一名观察员/炸弹瞄准手/机头炮手、一名尾部炮手和一名腹部炮手。由于腹部枪炮不一定安装，因此有时是三名机组人员

▲设计为三座轰炸机的维克斯"维米"由于推出过晚而没能参与第一次世界大战，但在20世纪20年代，它在军事和民用领域都被广泛使用

维克斯"维米"Mk II

机型：重型轰炸机

发动机：两台269千瓦（360马力）罗尔斯·罗伊斯"鹰VIII"12缸V形活塞发动机

最大速度：166千米/小时（103英里/小时）

空载连续航距：1464千米（910英里）

使用（或实用）升限：2135米（7000英尺）

重量：空机3221千克（7101磅）；最大起飞重量5670千克（12500磅）

武器装备：旋转基座上的三挺0.303英寸刘易斯式Mk III机关枪，分别位于机头、背部和腹部；内置炸弹舱和翼下机架最多可携带2179千克（4800磅）炸弹

尺寸　翼展　　20.75米（68英尺1英寸）

　　　长度　　13.27米（43英尺6英寸）

　　　高度　　4.76米（15英尺7英寸）

　　　机翼面积　123.56平方米（1330平方英尺）

阿尔科克和布朗驾驶维克斯"维米"从加拿大纽芬兰的圣约翰起飞。16小时27分钟后,他们降落在爱尔兰戈尔韦市的克利夫登,两人因此被授以爵位

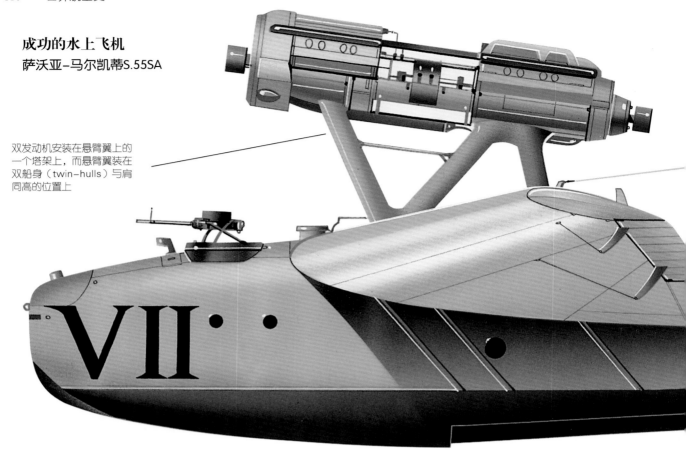

成功的水上飞机
萨沃亚–马尔凯蒂S.55SA

双发动机安装在悬臂翼上的一个塔架上，而悬臂翼装在双船身（twin-hulls）与肩同高的位置上

洋的飞行，1924年又出现了一次不做停留的直航，完成这次飞行的是德国的齐柏林飞艇LZ.126号，它此行目的是跨越大洋飞往美国海军完成交付任务。

大西洋开发

　　直到1927年，大西洋开发的速度才真正加快。2月8日，三个意大利人——德皮内多（de Pinedo）、德尔普雷特（del Prete）和赞切提（Zacchetti），驾驶一架名为圣玛丽亚（Santa Maria）的萨沃亚S.55型水上飞机开始进行环大西洋外围的首次飞行。2月26日，经过塞拉利昂和佛得角群岛完成一段相对平静的跨大西洋飞行后，他们到达巴西的里约热内卢；一个月后，经过一段悠闲的向北飞行后，到达古巴。4月6日，灾难降临，飞机在得克萨斯州起火烧毁；一个月后，作为替换的"圣玛丽亚II"号交付使用。他们驾驶它继续飞行，5月8日到达纽约。5月18日，他们来到芝加哥，5月20号到达加拿大的纽芬兰，并准备向东跨越北大西洋的飞行。他们于5月23日起飞，飞行了2413千米（1500英里）后降落在亚速尔群岛霍尔塔西北290千米（180英里）的海上。救援船随后赶到，发现他们的燃料耗尽了，经过三天的拖曳，飞行小组于5月26日到达霍尔塔。6月10日，在必要的休息后，三人组飞往葡属亚速尔群岛的蓬塔德尔加达，从那里又到了葡萄牙的里斯本，最终到达目的地——意大利的罗马。1927年2月8日至6月16日，他们的整个飞行距离超过40707千米（25300英里）。

　　1927年春，大量激励措施重新点燃了横跨大西洋飞行的兴趣。这次摆在飞行员面前的诱人的"胡萝卜"是由纽约饭店的所有者雷蒙德·奥泰格（Raymond Orteig）提供的25000美元的奖金——奖励的对象是首个完成从纽约到巴黎（或相反）直航的飞行员。这项任务的困难是巨大的。虽然发动机比8年前阿尔科克和布朗完成横跨时更可靠一些了，但是仍然没有足够的方法预测大西洋不可预知的天气。如果被迫要飞越云层，没有盲飞的仪器能够帮助飞行员摆脱麻烦。在将近2000英里毫无变化的海上，也没有真正可用的长距离导航设备。最后，也是比较重要的一点，就是装配一架横跨大西洋飞机的成本是相当高的。没有哪个飞行员能够在没有赞助的情况下完成这项任务，而赞助者在表示资助意愿之前又需要成功的可靠保证。永远值得称赞的法国人艰难而英勇地不断尝试，

▼20世纪20年代，萨沃亚S.55SA型水上飞机被意大利人广泛用于探险航行。萨沃亚是意大利的主要水上飞机制造商，这家公司既生产民用机也生产军用飞机

▼查尔斯·林德伯格（左二）在首次成功单人驾机飞越大西洋前拍摄的照片。已有几位飞行员在之前的尝试中遇难，其中包括法国空中王牌查尔斯·南杰瑟

萨沃亚-马尔凯蒂S.55SA

机型： 远程轰炸-侦察水上飞机
发动机： 两台880马力（656千瓦）伊索塔-弗拉斯基尼阿索750V形活塞发动机
最大速度： 279千米/小时（173英里/小时）
空载连续航距： 3500千米（2175英里）
使用（或实用）升限： 5000米（16405英尺）
重量： 空机5750千克（12677磅）；最大起飞重量8260千克（18210磅）
武器装备： 每个船身机头位置有两挺7.7毫米机关枪，外加一枚鱼雷或2000千克（4409磅）炸弹
尺寸： 翼展　　24米（78英尺9英寸）
　　　　长度　　16.75米（54英尺11英寸）
　　　　高度　　5米（16英尺5英寸）
　　　　机翼面积　93平方米（1001平方英尺）

Spirit of St.Louis

NEW YORK-PARIS FLIGHT
CAP CHARLES LINDBERGH. RYAN MONOPLANE
RED CROWN AVIATION GASOLINE GARGOYLE MOBILOIL "B"

一架道格拉斯DT-2世界巡航飞机，这架飞机在1924年4月6日至9月28日间完成首次环游世界之旅。4架飞机从华盛顿州的西雅图出发，但其中2架在途中遇难

尽管出现了一连串悲剧。1927年，接连进行了两次尝试。第一次，一架"法曼·哥利亚"（Farman Goliath）飞机5月5日离开圣路易斯准备飞越大西洋；无论是飞机还是机组人员都没有再回来。仅仅三天后，让整个法国震惊和悲伤的第二次尝试接踵而至。5月8日，曾经赢得过45场胜利的法国空中王牌查尔斯·南杰瑟（Charles Nungesser）和他的导航员弗朗索瓦·克里（Francois Coli）驾驶一架名为"白鸟"的勒瓦瑟飞机从巴黎出发。这架飞机安全起飞，飞行平稳后，南杰瑟就抛弃了飞机的起落架——用来减轻重量、减少阻力的方法，毕竟勒瓦瑟飞机要对付经常刮起的西风。一个小型飞机编队陪伴他们飞到了英吉利海峡，随后他们继续独自赶路。这架飞机了无踪迹地消失了，消失在茫茫无际的灰色大西洋上。"白鸟"号唯一留下的就是它的起落架，今天还保留在法国航空博物馆内。

林德伯格的凯旋

13天后的5月21日，一架名为"圣路易精神"号（Spirit of St Louis）的瑞安单翼机在黑暗中降落在巴黎的布尔歇。它以173.6千米/小时（107.9英里/小时）的速度从纽约飞到了巴黎，这架飞机害羞的、表情严肃的年轻飞行员——查尔斯·林德伯格（Charles Lindbergh）——自此载入史册。这次有历史意义的飞行（它的戏剧性过程被多次讲述），在这里无须重复。对于林德伯格来说，这次独自一人横跨大西洋的飞行仅仅是其充满荣耀和悲剧的职业生涯的开始。

在早期，美国海军在远距离和持久飞行领域处在最前列。1924年，美国海军第一次成功完成环绕世界的飞行（尽管途中有多次停留），使用的是在外表上与服役中的鱼雷轰炸机类似的道格拉斯DT-2双翼机。

除了给机组人员带来当之无愧的荣誉和对他们的飞行和导航技术的赞美之外，这次史诗般的航行还带回一些对未来飞机和装备设计产生重要影响的经验。其中一个经验就是木材和织物远不是高温潮湿条件下适合机翼和浮动结构使用的材料；另一个经验是如果没有可靠的供养和组织——美军战舰运载备件、燃料，技术人员沿途定位——不要贸然飞行。接下来的20年，美国在长距离空中飞行后勤保障方面将走向卓越。

"齐柏林伯爵"号商业飞艇及它的姊妹艇"兴登堡"号非常成功,不过他们易燃的氢气是个危险隐患,这一隐患最终毁掉了"兴登堡"号

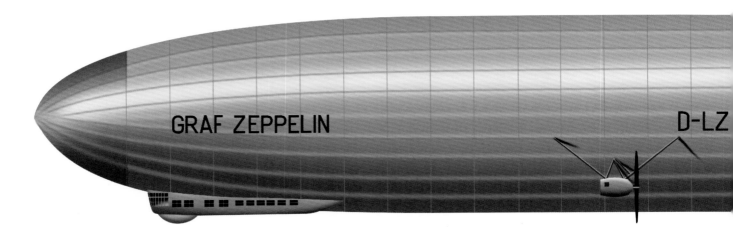

▲ "齐柏林伯爵"号LZ127。这艘飞艇仅停靠三次就完成了世界环航，为它的设计者带来巨大声誉，但飞行不无问题和危险

卓越的飞艇

20世纪20年代的几次环球飞行尝试都以失败告终，或者因为使用的飞机和发动机无法承受施加给它们的压力，或者因为恶劣的天气条件而导致不幸。还有一些尝试不算真正的环球飞行，因为部分航段飞机是靠船运送的。事实上，直到1929年才出现真正意义上的环球航行，完成它的是性能卓越的"齐柏林伯爵"号飞艇。

第一次世界大战期间，齐柏林飞艇后期的型号已经表现出令人震惊的耐力。例如，1917年11月，L.59型飞艇完成了从保加利亚到东非的长途飞行。刚过苏丹首都喀土穆就接到召回令，它在空中飞行了95小时35分钟后返回保加利亚，整个飞行距离为创纪录的6720千米（4200英里）。1929年8月8号，L.59的商业后辈——1928年10月11日完成首次横渡大西洋飞行的"齐柏林伯爵"号飞艇——携带着37名工作人员、20名旅客、62000封信件和100张免费邮寄的明信片从新泽西州的雷克赫斯特出发，从西到东横越大西洋后于8月10日到达腓特烈港。

5天后，它再次出发，飞越德国的柏林、波兰的什切青和但泽，穿过波罗的海飞往俄罗斯。8月16日早晨，飞过沃洛格达、乌拉尔山脉、越过北彼尔姆继续前行。8月17日和18日，飞过广袤的西伯利亚，工作人员最终找到了叶尼塞河。飞越西伯利亚的航行中最糟糕的一段就是越过未经探测的与东海岸平行的斯塔诺夫山脉，进入鄂霍次克海上空。飞艇的指挥官雨果·埃克纳（Hugo Eckener）通过飞越一段带有阵风的峡谷成功绕过那些一毛不拔的路段，但在穿越过程中飞艇有好几次差点撞上参差不齐的岩石。不过埃克纳高超的驾驶技巧让飞艇安全穿过，在离开山脉的最高峰时擦着山脊而过，仅差几尺就蹭上了。现在飞艇前面是鄂霍次克海，再过去就是日本；飞艇完成了首次横跨俄罗斯的不着陆飞行。

"齐柏林伯爵"号飞艇拥有直接飞往洛杉矶的足够燃料和供给，但出于政治原因计划访问东京。它于8月19日到达日本首都，此时已飞行了101小时44分钟，飞行距离11263千米（7000英里）。除了在西伯利亚上空穿越了几次空气的湍流，在离开库页岛时避开了一股台风，一路上遭遇的天气条件还是非常不错的。

重要的飞行

"齐柏林伯爵"号飞艇8月23日离开东京，借助尾随一阵台风而来的微风划过天空，向东然后转向东南飞向太平洋。随后，它不得不在24小时里小心摸索着在浓雾中前进，在飞越太平洋的第三天，再次迎来晴朗的天气。8月25日日落时分，飞艇到达旧金山，受到几十架飞机的欢迎。随后它继续飞往洛杉矶准备在黎明着陆，由于出现逆温现象，这一选择后来被证明是极难处理的；当飞艇下降进入大气中较冷的一层，它变得更轻，在飞艇能够安全停泊之前工作人员必须打开阀门放掉大量的气体。第二天晚上它再次启航时，相反的情况出现了。当太阳照射使得飞艇气囊升温大量气体自动被放掉，飞艇就会超重而变得很危险。因为已没有多余的氢气储备来充满气

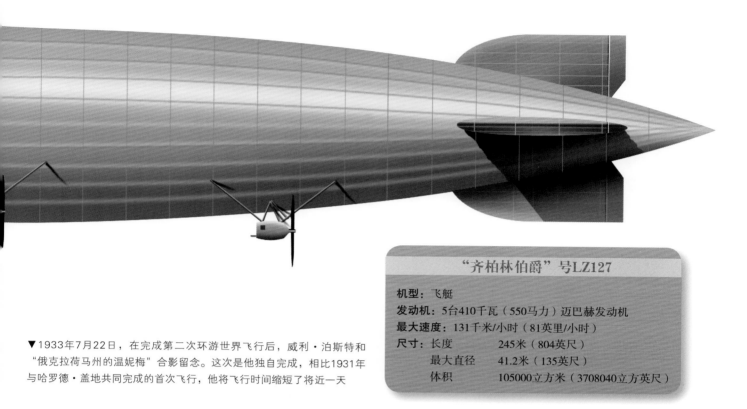

"齐柏林伯爵"号LZ127

机型：飞艇
发动机：5台410千瓦（550马力）迈巴赫发动机
最大速度：131千米/小时（81英里/小时）
尺寸：长度   245米（804英尺）
        最大直径   41.2米（135英尺）
        体积   105000立方米（3708040立方英尺）

▼1933年7月22日，在完成第二次环游世界飞行后，威利·泊斯特和"俄克拉荷马州的温妮梅"合影留念。这次是他独自完成，相比1931年与哈罗德·盖地共同完成的首次飞行，他将飞行时间缩短了将近一天

美国人威利·泊斯特和哈罗德·盖地驾驶
一架洛克希德公司生产的"织女星温妮
梅"商用飞机完成首次成功的环球飞行。
飞行从1931年6月23日持续到7月1日

▲1932年5月21日，艾米利亚·埃尔哈特和它的洛克希德"织女星"在北爱尔兰的伦敦德里郡。埃尔哈特刚刚成为首位完成单人驾机飞越大西洋的女性

囊，埃克纳不得不长距离、缓慢地起飞，逐渐升到大气层中温度较高的一层。它的尾部撞到地面，飞艇多次跳起，不过它还是飞了起来继续前行。8月29日，它在经历了长达21天7小时34分钟的环球飞行后，停泊在新泽西的雷克赫斯特，在这里它停靠港口修整了一周的时间。随后从雷克赫斯特出发，横跨大西洋返航。

"齐柏林伯爵"号环绕世界的飞行仅做了三次停留，这是一项非凡的成就。更为重要的飞行出现在两年后。1931年6月23日，美国人威利·泊斯特（Wiley Post）和哈罗德·盖地（Harold Gatty）驾驶一架名为"俄克拉荷马州的温妮梅"（Winnie Mae of Oklahoma）的洛克希德马丁单翼机离开纽约，力图在10天内完成环球飞行。他们开局良好，用16小时17分钟完成了横跨北大西洋的飞行，从纽芬兰的格雷斯港飞到了英国的切斯特。他们于7月1日返回纽约，用了8天15小时51分钟的时间成功完成首次驾驶商用飞机（与飞艇不同）的环球飞行，为此赢得了10000美元的奖金。他们的飞行时间总共为107小时2分钟。

1933年，威利·泊斯特独自一人驾驶同一架飞机（经过一些改装）打破了他自己创造的环球飞行纪录。他在7月15日起航，用了25小时45分钟的时间从纽约飞到了柏林，并从那里他飞越柯尼斯堡、莫斯科、新西伯利亚、伊尔库茨克、哈巴罗夫斯克、费尔班克斯和埃德蒙顿，最后返回出发地。他用7天18小时50分钟的时间完成这次飞行，总飞行时间115小时54分钟。

男人们已经独自或一起完成了环球飞行，1929年，德鲁蒙德·海（Drummond Hay）夫人也搭乘过"齐柏林伯爵"号，但还没有一位女士作为一名飞行员驾驶一架飞机完成环球飞行，1937年艾米利亚·埃尔哈特（Amelia

Earhart）决定成为第一人。1937年3月，第一次尝试以失败告终，她驾驶的由洛克希德马丁公司生产的"厄勒克特拉"号（Electra）飞机从火奴鲁鲁起飞时发生翻滚，折断了右面的主轮，损坏了一只机翼。

导航问题

飞机进行了维修，三个月后她再次试飞。此次弗瑞德·诺南（Fred Noonan）作为她的领航员，她计划选择环绕赤道的航线从西向东飞——这是第一次有人这样做。6月1日，她从佛罗里达的迈阿密起飞，飞往波多黎各的圣胡安、委内瑞拉的卡里波托、圭亚那的帕拉马里博和南非的纳塔尔，然后横渡大西洋前往达喀尔。西非海岸上空的薄雾给诺南造成了一些导航上的问题，他们在6月8日降落在塞内加尔的圣路易斯，第二天又飞往达喀尔。

他们从达喀尔继续向前，经过拉密堡到苏丹的埃尔法舍尔，经过喀土穆到达红海的马萨瓦。从那里飞往厄立特里亚海岸的阿萨布，这里是前往卡拉奇的13小时10分钟不着陆飞行之前的最后一个站点。在卡拉奇，帝国航空公司和皇家空军机械师对飞机进行了彻底的检查，艾米利亚和诺南趁机享受了两天的休息；6月17日他们继续上路，按照帝国航空公司提供的路线前往2236千米（1390英里）之外的加尔各答。

他们降落在加尔各答的内塔吉·苏巴斯·钱德拉·鲍斯国际机场，发现这里出现场涝。当地的天气状况引起了他们的关注，因为雨季即将到来，尽快向前推进显得很重要。飞行的下一段——从加尔各答到缅甸的阿恰布——并不平静，在阿恰布和仰光之间飞机饱受暴风和季风雨的折磨，来自东南方向大风的迎头冲击力量如此之大，以至飞机机翼前缘的涂料都被剥掉。穿越大风的办法暂时找不到，因此他们掉头飞回了阿恰布。

▼艾米利亚·埃尔哈特和她的洛克希德"厄勒克特拉"号。1937年，在一次环球飞行中，这位女飞行员和她的领航员消失在太平洋上，直到今天，她们的命运还是一个谜

洛克希德14型是10型"厄勒克特拉"的比例增大版。这款飞机为世界各地的航空公司生产了三个主要版本，在霍华德·休斯等飞行员手上，它还创造了几项令人钦佩的持久飞行纪录

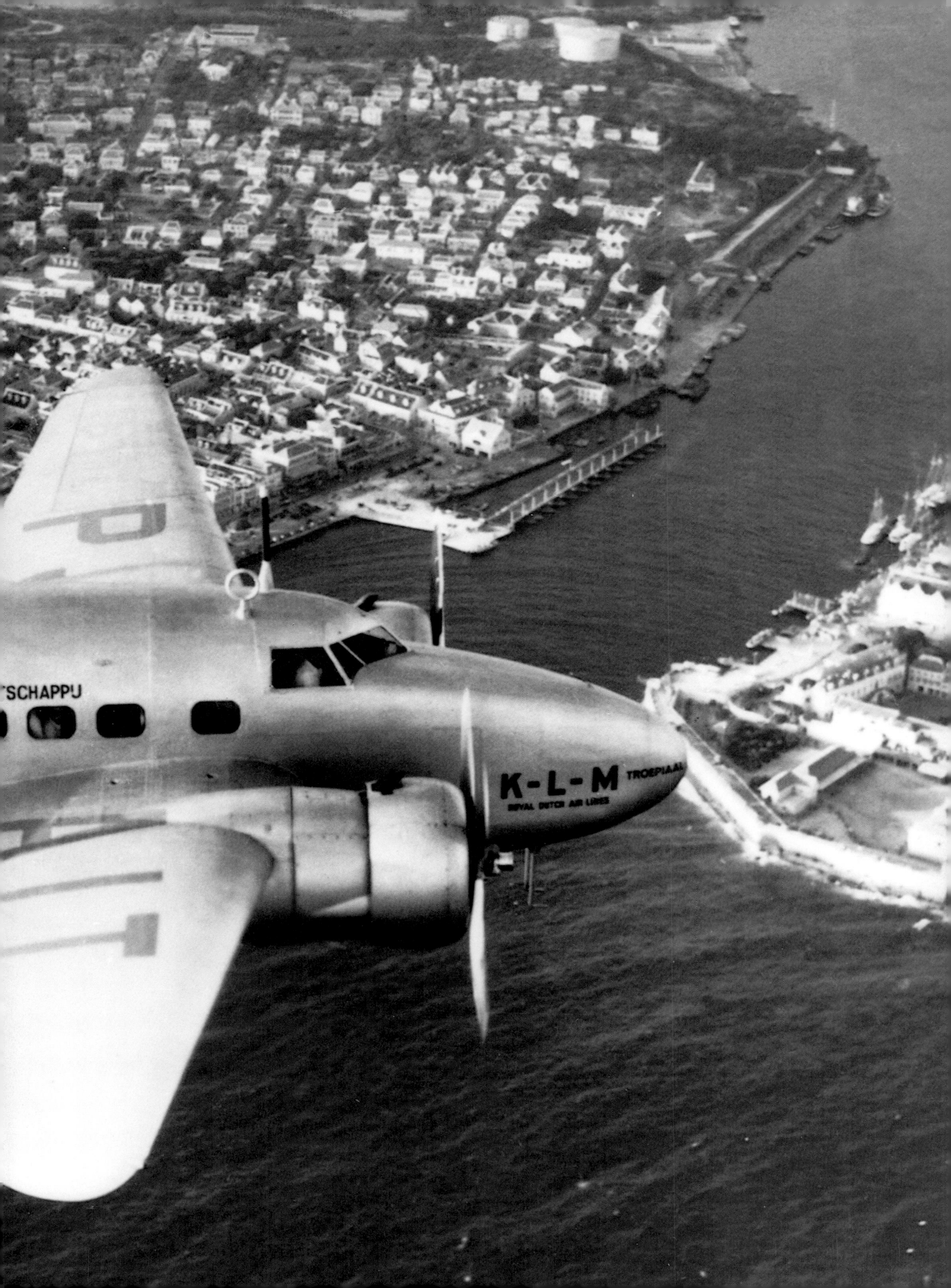
SCHAPPIJ
K-L-M
ROYAL DUTCH AIR LINES

他们设法在6月19日到达仰光，第二天飞往曼谷和新加坡，希望缩短一些时间。他们似乎已经将恶劣的天气甩在了后面，接下来的航程在能见度很好的情况下从新加坡飞到了万隆、爪哇岛。在万隆，荷兰皇家航空公司的技术人员对飞机进行了检查，6月27日，他们继续飞往澳大利亚的达尔文港，途中在帝汶岛做了一次停留。

下一段航程比较困难，是从达尔文港到新几内亚莱城的1930千米（1200英里）的水上飞行。飞行持续了8个小时，飞机的飞行路线要穿过很强的逆风和气流，两位飞行员在飞行了35400千米（22000英里）后都有了筋疲力尽的感觉。

1937年7月2日，他们从莱城起飞，开始了长达4113千米（2556英里）的前往位于太平洋中心豪兰岛——到达加利福尼亚奥克兰之前的最后一个停靠港的飞行。他们实际上会在7月1日降落，在越过国际日界线时能够提前一天。

未解之谜

但他们没能到达豪兰岛。除了一些断断续续的无线电电报，再没有听到他们的消息。尽管进行了半个太平洋和十几个国家的大规模搜索，最终还是没有找到，他们的失踪也成为航空史上未解之谜之一。

他们失踪时正值泛美航空公司和帝国航空公司确定环球航空服务路线之际。一张报纸的社论对此次失踪评论道："一架飞机失踪在遥远孤独的太平洋上。另一架飞机在绕地球飞了一半时不见了。海洋先锋的时代结束了。"

但这种说法并不完全正确。1938年7月10日，洛克希德14型（Lockheed 14）——"厄勒克特拉"号的改进版——从纽约起飞，在不到4天的时间里完成了环绕世界的飞行；确切地说，用了91小时24分钟。指挥这次飞行的是一直以来最富有也最有争议的一个人物。他还是一个对飞行做出巨大贡献的人。他的名字是霍华德·休斯（Howard Hughes）。

在两次世界大战中间的几十年，推动商业航空发展的因素中最重要的一个就是对快速邮政服务的需要，而这一需要在哪里也没有广布世界的大英帝国显得那么迫切。大部分开创性工作由皇家空军完成，它为横跨大英帝国航线网络的建立奠定了基础，同时还在这个过程中创造了一些令人钦佩的纪录。

1924年，帝国航空公司——一家合并了许多在战后迅速组建的小型航空公司的国家航空公司成立。5月投入运营，亨德里·佩奇W8bs（Handley Page W8bs）型飞机和德·哈维兰DH.34s（de Havilland DH.34s）型飞机负责飞行由之前的公司建立起来的航线，不过英国对其帝国统治的关注意味着欧洲航线通常要让位于更远距离的中

▼亨德里·佩奇在早期就预见到对特定用途商业运输机的需求，第一次世界大战结束后不久就开始设计这样一款飞机——W.8，它的首飞是在1919年12月

东、远东和南非的航线。飞机的采购同样受到更远距离航线的影响。直到1928年帝国航空公司才面向所有英国制造企业招标40座多曲柄式发动机的大型客机以满足大陆航线的需要。选定的机型是亨德里·佩奇HP.42,这款飞机具有一种额外的吸引力,即它可用在大英帝国的海外航线上。不过,直到1931年6月9日,才进行从伦敦到巴黎的首次航线验证试飞,在此期间帝国航空公司的欧洲服务仍由阿姆斯特朗·惠特沃思·阿戈西(Armstrong Whitworth Argosy)和亨德里·佩奇W.8型飞机组成的飞行团队维持。

亨德里·佩奇HP.42型飞机的引入为帝国航空公司大陆航线的组织和效率带来了新气象。它似乎是不会被取代的,但是,1933年春天,在出现了几次事故和交通需求突然增长的情况后,航空公司发现自己极度缺乏陆上飞机。绍特兄弟通过建造"肯特"水上飞机的陆上版本填补了这一空白;最初推出了两架样机,分别命名为"斯库拉"(Scylla)和"西琳克丝"(Syrinx),全部于1934年投入使用,作为HP.42的补充负责飞帝国航空公司的夏季航线——从克里登飞往巴黎、布鲁塞尔、巴塞尔和苏黎世。

英国商业航空

在20世纪30年代早期,大量小型飞机租赁公司如雨后春笋般在英国商业航空领域涌现,装备的飞机种类五花八门。其中包括高地航空公司(Highland Airways)、希尔曼航空公司(Hillman's Airways)、泽西航空公司(Jersey Airways)、铁路航空公司(Railway Air Services)、伦敦和苏格兰及省级航空公司(Provincial Airways)。从1933年开始,这些小型企业开始借助一款新型的、在商业上非常成功的支线班机——德·哈维兰DH.84"飞龙"(de Havilland DH.84 Dragon)号走向标准化。DH.89"迅龙"(DH.89 Dragon Rapide)是功率更高的一个版本,另一种德·哈维兰飞机——DH.86,在1934年经过改装以满足在新加坡和澳大利亚的布里斯班之间完成飞行任务的需要。帝国航空公司使用DH.86型飞机完成一部分大陆飞行任务,同时还装备给两家在1935年注册的新公司——英国航空公司(British Airways)和联合航空公司(United Airways)。

▼绍特S.17 G-ACJK"西琳克丝"是为帝国航空公司服务的两款绍特"斯库拉"客机之一。在布鲁塞尔的狂风中被严重损坏后,"西琳克丝"经过修理,并继续在第二次世界大战中为英国皇家空军执行运输任务

20世纪20年代后期，帝国航空公司渐渐接管由皇家空军开拓的大英帝国航线。之所以能够这样做，多亏了一款专门设计用于长距离飞行的新型飞机——德·哈维兰DH.66"大力神"号（de Havilland DH.66 Hercules）的出现。装备3台发动机的"大力神"号有3名机组成员——两位飞行员和一位无线电报员，可以搭乘7名乘客，还有两个独立的货舱可以放行李和信件。

过剩的飞机

在美国，1914年至1918年的第一次世界大战结束后，航空业——军事和民用——进入低潮期，主要由于柯立芝总统领导的国会坚决反对拨付任何资金支持其发展。此外，由于市场上充斥着成千上万过剩的军用飞机（大部分是全新的），以极低的价格卖给任何需要的人，导致开发新机型的激励很微弱。

欧洲的情况也类似，而在这一时期推动美国民用航空发展的关键诱因是邮递服务的需求。1925年，国会通过《空邮法》（Air Mail Act），将航空邮件的投递移交给私人承包商。有一条从东海岸到西海岸的航空邮递路线，之前由美国邮政局授权的军用飞机使用，不过在新法案下中标后授权的是这一航线的某些航段。这些航段中最有利可图、最有潜力的是纽约—波士顿的航段，有两个重要投标人（serious bidders）：一家是由胡安·特里普（Juan Trippe）于1925年9月组建的远东航空运输公司（Eastern Air Transport）；另一家是由一个财团（由一些有影响的投资者组成）运营的殖民航空（Colonial Airlines）。两家公司后来合并组建了殖民空运（Colonial Air Transport），及时获得这份合同。起初，这条航线由"福克通用"型飞机（Fokker Universal aircraft）执行飞行任务。

1925年11月，另一家名为西部航空快递（Western Air Express）的公司获得一份在洛杉矶和盐湖城之间投递信件的合同，1926年4月开始运营，最初是靠6架由军用侦察机改装的道格拉斯M-2型双翼机。1926年5月，每当获得投递信件的准许，西部航空快递公司就携带一些乘客，票价是90美元。

▼为英国欧洲航空公司服役的一架德·哈维兰"DH89迅龙"客机。这款客机的生产一直持续到第二次世界大战爆发，此时已建造了205架。很多飞机后来在英国皇家空军服役

中东邮政飞机
德·哈维兰DH.66 "大力神"

两位飞行员驾驶
"大力神"，客
舱可携带1名无线
电报员、7名乘客
和最多13.2立方米
（466立方英尺）
的信件。澳大利亚
版的DH.66可容纳
14名乘客

亨德里·佩奇H.P.42W

机型： 7座商业运输双翼机

发动机： 3台313千瓦（420马力）
布里斯托朱庇特VI星形发
动机

最大速度： 206千米/小时（128英
里/小时）

空载连续航距： 845千米（525
英里）

使用（或实用）升限： 3960米
（13000英尺）

重量： 空机4110千克（9060磅）；
最大起飞重量7076千克
（15600磅）

尺寸： 翼展　　24.23米（79英
尺6英寸）

尾长　　16.92米（55英
尺6英寸）

高度　　5.56米（18英尺
3英寸）

机翼面积　143.72平方米
（1547平方英尺）

4台414千瓦（555马力）布里斯托朱庇
特XFBM发动机尽可能近地聚集到飞机
中心线。这意味着如果其中一台出现故
障，对飞机的操控不会有太大影响

德·哈维兰 DH.66 "大力神"

机型： 民用运输机

发动机： 四台414千瓦（555马力）布里斯托朱庇特XFBM九缸星形发动机

最大速度： 204千米/小时（125英里/小时）

空载连续航距： 805千米（500英里）

使用（或实用）升限： 不适用

重量： 空机8047千克（17740磅）；最大起飞重量12701千克（28000磅）

尺寸： 翼展　　　39.62米（130英尺）
长度　　　28.09米（92英尺2英寸）
高度　　　8.23米（27英尺）
机翼面积　277.68平方米（2989平方英尺）

根据在较热气候条件下飞行的经验，帝国航空公司的标准色调搭配从黑蓝转为热吸收较少的全身银色涂料

▲剖面图展示了亨德里·佩奇HP.42 G-AAXC "赫拉克勒斯"的内部。这款飞机是HP.42W的一个版本，在帝国航空公司的欧洲航线得到充分利用。HP.42E飞机的基地在埃及的开罗

飞行的帝国航线
亨德里·佩奇H.P.42W

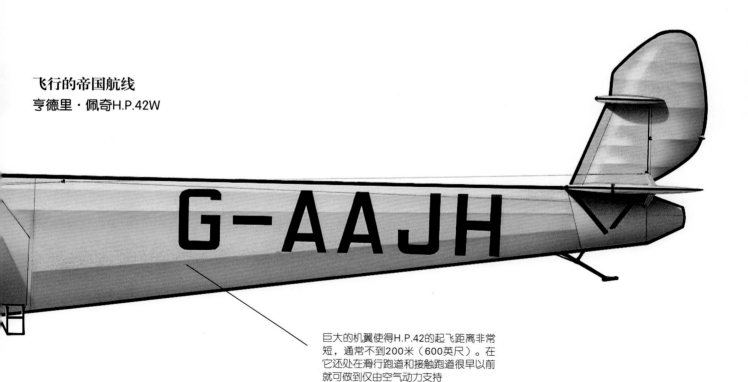

巨大的机翼使得H.P.42的起飞距离非常短，通常不到200米（600英尺）。在它还处在滑行跑道和接触跑道很早以前就可做到仅由空气动力支持

　　在东部，胡安·特里普已经离开殖民空运，正忙着组建一家名为泛美航空（Pan American Airways, Inc.）的新公司。其目标是开发加勒比海航线，这条航线从佛罗里达的基韦斯特飞往古巴的哈瓦那，跨越墨西哥的尤卡坦半岛，然后向下通过英属洪都拉斯和尼加拉瓜到达巴拿马。这段航线的邮递合约在1927年7月16日交给泛美航空，按照这份协议，投递服务要在10月19日开始，问题是泛美航空当时还没有飞机。不过，在特里普离开殖民空运之前，他预定了几架福克三发动机飞机（Fokker Tri-motors）；殖民空运并不想要这些飞机，这也是特里普与这家公司断绝关系的一个原因，不过前两架还差一点才能交付。1927年10月13日，胡安·特里普被选为泛美航空的总裁和总经理，10月28日新公司的第一架福克三发动机飞机携带350千克（772磅）信件完成了从基韦斯特到哈瓦那的首飞。

▼1927年10月28日，泛美航空公司的福克F.VII在动身由佛罗里达的基韦斯特飞往古巴的哈瓦那之前合影留念。照片包含了当时差不多所有泛美航空公司的空中和地面工作人员

快速扩张

　　从那时起，公司快速扩张。一个新的基地在迈阿密建立，那年晚些时候送往巴拿马拿索的邮政服务也顺利启动。特里普现在的计划是环绕整个加勒比海，形成一条穿过墨西哥湾进入得克萨斯的航线。为实现这一目标，泛美航空需要一种水陆两用飞机，特里普预定了能够搭载8名乘客的S-38——1928年10月开始在这家航空公司投入使用。在这之前的7月份，特里普买下了一家妨碍泛美航空"野心"的竞争公司；这家公司就是西印度群岛航空快递公司（West Indian Aerial Express），它从1927年12月开始做海地太子港和波多黎各圣胡安之间的邮政服务，使用的机型是"仙童"FC-2（Fairchild FC-2）水上飞机。1929年1月，特里普又买下了1924年投入运营并在5年后装备了福特三发动机飞机、福克F-10和"仙童"71的墨西哥航空公司（Mexican airline）。

从战斗机到客机
福克F.VII-3m

焊接钢管机身结构和操纵面上覆有
织物；不过，全金属承力表层式结
构很快在20世纪30年代被接受

飞翔的大洋班机
肖特S.23 C-Class水上飞机

上层甲板始于翼梁的前端，
在它之前是飞行甲板

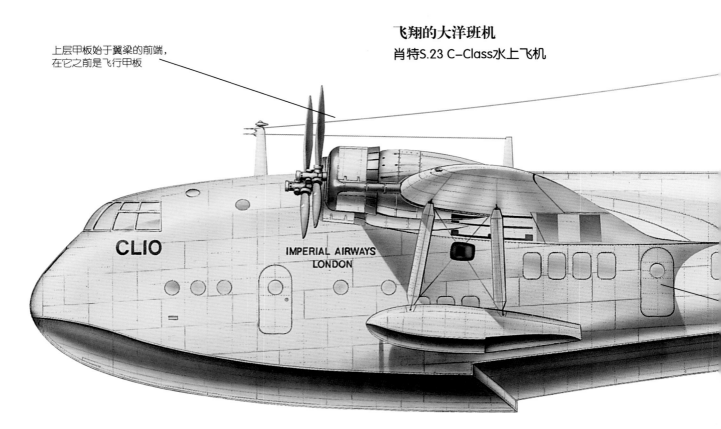

▲帝国航空公司的肖特S.23"帝国"水上飞机。名为"克利俄"（Clio）的这款飞机在1937年开始从事英国南安普顿到埃及亚历山大港的定
期航空邮件服务。1940年7月，它应征在英国皇家空军服役

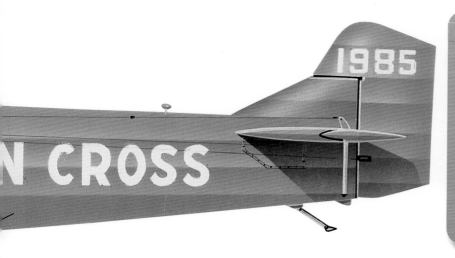

福克F.VII-3m "南十字星"

发动机： 三台179千瓦（240马力）莱特
"旋风"星形发动机

巡航速度： 170千米/小时（106英里/小时）

空载连续航距： 带有额外燃料可飞行2600
千米（1616英里）

使用（或实用）升限： 4700米（15420
英尺）

重量： 加载完毕3986千克（8788磅）

尺寸： 翼展　19.31米（63英尺4英寸）

　　尾长　14.57米（47英尺10英寸）

　　高度　3.9米（12英尺10英寸）

▲查尔斯·金斯福德·史密斯著名的F.VII三引擎飞机 "南十字星"。F.VII系列的影响遍布全世界，在荷兰皇家航空最初谨慎的5架飞机订单之后，共建造了250架

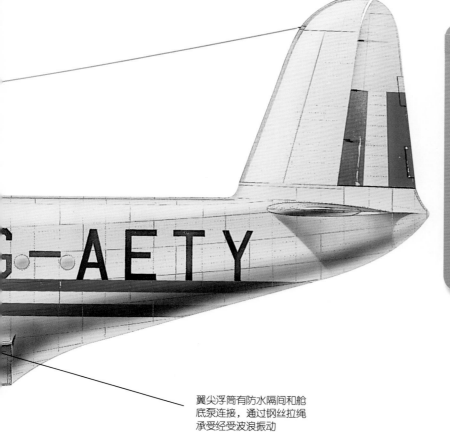

肖特S.23 C-Class水上飞机

机型： 水上飞机

发动机： 四台686千瓦（920马力）布里斯托"飞马"XC星形发动机

巡航速度： 1676米（5500英尺）高度274千米/小时（170英里/小时）

空载连续航距： 1223千米（760英里）

使用（或实用）升限： 6095米（20000英尺）

重量： 加载完毕18370千克（40500磅）

尺寸： 翼展　34.75米（114英尺）

　　长度　26.82米（88英尺）

　　高度　9.7米（31英尺10英寸）

　　机翼面积　139.35平方米（1500平方英尺）

翼尖浮筒有防水隔间和舱底泵连接，通过钢丝拉绳承受经受波浪振动

1930年5月，泛美航空环绕加勒比海的航线完成，这家航空公司此时拥有110架飞机，其中包括38架西科斯基S.38（Sikorsky S.38）、29架福特三发动机飞机、12架福克F.10和31架"仙童"71、FC-2。这非常了不起，在这个基础上这家公司将发展成为世界上最大的民用航空公司。

泛美航空在打开太平洋航线方面也发挥了引领作用。1927年以前，从美国到亚洲横跨太平洋的唯一航线是经阿拉斯加、阿留申群岛到堪察加半岛、千岛群岛，最后到达日本；这是在1924年由美国环球飞行团队驾驶道格拉斯DT-2双翼机完成的。直到改良版的第一架具备一定长距离飞行能力的福克F.VII出现，越过水域的长距离飞行才变得可行；要知道，从北美洲到太平洋中途岛的距离比从纽芬兰到爱尔兰的距离还远。

消失在海上

两位美国人——飞行员麦特兰德（Maitland）中尉和导航员哈根伯格（Hagenberger）驾驶一架F.VII-3m飞机完成了从旧金山到火奴鲁鲁的首次横跨太平洋的飞行。1927年6月28日下午4点零9分起飞，在飞行了25小时49分30秒后，第二天到达火奴鲁鲁，飞行距离为3910千米（2430英里）。不过，同年晚些时候横跨太平洋的尝试遭遇灾难。一位名为约翰·都乐（John Dole）的百万富翁设立了一项35000美金的奖金，在一次有组织的竞赛中奖励第一个从旧金山飞到火奴鲁鲁的双人机组，10个机组参加了比赛。在这10个机组中，3个在试飞中遇难，1个被

▼创造历史的4个人站在查尔斯·金斯福德·史密斯的福克F.VII"南十字星"飞机前。从左到右依次为：导航员哈里·里昂、副驾驶员查尔斯·乌尔姆、飞行员金斯福德·史密斯、无线电报员詹姆斯·华纳

淘汰（裁判认为其飞机无法携带足够的燃料），两个由于机械故障退赛。真正参与的4个机组中，两个消失在海上；没能参加比赛的一个机组去寻找失踪的机组，再也没有回来。

首次完整飞越太平洋的壮举由一支澳大利亚和美国的冒险家组成的团队在第二年完成。他们驾驶的是一架名为"南十字星"（Southern Cross）的福克F.VIIB-3m飞机；飞行员和指挥官是查尔斯·金斯福德·史密斯（Charles Kingsford Smith），副驾驶员是乌尔姆（C.T.P. Ulm），无线电报员是詹姆斯·华纳（James Warner），他们都是澳大利亚人，技术极为娴熟的导航员是一位名叫哈里·里昂（Harry Lyon）的美国人。

1928年5月31日，"南十字星"号离开加利福尼亚的奥克兰，在持续飞行了27小时27分钟后于6月1日安全到达火奴鲁鲁。从火奴鲁鲁出发，金斯福德·史密斯决定飞往177千米（110英里）外的具有更长跑道的小岛。从那里出发，他们于6月2日飞往斐济并那里加油。这是飞行中最为困难的一段，飞机在跨越赤道时遭遇了猛烈的暴风雨，凭借哈里·里昂高超的导航技巧，他们用了34小时33分钟在6月4日安全抵达斐济首都苏瓦，飞行距离5121千米（3183英里）。

飞机于6月8日离开苏瓦。途中又遇到猛烈的雷暴，强烈的逆风使得飞机速度缓慢，用了21小时35分钟才飞了2896千米（1800英里）。由于里昂使用的指南针出现一些不稳定的状况，情况变得更加复杂。不过，飞机还是在偏离原定路线145千米（90英里）的布里斯班机场着陆。此时，"南十字星"号已经飞行了83小时38分钟，飞行距离为11890千米（7389英里）。

▼波音314是商用水上飞机一次重要技术进步的代表机型。这款飞机开启了常规横渡大西洋和货运服务业务，并在第二次世界大战期间坚持运营

了无踪迹地消失

在经过一系列初步调查后，泛美航空在20世纪30年代中期开始将横跨太平洋的服务列入计划，准备使用的是两种类型的水上飞机——西科斯基S-42（Sikorsky S-42）和马丁M-130（Martin M-130），都是装有四台发动机的大型飞机。通往亚洲大陆的邮政服务在1936年10月21日正式开始，整个行程要用5天，飞行时间为60小时。事实上，早期搭载旅客的飞行最远就到菲律宾的马尼拉，直到1937年才拓展到香港并与中国大陆的航线连接起来。

在业务运营过程中悲剧时有发生。1937年12月，一架西科斯基S-42在通往新西兰的新航线试飞过程中在半空爆炸，6名机组人员失踪；6个月后一架搭乘9名机组人员和6名乘客的马丁M-130在从关岛到马尼拉的一次飞行中了无踪迹地消失了。

水上飞机对于20世纪30年代大英帝国航线的扩张也是必不可少的。在这方面，帝国航空公司依靠的是性能卓越的绍特C-Class（Short C-Class）水上飞机。这款飞机设计于1935年，是特意用来满足帝国航空邮政计划要求的。生产了两个版本：S.30用于横渡大西洋的飞行，共生产了9架；另一种是更早的S.23，不足以完成横渡大西洋的飞行，但被证明在英国到澳大利亚的邮政服务中表现不俗。帝国水上飞机总共建造了42架，其中一架——"加勒多尼亚"号（Caledonia）——考察了计划的横渡大西洋航线的第一段，在1937年7月5日从海斯经里斯本飞到了亚速尔群岛。

但真正征服大西洋的是一架美国的水上飞机——波音314大型飞机，它代表了水上飞机技术的一个重要进

▼大型容克G 38仅建造了两架样机。最初的飞机——D-AZUR是毁于1936年的一次起飞事故，不过第二架——D-APIS，在1939年9月被纳粹德国空军接收用于物资运输

展。泛美航空公司预定了6架，1939年5月20日，其中一架名为"扬基快船"（Yankee Clipper，后来成为泛美航空的著名通信呼号）的飞机开始在纽约和法国的马赛之间提供邮政服务。6月28日，第二架飞机——"迪西飞剪"号（Dixie Clipper）开辟一条新的旅客服务航线，从纽约经过葡萄牙的里斯本到达马赛。7月8日，另一条从纽约到英国南安普顿的旅客航线开启，用的是"扬基快船"。这款飞机最后共建造了12架，除了最初的6架，又新增了6架动力更强的升级版——波音314 A。

与此同时，法国、意大利和比利时的飞行员渐渐开辟了非洲大陆的航线。航空测量开始于1919年，使用的是战后留下的飞机，如布里古特斯XIV；到了20年代后期，法国已经建立了一个遍及其在非洲大陆殖民地的航空邮件网络。比利时的航空服务开始于1931年，这一年，比利时航空公司的一架福克F.VII飞机开始在布鲁塞尔和刚果之间进行客运服务（虽然之前进行了一系列其他航线的试飞），比利时人使用的是如亨德里·佩奇W.8e等英国飞机。

国家航空公司

1926年4月，德国成立了一家新的国家航空公司。这家公司就是德国汉莎航空公司（Deutsche Luft Hansa AG），最初经营的航线有8条。在接下来的3年中，汉莎航空的大型客机开始经营到丹麦、捷克斯洛伐克、挪威、西班牙、俄罗斯、英国和法国的定期航行。1930年，从维也纳出发经布达佩斯、贝尔格莱德、索菲亚到达伊斯坦布尔的常规航空邮政服务开启。第二年，世界最大的陆上飞机——容克G.38（Junkers G.38）在柏林—阿姆斯特丹—伦敦航线上登场；它是一系列将把汉莎航空推向欧洲商业航空领域最前列的新机型的前身。

其中最有名的要数容克Ju 52（Junkers Ju 52）三发动机飞机，于1932年开始在汉莎服役，最终这家航空公司使用的这种飞机多达231架，其中大部分代表汉莎在1939—1945年之间执行飞行任务。1934年年底，在使用中的有38架，这一年，汉莎航空开始了飞往华沙的定期航班。

不过两年后，一款飞机横空出世并让所有其他同类机型黯然失色，推动商业航空进入一个新的时代，它就是道格拉斯DC-3。

▼容克Ju 52/3m是20世纪30年代世界上最可靠的飞机之一。除商业航线服务外，它还完成了一些极具声望的飞行，其中包括为1936年的奥运会将奥运圣火从希腊送到柏林

1925年9月，"超级马林南安普顿"作为海岸侦察机在英国皇家空军投入使用。78架"南安普顿"中大部分是带有重量较轻的硬铝合金外壳的Mk II型

6 飞行的力量

第一次世界大战结束后的20年里，动力更为强劲的发动机的发展使得世界主要国家的空军参与到不断打破纪录的训练之中，推动飞行距离、持续时间、高度和速度到达已有技术的极限。这些训练将对未来军用和民用飞机的发展产生深远影响，后来的一些飞机直接起源于专门为打破纪录而生产的机型。就长距离飞行而言，英国皇家空军在这一时期一马当先。从20世纪20年代中期开始，皇家空军的海外行动就以一系列打破纪录的远程飞行为特点，这使得参与其中的全体机组人员获得了大量飞越困难地形的航行经验

费尔雷远程单翼机是一款所有可用空间都填满燃料的双座机。它没能完成环航世界的不着陆飞行，但创造了其他距离纪录

虽然皇家空军的飞行员和飞机参与了很多以创造长距离飞行纪录（20世纪20年代和30年代航空发展的一个特征）为目的的训练，但大部分真正重要的长距离飞行是用来发展航行技术或在艰苦条件下检验新装备的。例如，1927年10月17日，英国皇家空军远东飞行队（后来成为205中队）的4架"超级马林南安普顿"（Supermarine Southampton）水上飞机离开费力克斯托港，进入一次长距离飞行的第一航段，主要目的是检测"南安普顿"号在延长飞行时间的条件下外壳的强度。12月15日，水上飞机抵达孟买；12月27日，他们启程前往新加坡，中途停留13次后于1928年2月28日到达。1928年5月21日至12月15日之间，这4架"南安普顿"号飞机仍然以编队形式完成了新加坡到悉尼的往返飞行。11月1日至12月10日，他们完成了包括远东各站点的飞行，其中包括马尼拉、香港、士伦（越南）、曼谷，最后回到了他们在新加坡的基地。从他们离开英国开始算，整个飞行距离为44443千米（27000英里）。从1929年开始，皇家空军更多地关注不停留长距离飞行的发展，为了这个目的，费尔雷航空公司（Fairey Aviation Company）特意设计了一款远程单翼机，这款双座机的所有可用空间都填满了燃料。1929年4月24日，皇家空军中队长琼斯·威廉姆斯（A.G. Jones-Williams）和空军上尉詹金斯（N.H. Jenkins）驾驶这架飞机从皇家空军林肯郡的基地出发，力图创造一项新的不着陆飞行世界纪录。他们失败了，在4月26日降落在卡拉奇时，他们飞行了50小时48分钟，飞行距离6688千米（4156英里）。在3年后的又一次长距离飞行中，这两名飞行员不幸遇难，他们驾驶的费尔雷单翼机撞毁于突尼斯附近的阿特拉斯山。

持久纪录

1930年，英国似乎努力于创造新的持久飞行纪录，纪录的创造来自两艘飞艇：一艘是由一位名叫巴尔内斯·沃利斯（Barnes Wallis）的天赋极高的年轻工程师设计、由维克斯建造的R.100；另一艘是由英国航空部建造的R.101。R.100是非常棒的一个设计，而R.101造成一场灾难：1930年10月5日，在飞往印度的第一个航段中撞到法国博韦附近的一个山坡上，38名工作人员遇难。这次事件后，R.100被停飞。大型商业硬式飞艇的时代一段时间内主要依靠德国的"伯爵"号齐柏林飞艇及其姊妹版"兴登堡"（Hindenburg）号，但这一时代也在1936年5月6日突然结束。这一天"兴登堡"号在新泽西的雷克赫斯特爆炸并点燃了碇泊杆，35人遇难。幸运的是，62人生还。

琼斯·威廉姆斯和詹金斯在1929年计划打破的飞行距离纪录随后由查尔斯·林德伯格重新创造；1931年7月，这一纪录再次被两名美国人——拉塞尔·布特曼（Russell Boardman）和约翰·波兰多（John Polando）打破，他们创造的不着陆飞行纪录是8000千米（5000英里），飞行的起点在纽约，终点是伊斯坦布尔。1933年2月6日，英国皇家空军着手更新这一纪录；采用的飞机还是费尔雷远程单翼机，机组成员包括中队长盖佛特（O.R. Gayford）和空军上尉尼科莱特（E. Nicholetts）。他们的飞机K1991号装备有三个测高计，一个经过各个皇家空军飞行队——特别是曾驾驶"维克斯弗吉尼亚"号完成远程轰炸任务的第七中队——测试过的自动驾驶仪，轮子上

还装有协助总重为7700千克（17000磅）的飞机起飞的滚子轴承。机翼旁边还装有超大的3780公升（1000加仑）的油箱。K1991号离开克兰韦尔，2月8日，在完成了57小时25分钟不着陆飞行后降落在非洲西南的沃尔维斯湾，飞行距离为8544.16千米（5309.24英里），平均飞行速度150千米/小时（93英里/小时）。2月12日，这架飞机继续飞往开普敦，在飞回英国之前要在这里安装一台新的纳皮尔"雄狮"发动机（Napier Lion engine）。

盖佛特和尼科莱特创造的不着陆飞行纪录保持到1938年，被皇家空军远程开发飞行队的两架维克斯"韦尔兹利"（Wellesley）远程轰炸机打破。1938年7月，科特（R.G. Kellett）中队长指挥的由4架飞机组成的分遣队从英国林肯郡的克伦威尔出发，经波斯湾飞往埃及的伊斯梅利亚，准备创造直线飞行最远距离的世界纪录。11月5日，其中的3架飞机从伊斯梅利亚出发直接飞往澳大利亚。其中一架被迫降落在荷兰东印度群岛的帝汶岛，其他两架在恶化的天气条件下继续坚持，最终抵达达尔文港，飞越的直线距离为11526千米（7162英里），耗时48小时。

高空飞行

20世纪30年代，英国皇家空军还创造了许多飞行高度纪录，高空飞行队的基地设在范堡罗。它的目标之一就是评估一名飞行员抵抗持久高空飞行的能力能否满足侦察任务的要求。使用的专门为此任务开发的布里斯托138A型（Bristol Type 138A）飞机；打算驾驶它创造新的高度纪录的飞行员是斯温（F.R.D. Swain）中队长。1936年9月28日，身穿胶布制作的特制加大号头盔的斯温从汉普郡的范堡罗起飞并压服、头戴双层塑料面板成功创造新的飞行高度纪录——15223米（49944英尺）。意大利人在1937年打破

▼和维克斯公司设计的R.100不同，R.101从一开始就是构想拙劣的，绝不应该让它踏上不幸的飞往印度之旅

R.101前往印度的飞行以灾难告终，乱作一团的残骸堆在法国博韦附近的山坡上。这次事故中有38人遇难，也为英国的飞艇开发画上了一个句号

这一纪录，不过同年的6月30日，飞行高度纪录再次被刷新，此次布里斯托型138A飞到16440米（53937英尺）高空，创造这一纪录的飞行员是空军上尉亚当（M.J. Adam）。

20世纪20年代和30年代早期，高性能发动机在英国、美国、法国和意大利的"进化"伴随着纪录的打破和斩获奖品的努力。在英国，虽然罗尔斯·罗伊斯和纳皮尔最终将成为这一领域的主要领跑者，但费尔雷航空公司（至少在早些年）是最先认识到将一台高性能发动机匹配到一个非常灵巧机身上所能带来领先优势的公司。1923年9月，理查德·费尔雷看到一名美国的海军飞行员——大卫·里滕豪斯（David Rittenhouse）驾驶一架寇蒂斯CR–3双翼机在英国的伯恩茅斯赢得"施耐德杯"（Schneider Trophy，国际水上飞机竞赛），另一架寇蒂斯CR–3获得第二名。两架飞机都装有298千瓦（400马力）寇蒂斯D–12发动机。1924年，费尔雷到美国考察了这款发动机。他被深深打动，当即购买了一批并马上着手设计一款适合这一发动机的飞机。随后就有了当时最灵巧的轻型轰炸机——费尔雷"银狐"（Fairey Fox），其速度比同时代的战斗机至少要快80千米/小时（50英里/小时）。

"施耐德杯"竞赛为航空发动机的发展提供了巨大推动力。这一奖杯起源于1912年，施耐德最初拿出了25000法郎（连同金额相当的其他款项）作为奖金，任何国家的水上飞机都可参赛，飞行长度为150海里（277.8千米）。

水上飞机速度纪录

1927年，英国首次参与这项竞赛时基本上是以皇家空军的阵容出现的，为此还组建了一个被称为高速飞行的小队（虽然直到1928年4月这一小队才获得官方身份）。同时，两架"超级马林"S.5水上飞机也被运至1927年竞赛举办地威尼斯；这两架飞机彼此之间有轻微的差别，由空军上尉沃斯利（O.E. Worsley）驾驶的N219装有"纳皮尔雄狮"VIIB直接传动发动机，而另一架由空军上尉韦伯斯特（S.N. Webster）驾驶的N220装备的发动机是齿轮传动版。结果，韦伯斯特的"超级马林"S.5凭借453千米/小时（281.49英里/小时）的平均速度赢得了比赛，沃

斯利的飞机获得第二名。其他所有参赛者都没能完成整个赛程。在这场9月26日举行的比赛中，韦伯斯特还创造了100千米（62英里）闭合路线水上飞机飞行速度的世界纪录——456.49千米/小时（283.66英里/小时）。

1928年没有比赛，但高速飞行的发展工作在英国萨福克的费利克斯托港由高速飞行小队的空军上尉达西·格雷格（D'Arcy Greig）继续进行。在这一年，他驾驶一架"超级马林"S.5创造了英国新的水上飞机飞行速度纪录——514.28千米/小时（319.57英里/小时）。1929年2月，英国航空部决定再次组建一支队伍参加那年举办的施耐德杯竞赛。在超级马林航空工厂，由一位年轻的名叫雷金纳德·米切尔（Reginald Mitchell）的天才工程师带领的设计团队着手开发一款新机型——S.6，它比S.5稍微大一些，安装的发动机是1417千瓦（1900马力）的罗尔斯·罗伊斯赛车发动机，同时格罗斯特航空公司（Gloster Aircraft Company）也推出了格罗斯特-纳皮尔VI，其动力来自一台1044千瓦（1400马力）的"雄狮"VIID发动机。结果，格罗斯特飞机因发动机故障退出了比赛，由空军中尉沃格霍恩（H.R.D. Waghorn）驾驶的一架S.6凭借528.86千米/小时（328.63英里/小时）的速度赢得比赛。9月12日，另一个高度飞行小队的飞行员——空军中队长奥莱巴（A.H. Orlebar）驾驶这架飞机（N247）创造了新的水上飞机飞行速度的世界纪录——575.65千米/小时（357.7英里/小时）。

永久的奖杯

施耐德杯改为每两年举办一次，1931年年初，英国政府以成本太高为理由宣布其不准备继续资助皇家空军参与比赛。与此有关的每个人听到这一消息后都很痛苦，因为英国已经连续赢得两次比赛；如果能赢第三次，将永久保存这一奖杯。最终，伟大的爱国者休斯敦夫人挺身而出提供了100000英镑的赞助。由于时间很紧，启动新的

▼起初作为私用飞机开发的维克斯"韦尔兹利"的原型机在1935年6月19日首飞。它最重要的特征是最先由巴尔内斯·沃利斯为R-100飞艇开发的应力包皮结构

布里斯托138A型单翼机是专门为高空研
究开发的，目的是评估飞行员承受在极高
海拔长久飞行以执行侦察任务的能力

设计已经来不及，米切尔对现有的两架S.6进行了改造，安装了更大的浮筒并将其指定为S.6A，然后基于现存的机身建造了两架新飞机，安装了动力更为强劲的1752千瓦（2350马力）罗尔斯·罗伊斯发动机，新飞机被指定为S.6B。

突然，英国人发现自己没有竞争对手。意大利人无法按时推出一架飞机，法国的飞机在试飞中坠毁，飞行员遇难。虽然如此，英国还是让"比赛"继续进行。1932年9月13日，空军上尉布斯曼（J.W. Boothman）驾驶S.6B完成7圈50千米（31英里）赛道的飞行，平均速度为547.3千米/小时（340.08英里/小时）。同天下午，空军上尉斯坦福斯（G.H. Stainforth）驾驶另一架S.6B创造了新的世界纪录——610千米/小时（379.05英里/小时）。9月29日，斯坦福斯将这一纪录刷新为655.78千米/小时（407.5英里/小时）。

雷金纳德·米切尔的设计与卓越航空发动机的结合让英国永久保留了施耐德杯，而超级马林的比赛用水上飞机为高度航空动力学和高性能发动机的发展做出了重要贡献，十年后，这将帮助这个国家挺过它最危险的时刻。

20世纪30年代前三年，英国皇家空军的主要战斗机类型是布里斯托"斗牛犬"（Bulldog），它的最快飞行速度为290千米/小时（180英里/小时，比它替换的战斗机快很多），装备了10个空军中队。和它同时代的是霍克"暴怒者"（Fury），它是英国双翼战斗机的典范，可能也是当时最漂亮的机型。皇家空军后来用格罗斯特"铁手套"（Gauntlet）——皇家空军最后一款开放式座舱双翼战斗机。替换了"斗牛犬"。当它在1935年进入空军中队服役时，新型单翼机发展带来的战斗机设计上的巨变正在进行，这种单翼机由罗尔斯·罗伊斯默林发动机驱动，装有一种前所未有的武器装备——8挺柯尔特–勃朗宁0.303英寸（Colt–Browning.303in）机关枪。这种武器装备的采用源于由航空部第一飞行作业组皇家空军中队长拉尔夫·索利（Ralph Sorley）发起的一次武器测试行动，他后来写道：

选择介于0.303英寸、0.5英寸机枪和一款正在引起法国以及欧洲其他国家注意的新型20毫米希斯潘诺（Hispano）机枪之间。1934年间，这款机枪处于试验阶段，其性能的具体细节很难确认。一方面，比维克斯更好的0.303英寸机枪设计已经在上一年度进行了测验，其结果是：从射击速率的角度看，来自柯尔特自动武器公司的美国勃朗宁似乎能够提供最佳潜能。我们在这一口径机枪上的发展周密但速度

▼寇蒂斯CR–3比赛用水上飞机赢得1923年的"施耐德杯"，另一架CR–3获得亚军。它们的成功推动了英国大功率航空发动机的开发

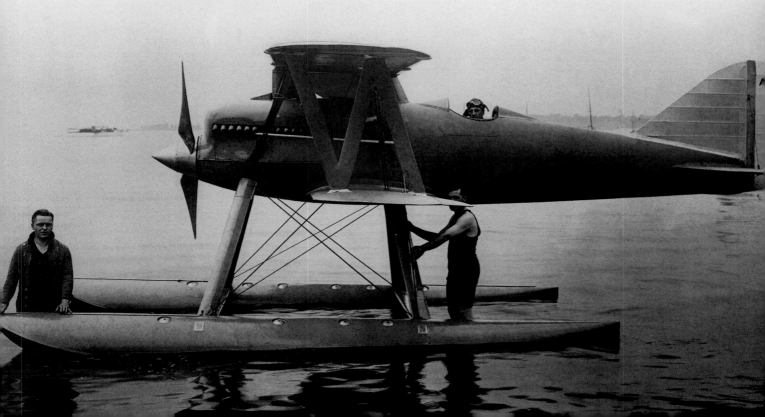

▲ "超级马林" S.5装有一台纳皮尔 "雄狮" 发动机。这是空军上尉韦伯斯特与他的 "超级马林" S.5的合影。1927年，韦伯斯特赢得了在威尼斯举办的 "施耐德杯" 比赛

较慢，因为我们受经费困扰而痛苦挣扎，第一次世界大战留下的老式维克斯机枪也还有大量库存。接受必需数量的新型机枪会带来沉重的财务和制造负担。另一方面，0.5英寸机枪变化不大，虽然它具有更好的打击力，但射击速率较慢，而且加上弹药后安装重量较重。1933—1934年间，这一争论有点像一场噩梦。这是一个决定战斗机整体概念的选择，但装备8挺0.303英寸机枪的现场试用让人有充分理由相信它能获胜。

不足的装备

幸而如此，否则新一代皇家空军单翼战斗机可能会安装着完全不充分的武器装备（4挺机枪）参战。实际上有一种机型是这样做的：一款在1937年2月开始服役的双翼机——格罗斯特 "格斗者"（Gladiator），在第二次世界大战起初的几个月，这款飞机在欧洲和北非还有英勇的表现。

在首席设计师悉尼·卡姆（Sydney Camm）的带领下，第一款单翼战斗机——霍克 "飓风"（Hurricane）是根据航空部规范F.36/34设计出来的；样机在1935年11月6日试飞，安装的发动机是738千瓦（990马力）的梅林C，1936年3月开始试服役。霍克公司对其设计很有自信，在航空部第一批订单来之前就开始准备生产1000架样机。1936年6月，公司收到了600架的订单。其中的第一架飞机——由于安装梅林II发动机的决定而耽搁一段时间后于在1937年10月12日起飞，第一批战机于11月被送往诺斯霍特的第111空中中队。

▲1932年9月13日，装有一台罗尔斯·罗伊斯R发动机的"超级马林"S.6B为英国赢得"施耐德杯"的永久保存权，驾驶它的飞行员是空军上尉布斯曼

▼布里斯托"斗牛犬"在1929年被英国皇家空军采用为标准的昼间和夜间战斗机。图中是由布里斯托"朱庇特"IIIF发动机驱动的Mk IIA版生产样机

另一款8机枪单翼机型——"超级马林喷火"战斗机（Supermarine Spitfire）由雷金纳德·米切尔带领的一个团队设计，其原型可追溯到曾参加"施耐德杯"竞赛的S.6系列水上飞机。样机在1936年3月5日首飞，像"飓风"一样，这款飞机也安装着罗尔斯·罗伊斯梅林C发动机。1936年6月（和"飓风"战机的合同在同一时间发出），航空部订购了310架"喷火"战斗机，1938年8月，第一批战机被送往位于达克斯福德的第19中队。1939年9月，另外8个中队重新装备了"喷火"战机，两支辅助部队（603和609号）也接受了操作训练。

在美国，尽管有液冷式寇蒂斯D.12的成功，不过航空发动机厂商——尤其是莱特（Wright）和普惠发动机公司（Pratt & Whitney）并没有就此止步，而是专注于为下一代战机开发星形发动机（radial engines）。两家公司将为第二次世界大战中军事航空的发展做出杰出贡献，生产在可靠性（这在涉及长时间水上飞行的太平洋战场上是至关重要的因素）上获得卓越声誉的发动机。但是，1939年末，处在生产中的美国星形发动机为寇蒂斯P-40和北美P-51"野马"战斗机（Mustang）早期变体提供动力的艾莉森V-1710并不可靠。事实上，后来版本的"野马"战斗机使用的是帕卡德生产的罗尔斯·罗伊斯梅林发动机。导致的结果是发动机和机身的特殊组合。

在德国，航空发动机在20世纪30年代快速发展，其中包括四家主要的公司：戴姆勒-奔驰（Daimler-Benz）、容克（Junkers）、巴伐利亚发动机制造厂（BMW，宝马）和西门子-哈尔斯克（Siemens-Halske）。前两家生产反转12缸液冷式发动机，另两家生产空气冷却式星形发动机。戴姆勒-奔驰发动机的设计还包括一挺安装在由气缸体形成的V形、穿过螺旋桨减速装置空心轴射击的20毫米机枪。这种布置产生了一种意想不到的副产品，即增压器必须重新定位，汽化器也无法按照正常方式安装。设计人员尝试了几种变化，但最终完全省掉汽化器，代替它的是直接喷射到汽缸的多点式燃油喷射系统。其结果是戴姆勒发动机仍能在所有作战演习中运转良好——不像罗尔斯·罗伊斯梅林发动机那样，当飞机反转或当飞行员将机头向下俯冲向敌人时，由于减速对汽化器的作用而突然熄火。

▼有丹麦皇家空军标记的一架格洛斯特"铁手套"。1936年至1938年，一批"铁手套"Mk IIs在丹麦授权生产。英国皇家空军的"铁手套"自1940年开始被用于训练机

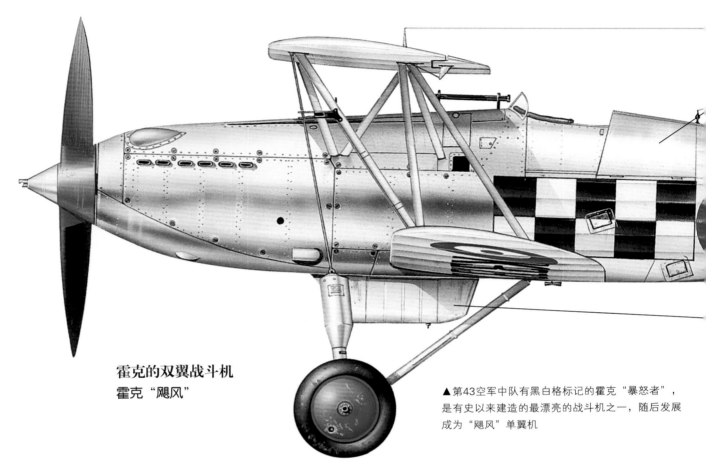

霍克的双翼战斗机
霍克"飓风"

▲第43空军中队有黑白格标记的霍克"暴怒者"，是有史以来建造的最漂亮的战斗机之一，随后发展成为"飓风"单翼机

现代空军

自1922年起，德国就在苏联的协助下秘密重整军备。德国士官学员源源不断地进入苏联的各种军事培训机构，很多人进入建在利佩茨克（莫斯科东南）但完全受德国控制的飞行学校。当阿道夫·希特勒和纳粹党1933年在德国掌权时，他们开始着重考虑创建一支现代空军。而德国仍然没有武装、易受攻击，从而也就面临一场由周边国家发起的、阻止其恢复军事实力的预防性战争（preventive war）。法国是希特勒最大的担忧，因为法国拥有大规模军队。因此德国别无选择，或者像英国那样以战略轰炸机为核心建立自己的空军，或者像法国那样建立由战斗机保护的以战术地面支援飞机为核心的空军部队。

设计师恩斯特·海因克尔（Ernst Heinkel）很快升到领导岗位，因为他愿意设计、建造"摧毁重装计划"（crash re-equipment programme）所需的所有机型。他建造了演变自一系列小型流线型双翼战斗机原型的He 51战斗机，这款飞机在1933年年中首飞。He 51战斗机总共生产了700架。在纳粹德国空军服役一段时间后，这款机型被阿拉多（Arado）公司生产的Ar 68双翼战斗机——1934年夏推出原型机替代。

海因克尔提议生产一种单翼战斗机——He 100，但是没有通过，让人们最终记住他的是海因克尔He 111轰炸机。海因克尔He 111于1934年年初作为高速运输机设计，同时它也是仍处保密地位的德国空军的一款轰炸机。第一架原型机——He 111a（后来被重新指定为He 111 V1）在1935年2月24日首飞，其动力来自两台492千瓦（660马力）宝马VI发动机，后来又改用V2发动机并于1935年3月12日首飞。这款飞机是一种具有缩短翼展、笔直机翼后缘的运输机版本，被转交给汉莎航空公司并被命名为"罗斯托克"号（Rostock），后来用于秘密侦察任务。He 111 V3是一款具有更短翼展的轰炸机，也是He 111A的前身。

海因克尔的He 100轰炸机被德国航空部拒绝，采纳的是由他的竞争者威利·梅塞施密特（Willi Messerschmitt）设计的一款战斗机。著名的Bf 109战斗机（顺便说一下，前缀Bf表示的是巴伐利亚飞机制造厂）

霍克战机成功的关键是其流线型机身和罗尔斯·罗伊斯"茶隼"II发动机提供的强大动力

"茶隼"发动机是水冷式的，还有一个大号散热器容器位于起落架支杆之间

霍克"飓风"Mk I

机型：单座战斗拦截机

发动机：一台392千瓦（525马力）罗尔斯·罗伊斯"茶隼"IIS12缸V形活塞发动机

最大速度：333千米/小时（207英里/小时）

空载连续航距：491千米（305英里）

使用（或实用）升限：8535米（28000英尺）

重量：空机1190千克（2623磅）；最大起飞重量1583千克（3490磅）

武器装备：两挺固定向前射击的0.303英寸维克斯Mk III机关枪

尺寸 翼展　　　9.14米（30英尺）
　　　长度　　　8.13米（26英尺8英寸）
　　　高度　　　3.1米（10英尺2英寸）
　　　机翼面积　23.41平方米（252平方英尺）

▼K6132是在1937年2月22日发往英国皇家空军并加入位于约克郡丘奇芬顿第72空中中队的第一批4架格罗斯特"格斗者"战机之一。这个中队坚持使用"格斗者"战机直至1939年4月

战斗轰炸机和坦克摧毁者
霍克"飓风"

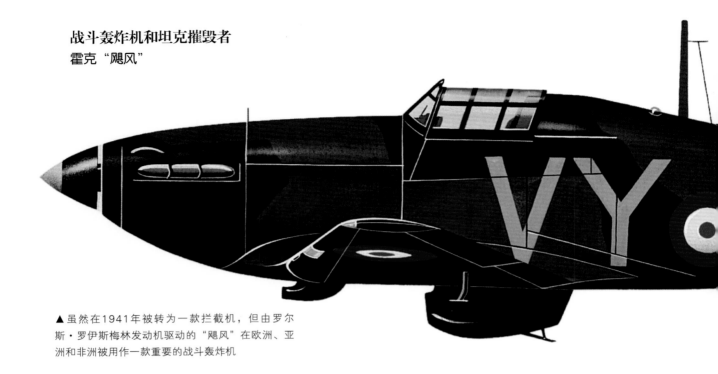

▲ 虽然在1941年被转为一款拦截机,但由罗尔斯·罗伊斯梅林发动机驱动的"飓风"在欧洲、亚洲和非洲被用作一款重要的战斗轰炸机

罗尔斯·罗伊斯梅林发动机不断改良以提供更强动力,使得"喷火"战机保持对Bf 109和Fw 190的领先地位

"喷火"战斗机的一个弱点是窄轮距、向外收放式起落架,这使其着陆和滑行很难操控

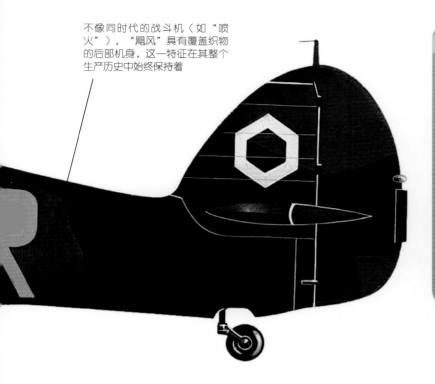

不像同时代的战斗机（如"喷火"），"飓风"具有覆盖织物的后部机身，这一特征在其整个生产历史中始终保持着

霍克"飓风"

机型： 单座战斗机

发动机： 一台768千瓦（1030马力）罗尔斯·罗伊斯梅林III 12缸V形发动机

最大速度： 521千米/小时（324英里/小时）

空载连续航距： 716千米（445英里）

使用（或实用）升限： 10120米（33200英尺）

重量： 空机2308千克（5085磅）；最大起飞重量3024千克（6661磅）

武器装备： 位于机翼前缘的八挺固定向前射击的0.303英寸机关枪

尺寸： 翼展　　　12.19米（40英尺）
　　　　　长度　　　9.55米（31英尺4英寸）
　　　　　高度　　　4.07米（13英尺4.5英寸）
　　　　　机翼面积　23.97平方米（258平方英尺）

梅林发动机驱动的传奇战机
"超级"马林"喷火"Mk 1A

"超级"马林"喷火"Mk.VA

机型： 单座战斗机/拦截机

发动机： 一台1103千瓦（1440马力）罗尔斯·罗伊斯梅林45 V形活塞发动机

最大速度： 5945米（13000英尺）高度594千米/小时（374英里/小时）

空载连续航距： 1827千米（1135英里）

使用（或实用）升限： 11125米（37000英尺）

重量： 空机2267千克（5000磅）；加载完毕2911千克（6400磅）

武器装备： 八挺0.303英寸勃朗宁机关枪，每挺机枪350发子弹

尺寸： 长度　　　9.12米（29英尺11英寸）
　　　　　翼展　　　11.23米（36英尺10英寸）
　　　　　高度　　　3.02米（11英尺5英寸）
　　　　　机翼面积　22.48平方米（242平方英尺）

"鲨鱼嘴"霍克
寇蒂斯P-40"战斧"Mk IIB

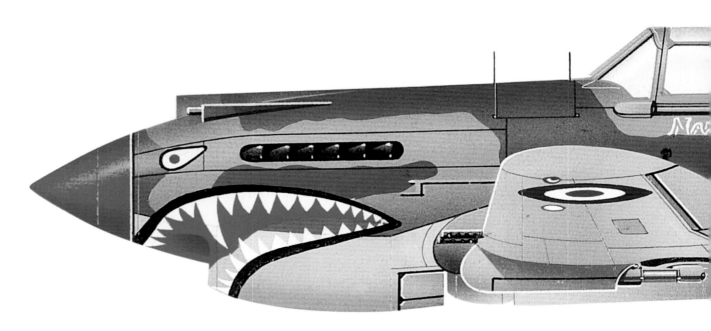

寇蒂斯P-40N"战鹰"

机型：单座拦截机和战斗轰炸机

发动机：一台1015千瓦（1360马力）艾莉森V
形内联活塞发动机

最大速度：3210米（10500英尺）高度609千米/小
时（378英里/小时）

空载连续航距：386千米（240英里）

使用（或实用）升限：11630米（38160英尺）

重量：空机2724千克（6045磅）；加载完毕
4018千克（8858磅）

武器装备：装于机翼的六挺12.7毫米机关枪；
机身下可携带227千克（500磅）炸
弹或197升（52加仑）副油箱

尺寸：翼展　　　11.42米（37英尺6英寸）
　　　长度　　　10.20米（33英尺6英寸）
　　　高度　　　3.77米（12英尺4英寸）
　　　机翼面积　21.95平方米（236平方英尺）

的开发始于1933年，这一年帝国空军部（RLM）发布了对一种新型单翼战斗机的需求。原型机Bf 109V-1在1935年9月首飞，有意思的是，其动力来自一台518千瓦（695马力）罗尔斯·罗伊斯茶隼（Kestrel）发动机，而原打算使用的455千瓦（610马力）容克尤莫210A（Jumo 210A）发动机还没有到位。1936年1月试飞的第二架原型机安装的是容克尤莫210A发动机。

战斗机策略

　　威利·梅塞施密特教授起初设计的Bf 109战斗机比较薄的、脆弱的机翼是不安装机枪的，但是当德国空军最高指挥部获悉"喷火"和"飓风"战机装有8挺机枪时，他们坚持Bf 109战斗机也要携带装于机翼上的机枪。梅塞施密特因此被迫改变设计，新的机翼上都带有一个凸起部分，作为20毫米机关炮的弹药箱。1937年2月和3月，3架Bf 109战斗机的原型在西班牙接受评估，紧跟着又追加了24架Bf 109B-2——很快被证明是优于参与西班牙内战的所有其他战斗机。正是在西班牙对Bf 109的使用，才使得德国空军发展出在第二次世界大战起初几年给对手造成严重破坏的战斗机策略。

　　1939年春，纳粹宣传机器传出消息，Bf 109的衍生品109R成功创造了新的飞行速度的世界纪录。这是一则以炫耀为目的的谎言，涉及的飞机是一款新的机型——Me 209，这款飞机是专门用来打破飞行速度纪录的。1939年4月26日，它的记录飞行速度为755.138千米/小时（469.22英里/小时）。作为一款使用活塞式发动机的飞机，这一纪录保持了30多年，直到1969年8月才被格鲁曼F8F"勇士"（Grumman F8F Bearcat）打破。1938年8月1日，这款丑陋的、被飞行员描述为"能飞的畜生"（a brute to fly）的小型飞机Me 209完成首飞。随后生产了4架Me 209，

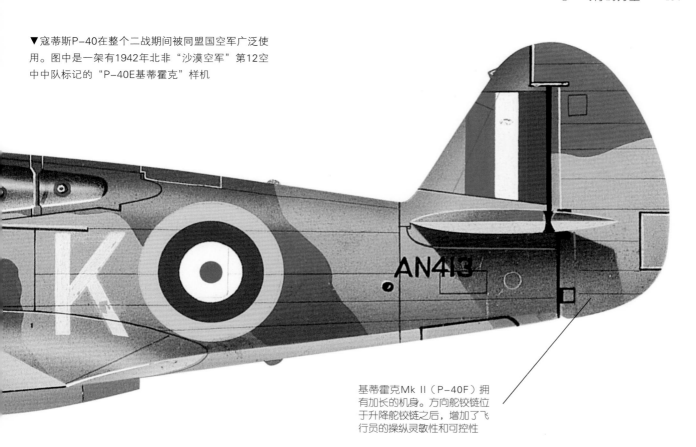

▼寇蒂斯P-40在整个二战期间被同盟国空军广泛使用。图中是一架有1942年北非"沙漠空军"第12空中中队标记的"P-40E基蒂霍克"样机

基蒂霍克Mk II（P-40F）拥有加长的机身。方向舵铰链位于升降舵铰链之后，增加了飞行员的操纵灵敏性和可控性

▼海因克尔He 51是纳粹德国空军第一批标准战斗机之一，另一款是阿拉多Ar 68。He 51在西班牙内战中被广泛使用，纳粹德国空军的许多空中王牌都是驾驶这款战机取得首次胜利的

其中第二架在一次坠机中被毁。

德国是西班牙内战（1936—1939年）的主要参与者之一，为民族主义者提供了大量武器和人员。处于对立面（反对独立者/共和党人）的苏联，则表现得缺乏航空实力。苏联的航空发展在内战的混乱余波中缓慢前行，到了20世纪30年代才开始有真正的技术进步。1932年2月25日，所有民用航空活动被民用航空队（Civil Air Fleet）的主指挥部（Chief Directorate）控制，3月25日国家航空公司改名为俄罗斯航空公司（Aeroflot）。本土设计的新型运输机渐渐被引入俄罗斯航空公司的内部航线，但在1939年除了蒙古和阿富汗仍然没有国际航线。不过，苏联飞行员和飞机完成了重要的远程开创性工作——飞越北极区，并在这一过程中创立了许多远程飞行纪录，但第二次世界大战让经过北极到达美国的航空服务夭折。

相当大的进步

在军用航空领域，苏联在20世纪30年代取得了相当大的进步。1933年，波里卡波夫设计局（Polikarpov Design Bureau）生产了I-13双翼机，它是I-15（同年10月完成首飞）的前身。I-15是一架装有固定起落架的双翼机；上翼呈海鸥状（gull-shaped），具有非常好的向前和向上的视野。它装有一台559千瓦（750马力）M-25发动机（美国莱特"旋风"发动机的特许建造版），最高速度可达354千米/小时（220英里/小时）。它装有4挺0.303英寸机关枪，机翼下的货架上可携带轻型炸弹。1934年，I-15的改进版I-15bis推出，发动机也更换为性能更好的M-25V，最高飞行速度达到了370千米/小时（230英里/小时）。为了进一步提升速度，波里卡波夫随后生产了I-153。这款飞机装有可伸缩的起落架，但和当时开始在欧洲主要空军投入使用的新型战斗机相比，早期推出的I-153s的最高时速（386千米/小时，240英里/小时）仍显不足。因其独特的机翼形状被称为"海鸥"（Chaika）的I-153是第一流的战斗机，并在空战中证明了自身的价值：能够击退几乎所有敌机。它是在苏联系列生产的最后一款单座战斗机。

1933年12月31日，I-15双翼机推出两个月后，一款新型波里卡波夫战斗机——I-16完成首飞。I-16是一款单翼机，在机翼上装有两挺0.303英寸机枪，动力来自一台358千瓦（480马力）M-22大型发动机。I-16是世界上带

有可伸缩起落架的第一代成品单翼机。1938年，机翼装有两门机关炮的I-16（17型）接受试验。这个版本被大规模生产，1940年停产前共建造了6555架。

I-16的职业生涯将经历相当多的战斗，而这一经历始于西班牙内战。1936年11月15日，第一批飞机抵达西班牙参与战斗，为共和政府军抵挡向巴尔德莫罗、塞塞尼亚推进的国民军提供空中掩护。被共和政府军戏称为"苍蝇"（Mosca）、被国民军称为"老鼠"（Rata）的I-16被证明明显优于海因克尔的He 51。它也比国民军一方数量最多的菲亚特CR.32（Fiat CR.32）要快，虽然这款意大利的战斗机在机动性上略占上风并能够提供更好的机枪平台。

另一款在西班牙内战中经历战斗的苏联飞机是图波列夫SB-2（Tupolev SB-2），它几乎可以确定地称为20世纪30年代中期全世界现役轻型轰炸机中性能最好的。它是在苏联生产的第一款现代承力表层式结构（stressed-skin construction）战机，用数字衡量的话也是当时最重要的轰炸机。SB-2（最初代表高速轰炸机）的故事始于20世纪30年代初，安德烈·图波列夫（Andrei N. Tupolev）着手设计研究一款高速战术轰炸机。考虑到官方的需求不大，他根据空军技术办公室的规范建造了两架原型机，第三架是根据自己的想法建造的。三架原型机——ANT-40、ANT-40-1和ANT-40-2在1934年试飞，图波列夫的版本（ANT-40-2）被证明是最好的。这款飞机接受订单后投产，并在1936年开始服役，1941年停产前共生产了6967架。

日本的进展

20世纪30年代初，苏联和日本单翼战斗机和轰炸机的发展或多或少按照平行线的方式进行，虽然日本帝国海军和陆军有各自的要求。这分别催生了三菱A5M（Mitsubishi A5M）和中岛Ki-27（Nakajima Ki-27），这两款飞

▼海因克尔He 111的第三款原型机——D-ALES是首个轰炸机变体，也是首批生产模型的前身。He 111是一款具有完全可伸缩起落架的悬臂传统低单翼机

"喷火"战机的挑战
梅塞施密特BF 109

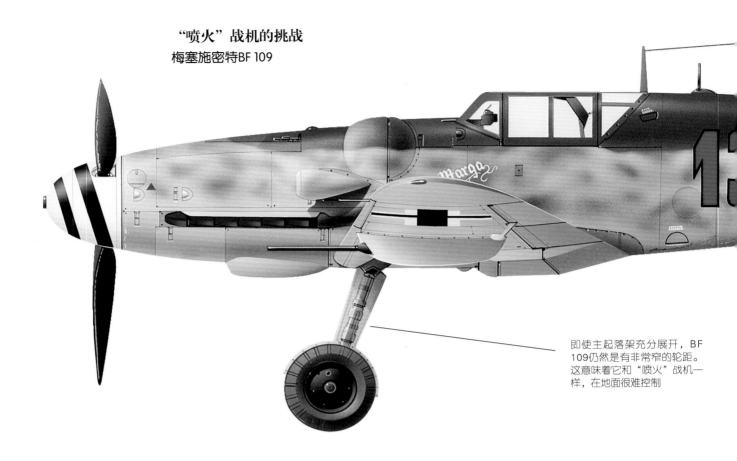

即使主起落架充分展开，BF 109仍然是有非常窄的轮距。这意味着它和"喷火"战机一样，在地面很难控制

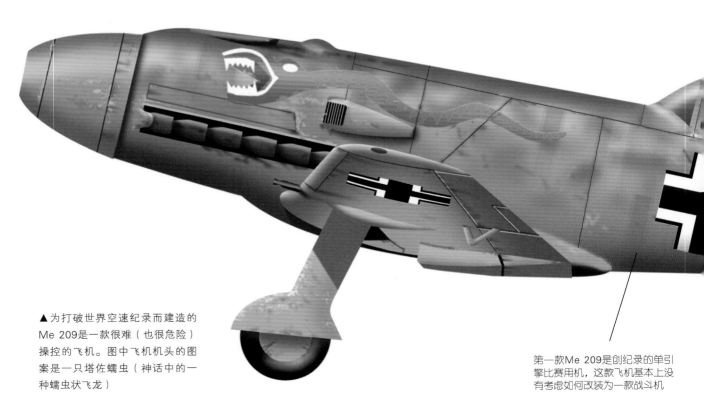

▲为打破世界空速纪录而建造的Me 209是一款很难（也很危险）操控的飞机。图中飞机机头的图案是一只塔佐蠕虫（神话中的一种蠕虫状飞龙）

第一款Me 209是创纪录的单引擎比赛用机，这款飞机基本上没有考虑如何改装为一款战斗机

梅塞施密特BF 109 G-6

机型: 单座战斗机和战斗轰炸机

发动机: 一台1100千瓦 (1474马力) 戴姆勒·奔驰DB 605AM 12缸倒V形发动机

最大速度: 621千米/小时 (386英里/小时); 可在6分钟内爬至5700米 (18700英尺)

空载连续航距: 1000千米 (621英里)

使用 (或实用) 升限: 11550米 (37890英尺)

重量: 空机2673千克 (5893磅); 最大起飞重量3400千克 (7496磅)

武器装备: 发动机装置上的一门20毫米/30毫米固定向前射击的机关炮; 机身前部两挺13毫米固定向前射击的机关枪; 还可携带250千克 (551磅) 炸弹

尺寸: 翼展　　　9.92米 (32英尺6.5英寸)
长度　　　8.85米 (29英尺0.5英寸)
高度　　　2.5米 (8英尺2.5英寸)
机翼面积　16.40平方米 (173.3平方英尺)

操纵困难、危险但快速的
梅塞施密特Me 209

梅塞施密特Me 209

机型: 活塞发动机驱动比赛用/试验用战斗机

发动机: 一台1397千瓦 (1900马力) 戴姆勒·奔驰603G液冷直列式发动机

最大速度: 678千米/小时 (423英里/小时)

使用 (或实用) 升限: 11000米 (36080英尺)

重量: 空机3339千克 (7346磅); 加载完毕4085千克 (8987磅)

武器装备 (战斗机变体): 一门30毫米MK 108机关炮; 两挺13毫米MG 131机关枪

尺寸: 翼展　　　10.95米 (35英尺11英寸)
长度　　　9.74米 (31英尺11英寸)
高度　　　4.00米 (13英尺1英寸)
机翼面积　17.2平方米 (185平方英尺)

机都通过星形发动机提供动力，也都装有固定的起落架。两款机型开始服役后不久，就直接参与了战斗。1937年7月，日本发动对中国的全面入侵，很快占领了中国沿海的城市中心，并快速沿着长江推进，而中国军队则向西撤退。在交战的初期，日本帝国陆军将空中作战留给了海军，将其活动限制在为沿着东北边境开展地面行动的部队提供空中支援。日本帝国海军专注于进行攻击性空中作战。它的一线战斗机中队装备着三菱A5M，其舰载攻击中队装备有横须贺B4Y（Yokosuka B4Y）轰炸机，其陆基轰炸机中队装备有双引擎三菱G3M飞机。

法国设计

自孟高尔费兄弟放飞他们的第一个气球开始，法国就在航空发展上扮演举足轻重的角色，不过到了20世纪30年代陷入低迷，其航空工业受政治上的优柔寡断和行业动荡的影响而停滞不前。法国的第一批悬臂低翼单翼机是漂亮的全金属D.500系列，是为了响应1930年替换双翼机和伞式单翼机的要求推出的。D.500的原型机在1932年6月18日试飞，经过进一步改进后推出了D.510，后者在1934年8月首飞。装有可伸缩起落架和封闭驾驶舱的首架法国单翼战斗机的是莫拉纳·索尼埃MS.405（Morane-Saulnier MS.405），投产的版本是MS.406，于1939年1月试

▼波里卡波夫I-15Bis（I-152）版拥有改进的飞行员能见度。1937年开始大批量生产，飞机具有重新设计的翼展增加的上翼。其轮罩通常不用

▲1933年，首飞的菲亚特CR.32是CR.30的改进版，速度有了大幅提升。在西班牙内战期间，CR.32被民族主义者的空军部队广泛使用

▲苏联轰炸机组成员站在图波列夫SB-2前。SB-2轰炸机设计是卓越的，在西班牙内战的行动中得到验证。这张照片摄于1941年的列宁格勒前线

▼三菱A5M是日本海军的第一款作战用低单翼战斗机，首飞是在1935年。日本战斗机的飞行员不喜欢驾驶舱的天篷（因此被省略）

飞。MS.406是一款装有机关炮的坚固战斗机，1939年8月，225架飞机交付使用，装备了4个战斗机联队。从综合性能看，莫拉纳战机比不上其英国和德国的同辈——"霍克飓风"和梅塞施密特Bf 109E。

法国的另一款一线战机是美国的寇蒂斯"鹰"75A。起初的100架订单于1938年5月发出，1939年时的情况很明显，即法国的航空工业已生产不出与德国战斗机匹敌的产品。第二批订单发出，再次订购100架"鹰"75A-2和135架"鹰"A-3。两支法国战斗机部队在1939年开始转向这类战机，8月底，100架"鹰"系列战机参与军事行动。轰炸机的发展有些滞后，虽然一些最高级别战机——如利奥和奥利维尔"雄狮"45（Lioré et Olivier LeO 45）即将开始服役，但在它们能够以一定规模投入使用前还要等一段时间。

在创造新的罗马帝国这一梦想的启发下，本尼托·墨索里尼（Benito Mussolini）想要建设令人生畏的意大利军事力量。事实上，意大利是欧洲列强中第一个发出坚定的重整军备政策的国家，而经过第一次世界大战洗礼的航空工业随后推出了多款实用的、表现卓越的战斗机。20世纪30年代初，意大利空军的主要战斗机型号是菲亚特CR.30，这款飞机的设计主要是为响应航空部长伊塔洛·巴尔博（Italo Balbo）对"超级战机"的要求。菲亚特CR.30在1932年3月5日首飞。首批121架CR.30在1934年春天交付使用，但这个机型很快被更精致的于1933年推出的CR.32取代。CR.32比CR.30速度快很多，而且机动性也好，它在西班牙内战中参与了多次战斗。后来它被另一款双翼机菲亚特CR.42接替。

虽然这款飞机在20世纪30年代意大利参与的几次战争中表现不错，但意大利皇家空军的轰炸机部队在第二次世界大战期间一直无法与同盟国空军匹敌，无论是飞机的质量还是数量。在意大利空军扮演主力角色的典型轰炸机是由意大利飞行器公司——一家在商业飞机设计领域具有丰富经验的公司——生产的三引擎飞机。其中之一是SM.73，它是一款装有锥形悬臂低翼和固定起落架的18乘客班机；军用版本是SM.81"蝙蝠"，一款在1935年开始服役的三引擎飞机，代表了意大利皇家空军现有轰炸机类型的巨大进步。速度快、装备精良、作战半径大，这款飞机在意大利针对阿比西尼亚的行动中（始于1935年10月）产生了很好的效果；自1936年8月起，它还参与了西班牙的内战。从大型客机发展而来的由意大利飞行器公司生产的另一款轰炸机SM.79也是一种三引擎飞机。

单翼战斗机

为法国生产寇蒂斯"鹰"系列战机的美国在单翼战斗机的发展之路上迈出的第一步是以1932年3月首飞的波音P-26（Boeing P-26）为标志。1933年末，P-26A开始交付美国陆军航空队（US Army Air Corps）使用。飞行员很快就给这款小型战机起了一个充满深情的昵称——"射豆枪"（Peashooter）。

美国陆军航空队使用的第一款现代战斗机是塞维尔斯基P-35（Seversky P-35）。这款战机由亚历山大·卡特维利（Alexander Kartveli）设计并于1935年8月首飞，1936年6月陆军航空队订购了76架，1937年7月到1938年8月间交付使用。寇蒂斯后来推出了P-40"战鹰"（P-40 Warhawk），原型机在1938年10月试飞。

▼图中是地瓦丁D.510的第一批生产机型，它与在1932年6月18日完成首飞的D.500原型机的区别不大。它代表法国战斗机设计的一次大踏步前进

▲第二次世界大战期间意大利的主力轰炸机：萨沃亚-马尔凯蒂SM.79"雀鹰"。它具有非常好的性能，特别是作为攻击盟军护航队的鱼雷轰炸机

▼一架美国陆军航空队第19追击中队、第18追击组的一款波音P-26C，这张照片摄于1939年夏威夷欧胡岛上空。被称为"射豆枪"的P-26在1942年年初参与了菲律宾的一些军事行动

　　与P-40同时代的是在1938年4月完成原型机试飞的贝尔P-39战斗机。P-39战斗机的特征是在机首末端装有一门穿过螺旋桨轴的旋翼叶毂射击的37毫米机关炮，发动机位于飞行员后方。在当时比较新奇的另一个特征是一个三轮起落架。P-39战斗机经历了多次改装（并不是所有改动都使其变得更好），1939年8月它开始大批量生产。

　　20世纪30年代中期，标准的美国陆军航空队轰炸机是马丁B-10（Martin B-10）。虽然在与后来生产的欧洲战机进行比较时很快被淘汰，但B-10在1932年首次推出时是一款非常先进的战机。它是第一款大批量生产的全金属结构美国轰炸机，第一款携带有炮塔武器的美国战机，也是美国陆军航空队第一款悬臂低翼单翼机。美国陆军航空队配备了151架B-10和改动不大的B-12。

　　巨大的改进即将来临。1934年，美国陆军航空队发布了对一款白天执行任务的远程高空轰炸机的需求。原型机——波音299型（Boeing Model 299）由四台559千瓦（750马力）普拉特·惠特尼"大黄蜂"（Pratt & Whitney Hornet）发动机提供动力，1935年7月28日完成首飞。它后来在一次事故中被毁，事故原因是操纵失误，项目继续进行。它将进一步演化为有史以来最著名的轰炸机——B-17"空中堡垒"（B-17 Flying Fortress）。它的竞争对手是加固版的B-24（后来被命名为"解放者"）。为执行大量作战和训练任务，这款飞机生产了很多变体，B-24"解放者"的生产量比美国任何一款参与第二次世界大战的军用飞机都大——总共生产了18431架，交付使用的数量也比航空史上所有其他轰炸机多。

德国的猛攻

　　当20世纪30年代渐进尾声时，世界的目光开始聚焦在波兰这个夹在纳粹德国和苏联之间的国家。1939年8月底，波兰空军拥有436架作战飞机。波兰的战斗机中队装备的是波兰国家飞机工厂生产的1934年交付使用的P.11。大部分P.11安装的是经过斯柯达（Skoda）公司授权生产的布里斯托"水星"（Bristol Mercury）发动机；最后的版本是P-11c，共生产了175架。作为主要扩张计划的一部分，准备用一款低翼单翼战斗机——P-50"鹰"取代P-11，但军费预算的消减导致300架P-50的订单取消，转而购买了更多的P-11。类似的命运降临到双引擎"狼"战机的身上，这款飞机本来是要扮演远程重型轰炸机和俯冲轰炸机双重角色的。一款现代轰炸机型——波兰国家飞机工厂生产的P-37"麋鹿"（Elk）投入使用，但数量仅有60架。

　　这并不足以抵挡德国在1939年9月1日黎明对波兰开始的猛攻。

▼马丁B-10是一款线条明快的单翼机，它拥有全封闭炸弹舱和可伸缩起落架，是在没有官方规范的前提下设计师能够做到的典范

波音B-17F "空中堡垒"

机型： 10座重型轰炸机

发动机： 四台895千瓦（1200马力）莱特
R-1820-97 9缸星形发动机

最大速度： 486千米/小时（302英里/小
时）；37分钟内可爬升至6095
米（20000英尺）的高度

空载连续航距： 2897千米（1800英里）

使用（或实用）升限： 10850米（35600
英尺）

重量： 空机20212千克（44560磅）；最大起
飞重量32659千克（72000磅）

武器装备： 机头炮塔、背部炮塔、顶部位
置、腹部炮塔、腰部、脸颊、
尾部共10挺0.5英寸机关枪；
7983千克（17600磅）炸弹负荷

尺寸 翼展 31.63米（103英尺9.4
英寸）

长度 22.78米（74英尺9英寸）

高度 5.82米（19英尺1英寸）

机翼面积 131.91平方米（1420平
方英尺）

空中堡垒
波音B-17F

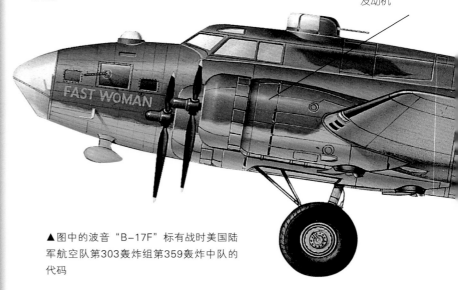

B-17F的动力来自可靠的涡轮增压莱特"旋风"发动机

▲图中的波音"B-17F"标有战时美国陆军航空队第303轰炸组第359轰炸中队的代码

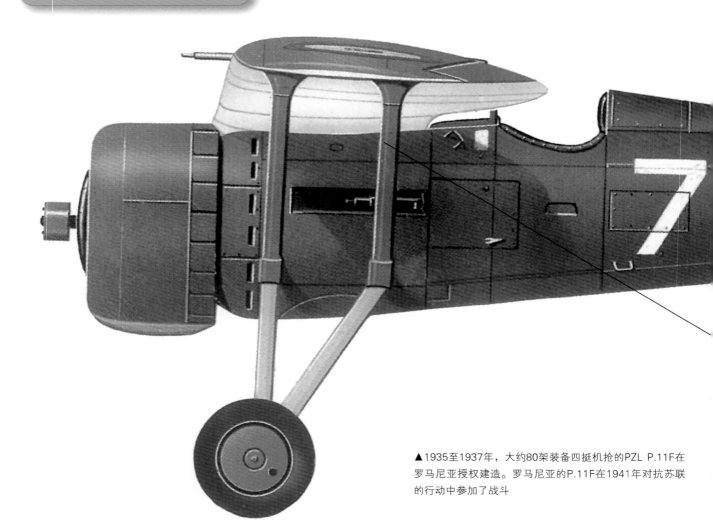

▲1935至1937年，大约80架装备四挺机枪的PZL P.11F在罗马尼亚授权建造。罗马尼亚的P.11F在1941年对抗苏联的行动中参加了战斗

"空中堡垒"有多达13
挺重机枪的保护。易受攻
击的底部由一个环形炮塔
和两名腰部机枪手掩护

波兰的鸥形翼战斗机
PZL P.11

它的高伞翼在当时是革
命性创新，使得这款飞
机在机动性上胜过德国
"入侵者"敏捷性较差
的战斗机

PZL P.11c

机型： 单座单翼拦截机和轻型强击机

发动机： 一台373千瓦（500马力）斯柯达公司
建造的布里斯托"水星"VIS.2星形活
塞发动机

最大速度： 5500米（18000英尺）的高度390千
米/小时（242英里/小时）

初始爬升率： 6分钟内爬升至5000米（16400
英尺）

作战半径： 最大负载航距700千米（435英里）

使用（或实用）升限： 8000米（26250英尺）

重量： 最大起飞重量1800千克（3960磅）

武器装备： 两挺0.303英寸口径机关枪

尺寸：	翼展	10.72米（35英尺2英寸）
	长度	7.55米（24英尺9英寸）
	高度	2.85米（9英尺4英寸）
	机翼面积	17.9平方米（167平方英尺）

澳大利亚皇家空军第455空中中队的亨德里·佩奇"汉普登"。这支部队起初是一个轰炸机指挥部，后来转为海岸指挥和鱼雷轰炸角色

第二次世界大战中的航空

　　1939年3月，德国吞并了捷克，对英国和法国政府来说很清楚的一点是：他们对纳粹德国的妥协政策不再是上策。虽然稍晚了一些，但英国和法国的总参谋部最终还是坐到一起制定针对轴心国（后来由德国和意大利组成）的共同防卫策略。德国攻陷捷克后，很快在1939年4月入侵阿尔巴尼亚。此时，如果德国攻击波兰，英国和法国卷入战争的可能性非常大

研究决定，一支英国远征军（British Expeditionary Force，BEF）连同一支空中部队、一支轰炸机指挥中队的先头空中打击部队（Advanced Air Striking Force，AASF）和辅助战机应立即派往法国；如果他们的战机无法顺利对德国目标进行自由轰炸，英国的空军中队在法国的基地应提供最大可能的便利。在接下来的数个月里，英国和法国在皇家空军中队如何最优使用上一直存在争议。

1939年9月1日凌晨4时，这个问题还没有解决，但这时一个电码通过位于柏林的纳粹德国空军最高指挥部的军事通信网络传递到位于德国东部的20个机场。这个电码是德国在入侵波兰之前发动空中突击的信号。4点45分，在德军进入边境的15分钟之前，3架容克Ju 87斯图卡式俯冲轰炸机攻击了靠近特切夫桥的铁路线，切断电缆并为陆军特遣部队夺取这一至关重要的河道铺平了道路。

德国突袭波兰所使用的战术中，首先是大规模空袭波兰的机场和战略要地，随后派出装甲车深入推进到敌方领土。这些装甲先锋部队的前面是俯冲轰炸机，为坦克开路并攻击交通线，同时空中的纳粹德国空军战斗机用来对付剩下的波兰空军。这就是德国现代战争的概念。这个概念还有个名字："闪电战"（lightning war）。这一战术已经在西班牙内战的战场经受考验并被证明是有效的。

四指队形

当时，各国的空军一般来说都采用紧密的"翼尖靠翼尖"的战斗队形，而纳粹德国空军的战斗机飞行员很快发现这个队形完全不适合作战，因为它限制了机动性。因此他们设计出一种基于一对战机——相隔大约180米（200码）的作战队形，2号飞机对领头的飞机进行掩护。两队飞机构成一个被盟军称为"四指队形"（finger four）的四机编队。因为4架飞机形成一个类似于将右手指尖摊开、手掌向下的形状，一个空中中队由4个编队组成，在交错高度部署以使四面八方都有掩护。

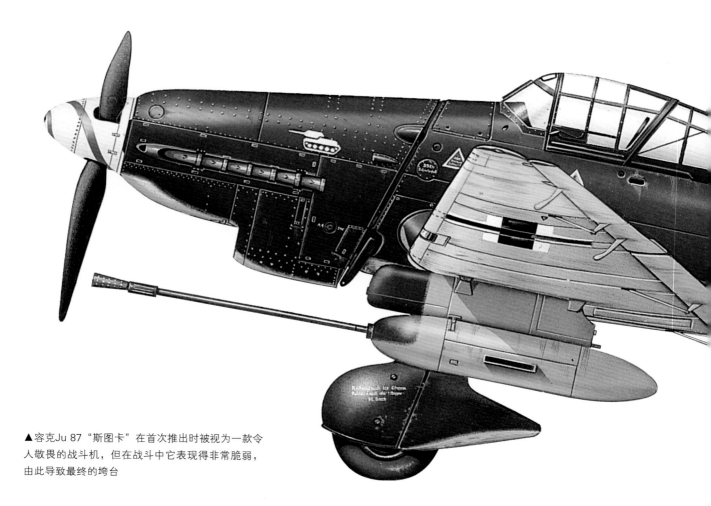

▲ 容克Ju 87 "斯图卡" 在首次推出时被视为一款令人敬畏的战斗机，但在战斗中它表现得非常脆弱，由此导致最终的垮台

波兰空军在对抗纳粹德国空军上能够做的不多。战争爆发时，波兰拥有不同型号的飞机450架左右；不过，大部分都是即将过时的波兰航空工厂生产的PZL P.11，而德国使用的梅塞施密特战机要远胜于它。9月17日，虽然声称他们的战斗机摧毁了126架敌机，但波兰空军此时已损失了83%的飞机，而且实际上已不能称为一支战斗队了。此外，苏联军队经德国同意也刚刚入侵了波兰东部。

此时纳粹德国空军已经可以在天上自由翱翔了，9月25日，一波又一波的德国轰炸机有组织地"捣碎"波兰首都华沙。两天后，波兰在毫无希望的情况下投降。不过，波兰在对抗纳粹德国上的贡献才刚刚开始，在最终沦陷前逃出的成千上万的波兰士兵和飞行员参加了盟军继续英勇战斗至战争结束。

一款飞机在德国的快速胜利中做出了突出贡献，它就是容克Ju 87斯图卡式俯冲轰炸机。虽然"斯图卡"这个词——德语为Sturzkam pfflugzeug，按字面可翻译为"俯冲轰炸机"——用于第二次世界大战中所有具有俯冲轰炸能力的德国轰炸机，但它常常是与容克Ju 87联系在一起的。这款飞机线条丑陋，装有反向鸥翼，尤其是在机翼上装有在俯冲向目标时会发出女妖嚎叫般的汽笛。

对比试验

为响应纳粹德国空军对俯冲轰炸机的要求而设计的Ju 87是从K-47——一款1928年产双座高性能单翼战斗机发展而来的。1937年3月，Ju 87V2被送往纳粹德国空军位于瑞奇林的试飞中心做对比试验，在击败其他3个竞争者后被选中。最先生产的系列是Ju 87A-0，动力来自尤莫210Da（Jumo 210Da）发动机，后来又推出Ju 87A-1，1937年第一批被送往执行作战战术开发任务的"殷麦曼"俯冲轰炸机联队（I/St.G 162 Immelmann）。1939年9月第二次世界大战爆发前，斯图卡式俯冲轰炸机的早期模型主要委托给训练部队，1938年进入生产线的是全面修改版本——Ju 87B，这款飞机使用的是动力更为强劲的820千瓦（1100马力）尤莫211Da发动机。

波兰沦陷后，盟军和德军的部队在1939年秋冬时节沿着法德边界对峙，空军在马其诺防线上空首次进行小规模战斗，英国皇家空军和纳粹德国空军针对各自的海军发起了试探性的轰炸袭击。英国皇家空军的第一次任务安排在英国对德国宣战的第二天——9月4日，10架"布伦海姆"（Bristol Blenheims）轰炸机发动对从德国威廉港驶

▲布里斯托 "布伦海姆" Mk IV轰炸机编队。Mk IV拥有重新设计的机头。在第二次世界大战初期决心从事自杀式昼间任务的Mk IV遭到巨大损失

出的运输船的攻击。

　　几年前，"布伦海姆"与现役的所有战斗机一样快。它从布里斯托142型八座快速载客飞机发展而来。1935年9月英国航空部最初订购了150架根据服役要求生产的"布伦海姆"Mk I，1936年12月完成试验后又订购了434架。第一批"布伦海姆"轰炸机在1937年3月交付第114中队使用。战争爆发时，大部分"布伦海姆"Mk I轰炸机在中东和远东服役，国内的空中中队重新装备了经过改进的"布伦海姆"Mk IV。

最短线式结构

　　英国皇家空军在早期攻击中使用的另外一款主力轰炸机是维克斯"威灵顿"（Wellington）。"威灵顿"轰炸机由巴尔内斯·沃利斯（Barnes Wallis）设计——曾负责R.100飞艇的设计，后来设想轰炸鲁尔河大坝的设计。和它的前辈维克斯"韦尔兹利"类似，这款飞机采用最短线式结构（geodetic construction）——一种"方平组织"（basket weave）结构系统。这种结构能够产生一种自稳定框架，来自任何方向的负荷都可以通过交叉架构组产生的力自动平衡，由此实现低重量高强度。这一系统使得"威灵顿"在承受巨大战争损害的情况下仍能幸免于难。"威灵顿"Mk I在1937年12月23日首飞，动力来自两台珀伽索斯XX（Pegasus XX）发动机。第九轰炸机指挥中队首批装备这款轰炸机，1938年12月完成交付。第二次世界大战爆发时英国皇家空军现役的"威灵顿"轰炸机是装有珀伽索斯发动机的Mks I和IA。

　　另外两款轰炸机——亨德里·佩奇"汉普敦"（Hampden）和阿姆斯特朗·惠特沃思"惠特利"（Whitley）与"威灵顿"一起组成了英国皇家空军轰炸机司令部在战争阶段的战略轰炸部队。作为第二次世界大战爆发时皇家空军最重要的一款中型轰炸机，"汉普敦"具有很高的机动性，但武器装备不足，它的首飞是在1937年6月，第一批1430架"汉普敦"Mk I于1938年9月交付使用。"惠特利"的原型机在1936年3月17号试飞，第一生产批次的34架"惠特利"Mk I于1937年3月交付第10中队。"惠特利"的主要战时版本是Mk V，共生产了1466架。英国

皇家空军在第二次世界大战爆发时拥有207架现役"惠特利"轰炸机，因为其卓越的远程飞行能力，它们最初是用来在德国上空空投传单。

布伦海姆和惠灵顿中队在早期对德国北部港口执行日间轰炸任务时损失惨重，这促使轰炸机司令部转向夜间进攻。而德国坚持日间袭击，针对苏格兰皇家海军基地的首次攻击由纳粹德国空军最新型轰炸机容克Ju 88完成。容克Ju 88是有史以来最"多才多艺"、最有效的战斗机之一，在第二次世界大战的整个过程中，它在纳粹德国空军中都扮演至关重要的角色：被用作轰炸机、俯冲轰炸机、夜间战机近距支援战机、远程重型战机、侦察机和鱼雷轰炸机。Ju 88的原型机的首飞是在1936年12月21日，安装的是两台1000马力DB 600A星型发动机；第二款原型机基本保持原貌，只是发动机改用尤莫211A——Ju 88的大部分机型使用的都是这种发动机。较早的一批Ju 88A-0在1939年夏天完成，第一批成品Ju 88A-1随后被送到一支试验部队——88试飞队。1939年8月，这支部队更名为I/KG 25，后来又变成I/KG 30，9月份实施了第一次作战任务——攻击福斯湾的英国战舰。到年底现役的作战飞机大约有60架。

1940年4月，德国入侵丹麦和挪威。5月10日，当挪威正在努力抗争时，德国又入侵了法国和低地国家（指荷兰、比利时、卢森堡）。在这具有决定性意义一天的黎明和黄昏之间，德国的轰炸机袭击了位于荷兰、比利时和法国的72个盟军机场。在入侵的前三天，英国和法国空军针对穿过阿登高地、跨过马斯特里赫特和通厄伦两地默兹河桥梁的敌军装甲纵队实施了一系列竭尽全力的攻击。

▼维克斯"威灵顿"是英国皇家空军轰炸机指挥部最常使用的机型之一（虽然其作战半径较短）。其自立式应力包皮结构使得它能够在遭受大量损害时仍能保持适航性

严重的损失

盟军的损失非常严重。仅第一天，位于法国、装备有费尔雷轻型轰炸机的英国皇家空军先头空中打击部队派出的64架战机就损失了23架；第二天结束时，先头空中打击部队的两个布伦海姆轰炸机中队已被消灭。5月12日，第12中队的5架飞机对位于马斯特里赫特桥的敌军进行了自杀式攻击，最终全部被德国的高射炮击落。

5月14日，德国被迫横渡色当附近的默兹河，先头空中打击部队奉命调用一切可用飞机增加对敌军桥头堡的攻击。63架费尔雷战机参与行动，35架没有再回来。法国日间轰炸机部队同样遭受严重伤亡，到5月底已不可能执行进一步的攻击。

突破色当后，德国装甲纵队以令人震惊的速度穿过比利时和法国北部，直扑英吉利海峡；5月23日，当英国远征军开始撤退到敦刻尔克时，位于佛兰德斯的盟军部队绝望地陷入困境。这一天，装甲纵队抵达位于格拉沃利讷的英吉利海峡并转向北方。

24小时后，装甲部队停下——部分原因是他们已经完成主要任务而且急需修整一下，部分原因是纳粹德国空军总司令赫尔曼·戈林（Herman Göring）表示仅靠他的飞行员就可以消除在主要疏散港口内部及周边的盟军抵抗。事实上，纳粹德国空军已是强弩之末。在德国装甲部队飞快地经过比利时和法国的过程中为其提供空中支援的斯图卡式俯冲轰炸机部队已是强弩之末，大部分纳粹德国空军的中型轰炸机和战斗机部队正从德国境内的基地赶来。由于敦刻尔克和其他港口距离英国南部的战斗机基地很近，斯图卡式俯冲轰炸机部队可以预见的是顽强的抵抗。

每日巡查

5月25日，斯图卡式俯冲轰炸机尝到了一点苦头：在法国加来上空，15架斯图卡轰炸机遭到喷火式战斗机的攻击，其中4架被击落。第二天，纳粹德国空军对敦刻尔克发动了首次大规模攻击。英国皇家空军战斗机司令

▼图中是布里斯托"布伦海姆"的原型机，由布里斯托142"英国第一"（Britain First）——为报纸业主罗瑟米尔勋爵设计的快速VIP运输机发展而来。"布伦海姆"Mk I在1936年6月完成首飞

部安排16个由喷火式战机和"飓风"战机组成的空中中队保持定期的每日巡查。在敦刻尔克大撤退的9天里，海滩上空和周围肆虐的空战使得英国皇家空军损失了177架飞机，纳粹德国空军的损失也差不多。虽然损失大致相当，但事实上纳粹德国空军第一次失去了自一年前发动对波兰的攻击以来一直享有的空中优势，而英国皇家空军战斗机司令部也使其蒙受了心理上的创伤。不久后，在英国南部的天空上，这种创伤将更深、更有破坏性。

敦刻尔克之后，纳粹德国空军大规模参与支持跨过索姆河进攻法国南方部队——在最终崩溃前还要再奋战三个星期——的德军。有海军航空队支持的法国空军英勇地坚持战斗到最后，但他们受到燃料、弹药和备品短缺以及要在德军占领机场前撤退这一命令的掣肘。1940年6月22日停战协定签署后，许多法国飞行员逃往北非，其中一些人参加"自由法国"部队继续战斗。

现在的英国独自对抗德国和意大利——后者在6月10日对同盟国宣战，英国新任首相温斯顿·丘吉尔的声音在整个自由世界回响："魏刚将军所说的法兰西之战已告结束。我希望不列颠之战即将开始……"历史上第一次出现这样的情况：一个国家的命运很快将由在远离地面的天空奋不顾身地加入致命战斗的年轻人决定，扭曲的蒸汽拖尾象征的牺牲刻在那个夏季的天空上。

道钉系统

这些人将会拥有一种宝贵的被称为"道钉系统"（Dowding System）的资源。1936年，大不列颠防空指挥部已被一组新的指挥部取代。其中之一是同年7月14日成立的战斗机指挥部，总部设在米德尔塞克斯。其主要的下属编队是11号战斗机组，任务是保护英国南部和东南部。另一个主要下属编队是在1937年4月建立的12号战斗机组，主要负责保护英国中西部各郡。另外两个战斗机组——10号（保护威尔士和英国西南部各郡）和13号（保护英国北部和苏格兰）——随后成立。

被选为战斗机指挥部负责人的是空军中将休·卡思沃特·雷明希尔·道丁（Hugh Caswall Tremenheere Dowding）爵士。在他的指导下（伴随着欧洲快速走向战争的时代背景），世界上最为精致的防空系统迅速发

▼阿姆斯特朗·惠特沃思"惠特利"是第二次世界大战爆发时英国皇家空军主力重型轰炸机型之一。其远程巡航能力使得它可用于特殊任务，如空投传单

展。位于这一系统核心的装置是将被世人所知的雷达。雷达（Radar）是"无线电探测和测距"（radio direction and ranging）几个单词首字母的缩略词——初期被有意误解为"无线电测向"（radio direction finding）。雷达最初被用于英国的防御，1934年成立了一个委员会，主要负责检测无线电波是否能在某种程度上用来干扰敌军的轰炸机。这个被称为防空科学调查的委员会由帝国理工学院院长亨利·提扎德（Henry Tizard）主持，在1914—1918年战争期间他曾是一名飞行员，他将杰出的42岁的科学家罗伯特·华生瓦特（Robert Watson-Watt）招致麾下，这位科学家很快打消了任何有关无线电波可发展成为某种死亡射线（委员会考虑的众多选项之一）的幻想。他发布了一篇论文，论述了使用无线电波探测（而不是毁坏）飞机的可行性。

提扎德的委员会第一次会议后不到9个月，在华生瓦特的理论已被证实后，航空委员会建议建设覆盖南安普顿到纽卡斯尔海岸线的一连串无线电测向站。1939年夏，20个海岸警戒雷达（Chain Home）站点建设完毕，能够探测160千米（100英里）范围的飞机；还有另一系列作为补充——低空飞机远程警戒雷达网（Chain Home Low），这一网络主要设计用于探测在915米（3000英尺）以下飞行的飞机。英国皇家空军的飞机装上了一个小型敌我识别（Identification Friend or Foe）发射机，使得控制器能够将其与敌人区别开来。

早期预警

在道丁的指导下，各种要素被组合在一起：雷达站提供攻击的早期预警；一旦敌机越过海岸，观察员追踪其移动；战斗机指挥部总部、战斗机组总部和防区驻地的作战指挥室将重要信息转发到中队；凭借这一灵活的系统，在英国南部比较薄弱的区域中，通过电话和电传打字机线路（邮政局付出巨大努力建造）相互连接的作战指

纳粹德国空军的主力
容克Ju 88

▲Ju 88是第二次世界大战中最好、最多才多艺的轰炸机之一。它被委派所有可想象到的角色——从俯冲轰炸机到夜间战斗机

挥室参谋可以将战机从一个战区转到另一个战区，从一个战斗机组转到另一个战斗机组；八机枪战斗机中队，保证飞行的供应系统。

历史上将不列颠之战界定为持续了17周的时间，开始于1940年7月10日，这一天纳粹德国空军开始攻击位于英吉利海峡的英国护航船。事实上，行动开始得更早。6月5日，当法兰西之战还没结束时，纳粹德国空军派出少数轰炸机袭击英国东部和东南沿海的"边缘"（fringe）目标。这些攻击造成一些较大损失，主要目的是让纳粹德国空军的轰炸机部队熟悉英国的防空系统。

6月30日，纳粹德国空军总司令赫尔曼·戈林发出指令，启动对英国的空袭计划。纳粹德国空军的主要目标是英国皇家空军，特别是其战斗机机场和飞机制造厂。只要皇家空军战斗机指挥部还在，纳粹德国空军的绝对首选一定是抓住一切机会（无论是空中还是地面）攻击它，直到将其摧毁。只有这样，纳粹德国空军才能自由地将其注意力转移到其他目标，如皇家海军的造船厂和作战港口，为入侵英国做准备。

7月初，戈林命令空军指挥官开始攻击位于英吉利海峡的英国护航船，这产生了一箭双雕的作用：既可以给英国的航运造成严重损失，也可以将战斗机司令部拖下水。但负责指挥战斗机指挥部位于英国东南的第11战斗机组的空军少将基思·帕克（Keith Park，新西兰人）是一位非常精明的领导者，他没有落入陷阱，仅派出了一部分宝贵的"飓风"和喷火战斗机中队参战。对护航船的攻击从7月持续到8月的第一周，有几次大的空战，大部分在多佛（英国东南部的港口）地区。在这一时期，英国皇家空军损失了124架飞机，纳粹德国空军损失了274架。

全面猛攻

7月底，阿道夫·希特勒亲自向戈林下达命令，要求他让空军中队随时准备好对英国皇家空军的战斗机机场、英国飞机和航

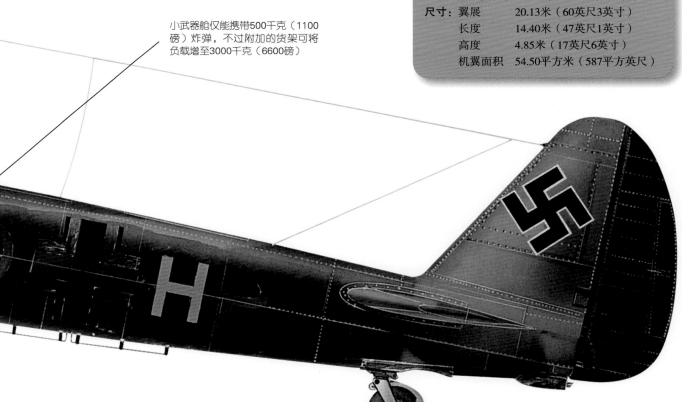

小武器舱仅能携带500千克（1100磅）炸弹，不过附加的货架可将负载增至3000千克（6600磅）

容克Ju 88 A-4	
机型：	四座中型俯冲轰炸机
发动机：	两台1000千瓦（1200马力）容克"尤莫" 211J 12缸液冷式发动机
最大速度：	440千米/小时（280英里/小时）
空载连续航距：	1800千米（1200英里）
使用（或实用）升限：	8200米（27000英尺）
重量：	空机8000千克（17600磅）；加载完毕14000千克（31000磅）
武器装备：	两挺13毫米机关枪，四挺7.92毫米机关枪，3000千克（6600磅）炸弹
尺寸：	翼展　20.13米（60英尺3英寸）
	长度　14.40米（47英尺1英寸）
	高度　4.85米（17英尺6英寸）
	机翼面积　54.50平方米（587平方英尺）

空发动机制造厂进行全面猛攻。这次进攻的代号是"雄鹰出击"（Eagle Attack）。为实施这一计划，戈林调集了3个战斗机群——两个在法国和低地国家；一个在丹麦和挪威——总共3500架轰炸机和战斗机，其中2250架是可用的。

在海峡的另一头，战斗机指挥部总司令、空军上将休·道丁爵士拥有704架可用的战斗机，其中包括620架"飓风"和喷火战机。起初，大约有1000名飞行员能够驾驶皇家空军的战斗机，但这一数字在战争结束前上升至超过3000人。其中80%是英国出生的；其他人来自各个国家，包括波兰、捷克、比利时和法国，还有来自美国的（还没有参战）。一些人是在敦刻尔克之前就参加过欧洲战斗的老兵。大部分是不到20或刚过20岁的年轻人，刚刚从学校毕业。所有人都要经历恐惧和可怕的压力，520人将失去生命，还有人将负伤致残，通常都是烧伤，因为汽油罐会在他们身旁爆炸。在1940年狂热的盛夏，在英格兰丰收田野的上空，他们将改变历史进程。

20世纪30年代希特勒上台后，纳粹德国空军组建，其领导人从未认真想过他的部队将参加远程战略轰炸攻击。因此，德国的轰炸机是设计用于为陆军提供战术支援的。这一理念在西班牙得到证实，在那里新型飞机在内战中接受了作战测试，在波兰、挪威和法国战场面对有限的战斗机抵抗时也表现得不错。

在不列颠之战中遭遇皇家空军战斗机坚决抵抗时，情况就不同了。在波兰和西欧，容克Ju 87斯图卡式俯冲轰炸机在装甲部队前面开路，但遭受了"喷火"和"飓风"的屠杀，几个回合后就退出战场。双引擎轰炸机——多尼尔Do 17、海因克尔He 111和容克Ju 88——飞行距离和炸弹装载量有限；装甲很薄、防御武器也不足，这使得它们处在战斗机指挥部的控制之中。当装上了更多的装甲钢板和额外的机关枪时，超出的重量进一步缩短了它们的飞行距离和载弹量。

德国使用的两款战斗机中，梅塞施密特式Bf 109是一款非常卓越的战斗机；另一款双引擎梅塞施密特Bf 110不是很成功。Bf 110载有一名飞行员、一名机尾炮手，装有5挺机关枪和2门机关炮，但其机动性比不上"喷火"

▼费尔雷作战用轻型轰炸机动力不足、武器装备不足。它是在法国的英国皇家空军"先进空中打击部队"的主力，深受高射炮和敌方战斗机之苦，损失惨重

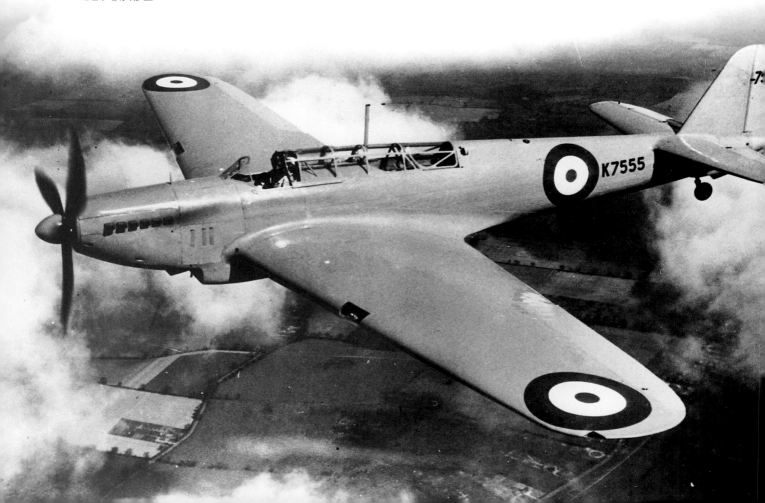

和 "飓风" 战机。虽然Bf 110在战争后期作为夜间战斗机也尝到了成功的滋味，
但损失很严重。

英国皇家空军战斗机指挥部在整个战斗中的中流砥柱是霍克 "飓风" 战机。虽然有点被更加迷人的 "喷火" 战机遮住风头，实际上 "飓风" 战机在战斗中击落了80%的敌机。当冲突在7月正式开始时，战斗机指挥部的29个空中中队装备了 "飓风" 战机。另外19个装备的是 "喷火" 战机。 "喷火" 战斗机比 "飓风" 战斗机速度快、机动性好，但 "飓风" 战机更坚固。两款战斗机都装有罗尔斯·罗伊斯梅林发动机，携带8挺0.303英寸勃朗宁机关枪，这些机枪被 "和谐" 地利用，子弹在飞机前229米（750英尺）的地方汇聚到一点。两秒钟内喷出的火光将重达4.5千克（101磅）的一组子弹射向目标，通常这足以在敌机上敲出一个致命的大洞。

战斗的关键阶段发生在1940年8月25日至9月6日。在这两个星期，英国战斗机指挥部损失了231名飞行员——103人牺牲、128人重伤。对飞机场和飞机制造厂的野蛮攻击还在继续。情况令人绝望，缺乏经验的飞行员被丢进战场，很多人在第一次出击时就被干掉，甚至还没看清对手是谁。随后，出现转机，德国犯下他们在不列颠之战中最大的战略性错误。9月7日，戈林命令纳粹德国空军将武力转向对伦敦展开全面进攻，试图将战斗机指挥部拉入对单一目标的战斗。对飞机场的大规模攻击停止，战斗机指挥部获得了宝贵的喘息之机。

1940年7月10日至10月31日之间的日间战斗使得英国战斗机指挥部损失了905架飞机，而纳粹德国空军损失了1529架。从那时起，德国加速走向末路，被称为 "闪电战" （Blitz）的时期（将持续到1941年春天）开始了。

对英国的夜间闪电战加速了装备有机载雷达的夜间专用战斗机的开发。1940年夏天，英国皇家空军匆忙组建的夜间战斗机中队使用的主力机型是布里斯托 "布伦海姆" 1F。这款飞机完全不适合夜间作战，而且在大多数情况下比它应该追赶的轰炸机速度还慢。1940年8月，英国皇家空军的夜间战斗机部队获得意外的增援——两个装备有博尔顿·保罗 "挑战者" 的中队。之所以意外是因为 "挑战者" 作为夜间战斗机出场多少有些出人意料，因为这两个中队在早些时候的日间作战中受到了重创。

"挑战者" 是皇家空军第三代单翼战斗机，在概念上与同时代战机—— "飓风" 和 "喷火" ，有很大差异。它的设计依据航空部F.9/35规范，是一款双座战斗机，整个武器装备集中于一个安装在中心位置的机动炮塔上，可以对飞机上半部分进行360度射击。 "挑战者" 的原型机在1937年8月11日首飞，第二次世界大战爆发时收到了400架的订单，不过由于拖延的试飞计划，仅有3架交付使用。作为一种日间战机， "挑战者" 是一场灾难，在战斗中损失惨重，但在接下来的夜间作战中它取得了巨大成功。

夜间战的成功

双引擎布里斯托 "英俊战士" （Beaufighter）轰炸机是一款更好的机型。它的速度很快，装有4门20毫米机关炮和6挺机关枪，它克服了初期困难并很快开始在夜间战中取得成功，在1940年10月25日夜里击落第一架敌军

"不列颠之战"中第242空中中队的"飓风"Mk I编队。第242空中中队由著名的"无腿王牌"道格拉斯·巴德尔指挥,他后来又领导了坦戈梅尔联队(Tangmere Wing)

▲地面工作人员正在维护一架海因克尔He 111。这款轰炸机是对不列颠群岛昼间和夜间空袭的主力，随着战争的推进，它的装甲和武器不断升级

"飞行铅笔"
多尼尔Do 17 Z

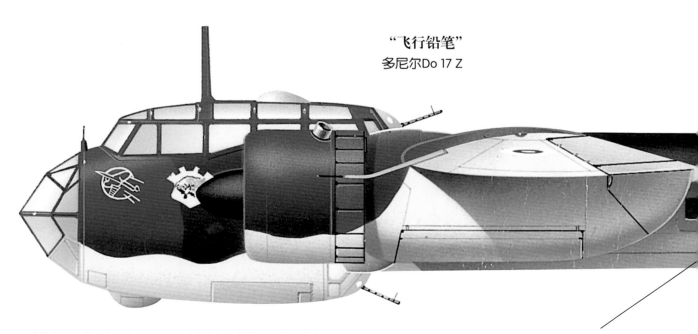

▲芬兰空军也使用多尼尔Do 17 Z，这款战机上描绘的是战后蓝白圆形图案，早期标志是白色背景上的蓝色纳粹党十字记号

虽然能够超越波兰战役中的大部分战斗机，不过到"不列颠之战"时Do 17 Z受到更快的战斗机的挑战

轰炸机。从1941年1月起，随着英国南海岸引入地面控制截击（Ground Controlled Interception）站，它的"成绩"继续稳定上升。通过这些站点，控制器能够将战斗机引到距离目标1.6千米左右的位置，到这个距离机载雷达就可锁定目标并完成拦截。14个装备有"英俊战士"的中队在1941—1942年间奉命执行大不列颠的夜间防御任务。

入侵英国的"海狮计划"（Operation Sea Lion）被无限期推迟，希特勒的目光又转向东部的苏联。首先，空战的焦点转到地中海战场。在这里，自1940年6月意大利参战以来，具有战略意义的马耳他岛就不断遭受空袭。起初，这个岛屿仅由6架格罗斯特"海斗士"（Sea Gladiator）双翼机防御，后来减少到3架被大众媒体誉为"信念、希望和善意"（Faith, Hope and Charity）的双翼机。同年底，"海斗士"被霍克"飓风"战机取代。马耳他现在发展成为一个至关重要的进攻基地，以岛屿为基地的皇家空军和海军航空兵飞机攻击位于意大利西西里岛和北非的目标。后来，到了12月，又有新的进展：纳粹德国空军加入战斗，斯图卡式俯冲轰炸机容克88和梅塞施密特式空军X战机占领了西西里岛的大部分机场。

1941年1月11日，纳粹德国空军和意大利皇家空军开始大规模空袭马耳他。这一年的前3个月，空袭几乎没有停止过，虽然在1941年3月后攻击的剧烈程度稍稍减轻，但没有完全停止。

多尼尔Do 17 Z	
机型：	四/五座中程俯冲轰炸机
发动机：	两台746千瓦（1000马力）宝马Bramo 323P法夫纳9缸单列星形发动机
最大速度：	410千米/小时（255英里/小时）
空载连续航距：	1500千米（932英里）
使用（或实用）升限：	8200米（27000英尺）
重量：	空机5200千克（11464磅）；最大起飞重量8590千克（18937磅）
武器装备：	风挡、机头、背部和腹部一挺或两挺7.92毫米机关枪，另加载1000千克（2205磅）炸弹
尺寸：	长度 15.8米（51英尺9.67英寸） 翼展 18.00米（59英尺0.5英寸） 高度 4.6米（15英尺1英寸） 机翼面积 55平方米（590平方英尺）

重要的空战

地中海战争中最重要的空战发生在1940年11月11日。这一天，来自"卓越"号航空母舰（HMS Illustrious）的21架费尔雷"剑鱼"（Swordfish）鱼雷轰炸机攻击位于塔兰托海军基地的意大利舰队。"加富尔伯爵"（Conte di Cavour）号战列舰遭到严重损坏，再没有参战。它的姊妹舰——"卡欧·杜利奥"号（Caio Duilio）——被拖上岸，过了6个月才恢复使用，"利托里奥"（Littorio）号也残废了4个月。

在地中海战争的关键点上，意大利战斗舰队的主力舰一下子从6艘减到3艘，而英国方面仅仅损失了2架"剑鱼"轰炸机。这是航空母舰作为灵活、机动运用海上作战单元——而不仅是舰队的附属物——的第一次真正展示，这也对未来进行的空战产生了

狭窄的圆柱形机身很快为Do 17赢得"飞行铅笔"的称号

深远的影响。海军空中力量的重要作用在1941年5月再次得到展示，"剑鱼"轰炸机用鱼雷袭击并重创了"俾斯麦"（Bismarck）号战舰，使得地面部队形成包围并一举歼灭。

当皇家空军在马耳他上空激战时，地中海战场其他战区的空战同样激烈，格罗斯特"角斗士"与菲亚特CR.42双翼战机和菲亚特G.50单翼机互不相让。1940年年底，几支"角斗士"中队被派往意大利入侵的希腊，但他们起初的成功是短暂的。1941年4月，德国进入希腊战场。此时的英国皇家空军已经装备了"飓风"战机，但在4月19日，对希腊机场的大规模攻击使得皇家空军战斗机中队的可用战机减少到22架。几天后，只有7架躲过了敌军的低空扫射。经过这次打击，盟军在希腊的空中抵抗事实上已不复存在。

1941年5月1日，最后的英联邦部队从希腊撤退，30000名盟军战士退到克里特岛抵抗德国的入侵。德国对克里特岛的攻击在5月20日展开，开始是大规模轰炸，紧接着是伞兵部队和滑翔机部队的空降突击，没过多久防御方就陷入困境。从岛屿起飞的英国皇家海军由于没有空中掩护，在俯冲轰炸机的攻击下损失惨重：3艘巡洋舰和6艘驱逐舰被击沉，2艘战列舰、1艘航空母舰、6艘巡洋舰和7艘驱逐舰受到不同程度的损坏。

最后的大战

5月底，克里特岛战斗结束，岛上大约一半的防御者被杀或被俘。但德国空降部队也遭受了巨大损失，克里特是他们在这场战争中的最后一次大战。

1941年3月，盟军仍在希腊时，德国非洲军团在埃尔温·隆美尔（Erwin Rommel）将军的指挥下抵达利比亚，英国部队很快沿着几个月前在对意大利的沙漠进攻中占领的公路撤退。新的盟军中队组建起来以挑战纳粹德国空军的空中优势，1941年春，位于西部沙漠的英国皇家空军接收了来自澳大利亚和南非的英联邦部队。沙漠

▼容克88是纳粹德国空军最有价值的资产之一，在整个战争过程中共生产了15000架

空军（Desert Air Force）的积聚在夏天的几个月里持续着。1941年11月，中东地区已有40个空中中队，主要装备"飓风"战斗机/轰炸机和美国寇蒂斯P-40"基蒂霍克"（P-40 Kittyhawks）。

德国对希腊（以及同时进攻的南斯拉夫）猛攻背后的原因很快浮出水面。随着他们的南方有了保障，德国在1941年6月22日启动了对苏联的进攻计划——"巴巴罗萨行动"（Operation Barbarossa）。这一入侵完全出乎苏联最高指挥部的意料，上午过半苏联空军才开始行动。行动几乎完全没有协调性可言，与地面部队的沟通也基本上不存在。最初和后来的几天，主要攻击德国的装甲和机械化纵队，这一任务使得苏联轰炸机遭受巨大损失。仅在西部前线（苏联总共有五方前线：西北、西部、西南、南部和北部），6月22日就损失了528架停在机场的飞机和210架参与空战的飞机。

苏联空军虽然拼命作战，但装备不足，在战术上也无法与经验老到的纳粹德国空军匹敌。德国入侵后的几个月里，一个接一个大灾难降临到苏军头上。苏联空军缺乏现代飞机和训练有素的飞行员，领导能力也跟不上，因为一些优秀的高级军官在斯大林的战前清洗中被清除了。

苏联战斗机

1939—1940年，能够真正归类为现代战机的三款苏联战斗机才出现。第一款是LaGG-1/LaGG-3，它的名字来自3名设计它的工程师——拉沃金（Lavochkin）、戈尔布诺夫（Gorbunov）和古阔夫（Gudkov）——名字的开头。这是一款卓越的小型战机，完全用木质材料建造，与法国的"德瓦蒂纳"D.520（Dewoitine D.520）非常相似。LaGG-1的首飞是在1940年3月，在生产了100架样机后被改进版的LaGG-3取代。1941年德国入侵时这些飞机装备了两个空军兵团；不过，是LaGG-3在德国猛攻的最初几个月坚持了下来。

▼第210测试联队的梅塞施密特Bf 110。这支部队最初组建用来评估不成功的Me 210，后来在"不列颠之战"中使用Bf 110

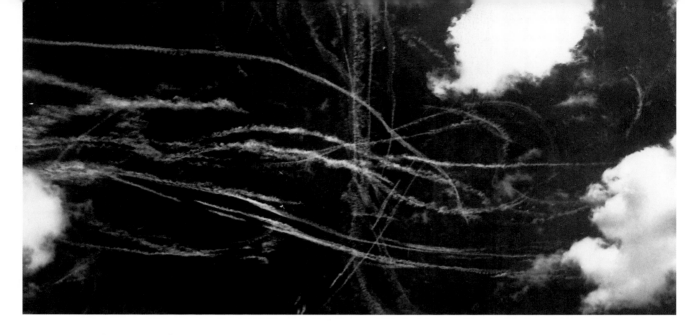

▲1940年英国南部上空的飞行轨迹表明了纳粹德国空军战斗机和英国"飓风""喷火"战斗机之间疯狂空战的激烈程度

▼ "不列颠之战"中第601中队的飞行员争相抢占等待他们的"飓风"战机。实际上，这张照片是摆好姿势拍摄的，但这些飞行员随时面临的危险确是完全真实的

▲虽然作为一款昼间战斗机并不成功，但博尔顿·保罗"挑战者"在夜间战斗中表现出色

布里斯托"英俊战士"并不是一款引人注目的轰炸
机,但它非常强壮并具有出人意料的机动性。装备
上合适的武器,它在远程攻击舰艇或夜间攻击纳粹
德国空军时被证明是一个可怕的对手

鱼雷双翼机

费尔雷 "剑鱼" Mk II

▲看似矛盾的成功故事：在20世纪30年代投入
使用时被看作过时的费尔雷 "剑鱼"，在第二
次世界大战期间取得了骄人的战斗记录

第二款是按照苏联空军在1938年发出的高空战斗机要求而建造的飞机——MiG-1。虽然它不稳定且难以操控，但由于具备的高性能而被仓促生产。原型机的首飞安排在1940年4月，距离最初记录的建造时间仅4个月。飞机是组合构造：前机身一直到后驾驶舱是用布罩着的钢骨架，而后面部分全部是木质结构；翅膀的中间段是硬铝合金做的，外侧板是木质的。MiG-1在生产了100架后被重新指定为MiG-3，主要的改进是完全封闭的驾驶舱以及添加的辅助燃料箱。由此带来的作战半径的增加意味着MiG-3将被广泛用于战斗机侦察。

第三款新型战机是Yak-1，首次公开露面是在1940年11月7日的一次飞行表演中。它是亚历山大·雅科夫列夫（Aleksandr S. Yakovlev）设计的首款战斗机，该设计为他赢得了列宁勋章（the Order of Lenin）、一辆小汽车和100000卢布的奖励。Yak-1是混合构造（表面覆有布料和胶合板），建造和驾驶都很简单，能够给人飞行的乐趣。1941年德国入侵苏联后，这款飞机加速生产，1941年下半年共生产了1019架。

低水平攻击

苏联仅有一支非常小的战略轰炸部队，装备有双引擎伊留申Il-4（Ilyushin Il-4）和佩特利亚科夫Pe-8（Petlyakov Pe-8）轰炸机，而中型轰炸机部队装备的主要是即将过时的SB-2。不过，一款性能很好的中型轰炸机佩特利亚科夫Pe-2刚刚开始服役。1941年6月，德国入侵苏联时，交付使用的Pe-2总数上升到462架，但初期由于缺乏训练有素的机组人员，这些飞机相对很少参加战斗。直到8月底，Pe-2才大规模参战，对德国装甲纵队展开了低水平的攻击。在这些早期行动中，Pe-2的高速度和防御性武器证明了它们的价值。

1941年12月，面对苏联不断加强的抵抗，德国占领莫斯科和列宁格勒的计划以失败告终，两方面都受到苏联冬季天气的影响而陷入停顿状态。世界的另一端，最终将对战争进程产生决定性影响的事件正在展开。1941年12月7日，一系列令人震惊的第一波冲击袭来。在接下来的数周，这将改变盟军战略的整个基础：日本偷袭珍珠港，摧毁了美国太平洋舰队并为进一步征服铺平道路。12月底，日本入侵泰国、缅甸和马来亚，占领了复活岛

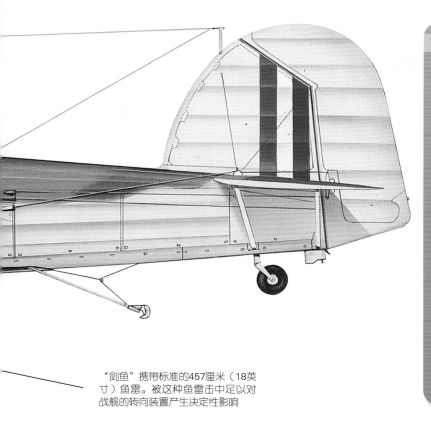

"剑鱼"携带标准的457厘米（18英寸）鱼雷。被这种鱼雷击中足以对战舰的转向装置产生决定性影响

费尔雷"剑鱼"Mk II

机型：三座舰载和陆基鱼雷轰炸机，水平轰炸机和侦察机

发动机：一台578千瓦（775马力）布里斯托"飞马"IIIM3或559千瓦（750马力）"飞马"XXX9缸单列星形发动机

最大速度：224千米/小时（139英里/小时）；10分钟30秒内可爬升至1525米（5000英尺）

空载连续航距：1657千米（1030英里）

使用（或实用）升限：3780米（12400英尺）

重量：空机2132千克（4700磅）；最大起飞重量4196千克（9250磅）

武器装备：前机身右舷1挺0.303英寸固定向前射击机关枪，后驾驶舱1挺0.303英寸向后射击机关枪，一枚外置鱼雷，726千克（1600磅）炸弹和火箭弹

尺寸：翼展　　　13.87米（45英尺6英寸）
　　　长度　　　11.07米（36英尺4英寸）
　　　高度　　　4.11米（13英尺6英寸）
　　　机翼面积　50.4平方米（542平方英尺）

▼格罗斯特"角斗士"在沙漠战争的早期阶段非常成功，当时它的主要对手是意大利的菲亚特CR.42（也是一款双翼机）。"角斗士"也参与了希腊的战斗

▲菲亚特G.50"隼"是菲亚特CR.42的单翼战斗机继任者。它一直没有取得特别大的成功，也不能与在第二次世界大战西部沙漠战役中相遇的霍克"飓风"相提并论

▼菲亚特CR.42是在北非的天空与格罗斯特"角斗士"作战的飞机。动作敏捷和相对快速的特点使得它能够抵抗更为先进的单翼战斗机

（Wake Island）和香港，实施了对菲律宾吕宋岛的登陆。1942年年初，新加坡沦陷，而位于缅甸的英军在日本的持续压力下开始了历史上最长的掩护撤退。这一切将在印度边境终结，在这里，盟军部队掘壕固守，等待着足够强大以击退进攻的那一天。

　　日本早期的胜利实际上是空军力量（特别是海军的空中力量）的胜利。偷袭珍珠港是受到英国1940年11月空袭塔兰托的启发，海军航空兵部队会是即将来临的太平洋战争的主导因素。日本偷袭珍珠港的一个重要失误是它没有摧毁美国太平洋舰队的三艘航空母舰；而正是这三艘航母形成了美国海军第一航母特遣部队的核心，成为最终将战争越过太平洋带到日本本土的强大武器的前身。

第260空中中队的寇蒂斯P-40E "基蒂霍克" IIA。这支隶属于沙漠空军的部队在北非作战，随后前往意大利。1944年，"基蒂霍克"被P-51 "野马" 战机取代

令人不快的意外

日本飞机的质量对盟军来说是一个令人不快的意外，主要体现为一款机型，即三菱A6M零式舰上战斗机（Mitsubishi A6M Reisen）。三菱A6M零式战机是有史以来性能最好的战斗机之一，首飞是在1939年4月1日，而且很快就表现出明显优于盟军在太平洋战争早些时候投入使用的所有机型。零式战机装有两门20毫米机关炮和两挺7.7毫米机关枪，它的机动性非常好，而且结构也十分坚固（尽管重量较轻）。不像其他飞机由多个分立单元建造，零式战机由两部分构成：发动机、驾驶舱和前机身连同机翼形成一个坚固的单元；第二单元包括后机身和尾翼。两个单元由80个螺钉连接在一起。它的主要缺点是没有装甲钢板保护飞行员，也没有自动封闭的燃料箱，这也就意味着这款战机无法吸收如盟军战机那么多的战斗损害。

在太平洋冲突的第一年，零式战机总体上占据优势地位，但在此期间日本也承受了一些严重的损失。第一个挫折出现在1942年5月的珊瑚海战役（Battle of the Coral Sea）——历史上第一次海上交战中敌对双方的舰船没有实际接触——美国的航母舰队成功阻止了日本原定实施的登陆新几内亚莫尔兹比港的计划，不过美军也为此付出了巨大代价。接着是6月份的中途岛战役（Battle of Midway），美国的舰载飞机粉碎了一支强劲的入侵部队，击沉4艘舰队航母，摧毁258架敌机。

这一战——美国损失了132架飞机和"约克城"号航空母舰——标志着太平洋战争的一个明确转折点。它不仅终结了日本的进攻，而且使得敌人损失了航母攻击部队的主力和日本帝国海军大部分老练的飞行员。

一线生机

太平洋战争爆发初期，标准的美国舰载战斗机是格鲁曼F4F"野猫"（Grumman F4F Wildcat），几乎在每个方面它都比不上零式战机。虽然很坚固且能够承受大量的作战损伤，但是需要有一位非常老练的飞行员操纵才能让"野猫"战机在与日本战机的交战中获得一线生机。虽然如此，"野猫"战机在太平洋战场最令人绝望的日子里坚持了下来。

日本偷袭珍珠港及其后续行动意味着大英帝国不再独自对抗纳粹德国和其轴心国伙伴意大利。在1940年和1941年的严酷岁月中，一片又一片欧洲领土落入希特勒的"国防军"手中，而英国仅有一个将德国人赶回老家的手段：不断增强皇家空军轰炸机指挥部的力量。相比战争后期展开的强大的英美战略轰炸进攻，早期的努力显得十分微弱。1942年之前一直是轰炸机指挥部主力的"惠灵顿"号、"惠特利"号和"汉普登"号轰炸机上的机组人员不得不在仅有很少助航设备的情况下越过黑暗的欧洲大陆完成轰炸任务，仅有很少的炸弹投到目标区域。

不过，轰炸机指挥部的空中中队在1941年重新装备了两款新型四引擎轰炸机。第一款是绍特"斯特灵"（Stirling），1940年8月开始服役。一开始它还受限于相对低的使用中的顶棚，为此它不得不缩短翼展以适应现

▼起初，LaGG-3因早期俄罗斯战斗机编号系统中的I-22为人所知，它的首飞是在1939年3月30日

▲如图所示，LaGG-3和法国的"地瓦丁"D.520非常相似。这两款战机可能在战斗中遇到过，因为D.520曾被德国的一些盟友使用过

有的飞机棚；第二款是亨德里·佩奇"哈利法克斯"（Halifax），也是在1940年交付使用，它将成为英国皇家空军最成功的轰炸机之一。

装有两台罗尔斯·罗伊斯"秃鹰"（Vulture）发动机的阿弗罗"曼彻斯特"（Manchester）轰炸机有些不一样。它的机身设计得非常好，但发动机不太可靠，容易过热，随之而来的是起火的危险。这款轰炸机1942年退役，后来在设计上做了一些改进，安装了4台罗尔斯·罗伊斯梅林发动机。这样，它变成最高级别的有史以来最有名的轰炸机之一——阿弗罗"兰开斯特"（Lancaster）。

另外一款装有梅林发动机、1942年在行动中露面的飞机是全木质结构的"蚊"式轰炸机（de Havilland Mosquito），它无疑是第二次世界大战中最成功的战斗机之一。官方对"蚊"式轰炸机的兴趣被慢慢"唤醒"，不过在1940年3月，英国航空部发布了B.1/40规范，涉及三款原型机（一款战斗机、一款轻型轰炸机和一款摄影侦察机）的建造和最初50架的生产批次。第一架原型机在1940年11月25日试飞。

第一次作战飞行

PR"蚊"式（PR Mosquito）战机是第一批服役的机型，1941年9月被派往位于牛津郡本森的英国皇家空军第一摄影侦察部队。第一次作战飞行是在9月20日。1942年5月，第一批"蚊"式B.IV轰炸机交付位于诺福克郡的第105空中中队，第一次作战飞行在5月31号。"蚊"式夜间战机也被生产出来，这款飞机逐渐从"英俊战士"手上接管了大英帝国的夜间防御任务。

1942年5月和6月，英国皇家空军动用成千架轰炸机空袭科隆、埃森和不来梅，对其造成实质性打击。轰炸机指挥部依靠大量飞机攻击目标的能力开始引起纳粹德国空军的严重关切，他们意识到德国的空中防御严重不足。德国的畏惧在1942年夏天进一步加强，此时美国第八空军第一轰炸机中队开始在英国基地活动。他们装备着波音B-17"空中堡垒"（Flying Fortress），在这随后的一年里，他们在强劲的战斗机护航的保护下实施了针对位于法国和低地国家目标的多次日间空袭。

德国方面通过两款主力战机应对这些空袭——梅塞施密特Bf 109F和福克-沃尔夫Fw 190，它们都是令人敬畏

米格和古列维奇合伙企业在1940年推出首款在同年3月1日
完成首飞的战斗机I-61（米格-1）。作为一款具有开放式
驾驶舱的战斗机，它并不是非常成功的设计

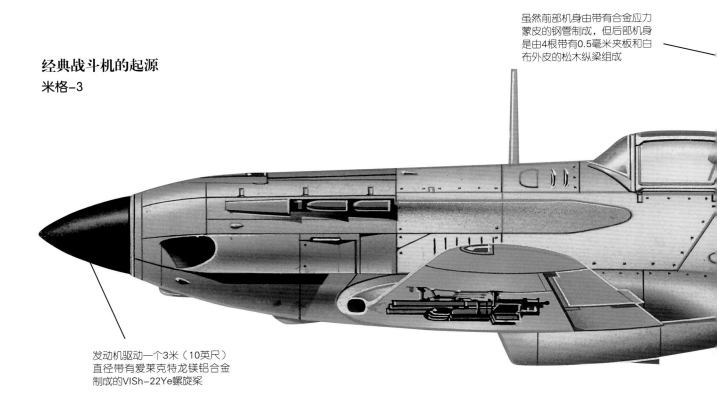

虽然前部机身由带有合金应力蒙皮的钢管制成，但后部机身是由4根带有0.5毫米夹板和白布外皮的松木纵梁组成

经典战斗机的起源
米格-3

发动机驱动一个3米（10英尺）直径带有爱莱克特龙镁铝合金制成的VISh-22Ye螺旋桨

Yak-1

机型：单座战斗机和战斗轰炸机
发动机：一台782千瓦（1050马力）"克里莫夫"M-105 12缸液冷式发动机
最大速度：530千米/小时（329英里/小时）
初始爬升率：7分钟内爬升至5000米（16400英尺）
转弯时间：17.6秒完成360度转弯
作战半径：700千米（435英里）
使用（或实用）升限：9000米（29500英尺）
重量：空机2550千克（5610磅）；加载完毕3130千克（6886磅）
武器装备：1挺20毫米ShKAS机关炮；1挺或2挺ShKAS12.7毫米机关枪；机翼货架可携带6枚RS-82火箭弹
尺寸：翼展　　　　10.00米（32英尺10英寸）
　　　长度　　　　8.48米（27英尺9英寸）
　　　机翼面积　　17.15平方米（185平方英尺）

第一款新型雅科战机
雅科夫列夫Yak-1

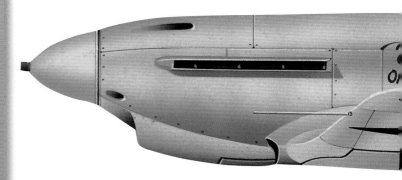

▲ 被称为"美人"的雅科夫列夫Yak-1是俄罗斯最好的早期单翼战斗机，随后发展成为性能卓越的Yak-3

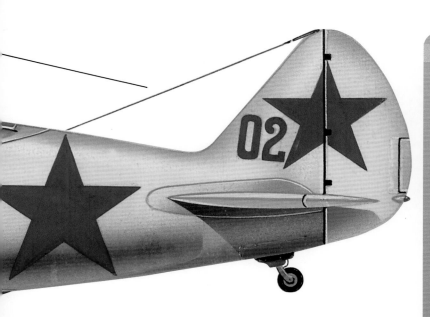

米格-3设计用于高空作战，但在东部前线的战斗一般都发生在中空和低空。在这个高度，德国的Bf 109具有明显的性能优势

米格-3	
机型：单座战斗机	
发动机：一台1007千瓦（1350马力）"米库林"AM-35A 12缸活塞发动机	
最大速度：7800米（25600）高度上640千米/小时（397英里/小时）	
空载连续航距：1195千米（743英里）	
使用（或实用）升限：12000米（39400英尺）	
重量：空机2595千克（5709磅）；最大起飞重量3350千克（7370磅）	
武器装备：1挺12.7毫米布瑞森、2挺7.62毫米 ShKAS航空机枪，外加最多200千克（440磅）炸弹或6枚RS-82火箭弹	
尺寸：翼展	10.20米（33英尺9英寸）
长度	8.25米（27英尺）
高度	3.50米（11英尺6英寸）
机翼面积	17.44平方米（188平方英尺）

机身绘制标语是苏联战斗机的通常特征。这架飞机的机身上写的是："致来自斯达汉诺夫集体农场战斗在斯大林格勒前线的飞行员耶瑞敏（B.N. Yeremin）"

▲伊留申Il-4（DB-3F），战争时期苏联使用最为广泛的轰炸机。在东部战争初期，承担了苏联空军的许多远程轰炸任务

▼小批量建造的佩特利亚科夫Pe-8是为满足苏联空军在1934年发布的一款四引擎远程重型轰炸机规范演化而来的。它的首次重要军事行动是参与1941年空袭柏林

的对手。不过，最初对欧洲"边缘"目标的进攻充分鼓励并说服美军即使没有战斗护航机，对德国目标的日间空袭也是可行的——尽管饱受在没有护航机的情况下执行对敌方边境日间攻击任务之苦的英国皇家空军有所警告。

当英国皇家空军和美国陆军航空队（USAAF）各自着手展开轰炸攻击时，北非的战争形势正在快速转变。1942年8月和9月，之前承担防御任务的英国陆军开始调集部队准备发动对德国非洲军团的反攻，导致整个进攻战斗的重担压到沙漠空军（现在已有美国部队可供调配）的身上。如果再算上美国部队——很快成为美国第九陆军航空队，位于中东的盟军空军部队可用的中队总数在1942年10月上升到96支。

10月23日，英国第八军团的反攻在阿拉曼打响，之前重型轰炸机对敌军飞机场进行了空袭。沙漠空军的战术战斗机——轰炸机中队整体实力让敌军感到震惊，德军在11月4日溃败。通向西方的海岸公路挤满了敌军的车队，在被追击到昔兰尼加的过程中不断遭到战斗机——轰炸机的折磨。

大规模登陆

11月8日，盟军发动"火炬行动"（Operation Torch）——英国和美国部队在法属摩洛哥和阿尔及利亚海岸线大规模登陆。英军的登陆由代号为"敬畏者"（Formidable）、"胜利者"（Victorious）、"暴怒者"（Furious）、"百眼巨人"（Argus）的舰队航母以及代号为"诈欺者"（Biter）、"猛冲者"（Dasher）、

▼图中是在一家物质享受是次要考虑的苏联工厂建造中的佩特利亚科夫Pe-2，它是一款非常卓越的轻型轰炸机。同时生产的还有夜间战斗机版本——Pe-3

"复仇者"（Avenger）的护航航空母舰提供支持；美军的登陆由代号为"游侠"（Ranger）、"桑加蒙"（Sangamon）、"萨旺尼"（Suwannee）和"桑堤"（Santee）的航母提供掩护。这是一次令人敬畏的海军空中力量展示，海军飞机在海岸上方提供空中掩护直到占领对方机场，让从直布罗陀海峡起飞的战斗机能够降落。

陷于两支盟军"铁钳"之间的德军试图在突尼斯建立新的防御工事，控制大量港口运输物资。1943年4月，英国第八军团与美国第二军团连接起来发动了对突尼斯的最后突围，一路上战斗机—轰炸机部队一直处在战斗的最前线。1943年5月13日，在突尼斯的轴心国部队投降，他们的补给线被马耳他基地的飞机、潜艇和沙漠空军切断，并摧毁了大量德国运输机。

两个月后，在一次空降部队大规模参与的行动中，盟军进入西西里岛，这将为他们几周后进入意大利提供了一个跳板。9月，意大利政府准备与盟军签订休战协议，这使得意大利没有取得唾手可得的胜利。在盟军沿着半岛向上顽强掘进的过程中，仍然忠于纳粹的德国和意大利部队凶狠抵抗。不过，对意大利核心机场的占领意味着盟军轰炸机现在也可以从这些地区飞往德国的目标。

如果盟军不能控制大西洋，盟军就无法安全地在北非登陆，同时也无法保证从美国直接运往北非的物资通道的安全。在这方面，航空技术扮演了越来越重要的角色。1940年年底，海上战争已使得同盟国和中立国损失了1281艘船只，其中585艘被德国U型潜水艇（U-boats）击沉。这一时期德国潜水艇的损失总计32艘，没有一艘是单独被飞机降服的。然而，技术的进步开始在对抗潜艇的战斗中发挥作用，1941年年初，英国皇家空军海岸司令部大约1/6的海上巡逻机安装了机载水面舰艇探知雷达（ASV radar）。当然，这种设备仍处于开发的早期阶段，到目前为止仅在U型潜水艇完全浮出水面、距离搜寻飞机大约5千米（3英里）时才有效。

在初期阶段，皇家空军依靠两款主要的海上巡逻机。第一款是1938年开始服役的绍特"桑德兰"（Sunderland）。将"桑德兰"作为一种反潜武器的主要典范之一是澳大利亚皇家空军第10中队，它的基地在英国，首次试验了一组安装在飞机机头两旁的4挺0.303英寸机关枪（总的武器装备上升到10挺机枪）。改进的向前

▲三菱A6M零式战斗机是自太平洋战争爆发以来参战双方战斗机中最好的一款。不过，由于结构较轻、缺乏装甲钢板，它无法承受如美国战斗机造成的伤害

开火武器意味着"桑德兰"能够在俯冲时对浮出水面的U型潜水艇实施有效打击。而且由于安装着10挺机枪,这款水上飞机成为敌军战斗机的一个威胁,在战争初期阶段对它加倍小心。德军还给"桑德兰"起了一个绰号:豪猪。

军用洛克希德14型

另一款海上巡逻机洛克希德"哈得逊"（Hudson）,是20世纪30年代最成功的机型之一——洛克希德14型（Lockheed Model 14）双引擎商务班机——的军用版本。1938年,英国航空部发布海上侦察机规范后,这款飞机在很短的时间推出并取代了皇家空军海岸指挥部空中中队现役的阿弗罗"安森"。皇家空军最初订购了200架,第一批在1939年5月被送往位于苏格兰卢赫斯的第224空中中队。洛克希德公司提供了350架"哈得逊I"和20架"哈得逊II"（与I型基本相同,只是螺旋桨有所区别）,随后又推出了改进的"哈得逊III"。

不过,"桑德兰"和"哈得逊"都不具备足够的巡航能力以覆盖U型潜水艇搜寻盟军护航船所经常出没的危险的大西洋中部海域。1942年,随着护航航空母舰及补充的舰载反潜战斗机的引入,事态有所好转,但是直到美国团结公司生产的B-24"解放者"（B-24 Liberator）和"卡特琳娜"（Catalina）超远程海上轰炸机加入战斗,与海军猎潜艇群相互呼应,大西洋战争的局势才开始真正转变。

三菱A6M 零式战斗机

机型: 单座舰载战斗轰炸机
发动机: 一台843千瓦（1130马力）中岛NK1F荣21星形发动机
最大速度: 565千米/小时（350英里/小时）
空载连续航距: 加挂副油箱的情况下1800千米（1200英里）
使用（或实用）升限: 11740米（38500英尺）
重量: 空机1876千克（4000磅）；加载完毕2733千克（6025磅）
武器装备: 发动机上两挺7.7毫米600发机关枪,每个机翼上两门20毫米100发99型机关炮,机翼下两枚60千克（130磅）炸弹
尺寸: 翼展　11.00米（36英尺1英寸）
　　　　长度　9.12米（29英尺11英寸）
　　　　高度　3.60米（11英尺6英寸）
　　　　机翼面积　21.30平方米（230平方英尺）

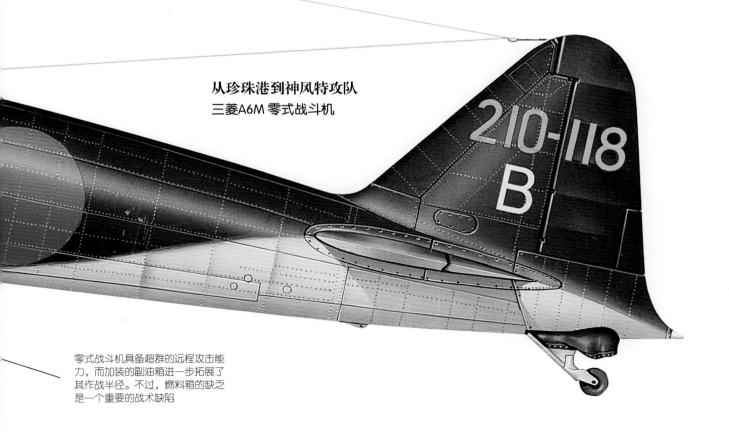

从珍珠港到神风特攻队
三菱A6M 零式战斗机

零式战斗机具备超群的远程攻击能力,而加装的副油箱进一步拓展了其作战半径。不过,燃料箱的缺乏是一个重要的战术缺陷

▲在太平洋空战中，矮胖的小型格鲁曼F4F"野猫"是同盟国坚持使用的战机，直到能够部署更为先进的战机。在中途岛和瓜达尔卡纳尔岛的战役中它特别有名

▼绍特"斯特灵"是英国皇家空军首款四引擎重型轰炸机。其作战升限不太理想，渐渐转为执行有极好表现的运输任务

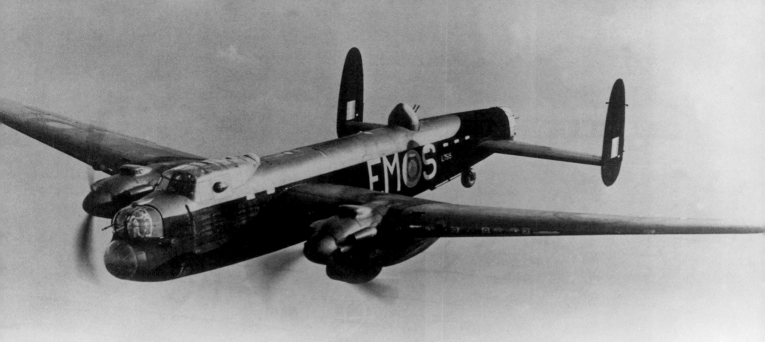

▲英国皇家空军第207空中中队的一架阿弗罗"曼彻斯特"。虽然它拥有可靠的机身设计，但其罗尔斯·罗伊斯"秃鹰"发动机被证明是灾难性的，很容易意外起火

▼第139空中中队的德·哈维兰"蚊"式B.IV轻型轰炸机。"蚊"式战机是第二次世界大战期间英国皇家空军武器库中最多才多艺的机型，扮演从侦察机到反潜战斗机的多个角色

亨德里·佩奇"哈利法克斯"

机型: 7座远程重型轰炸机;也是兵力运输机和远程反潜战斗机

发动机: 4台1214千瓦(1613马力)布里斯托"大力神"XVI14缸星形活塞发动机

最大速度: 500千米/小时(281英里/小时)

空载连续航距: 最大炸弹负荷的情况下2000千米(1240英里)

使用(或实用)升限: 7315米(24000英尺)

重量: 空机17345千克(38159磅);加载完毕29484千克(64865磅)

武器装备: 机头、背部四角、尾部炮塔共9挺7.7毫米机关枪,外加最多5897千克(13200磅)炸弹装载量

尺寸: 翼展   31.75米(104英尺)
      长度   21.82米(72英尺)
      高度   6.32米(21英尺)
      机翼面积 118.45平方米(1275平方英尺)

伟大的全能型选手
亨德里·佩奇"哈利法克斯"

摧毁水坝的轰炸机
阿弗罗"兰开斯特"

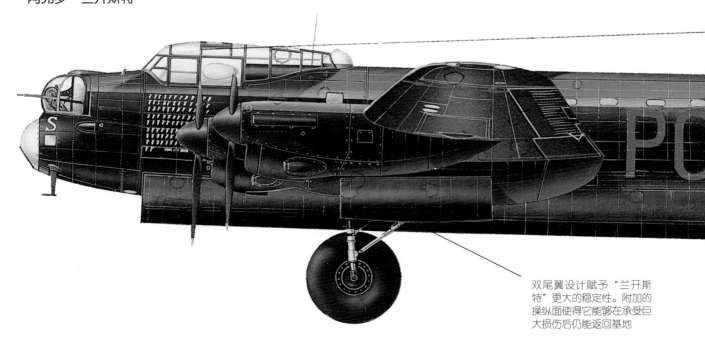

双尾翼设计赋予"兰开斯特"更大的稳定性。附加的操纵面使得它能够在承受巨大损伤后仍能返回基地

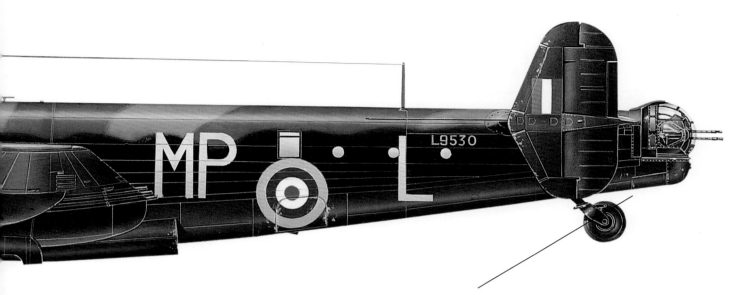

▲图中是身披第76中队代码的亨德里·佩奇"哈利法克斯",它是英国皇家空军第二款四引擎重型轰炸机。虽然后来的"兰开斯特"让它黯然失色,但"哈利法克斯"还是有卓越的表现

所有"哈利法克斯"轰炸机都装备有四机枪的尾部炮塔以对抗通常从后面进行攻击的德国夜间战斗机

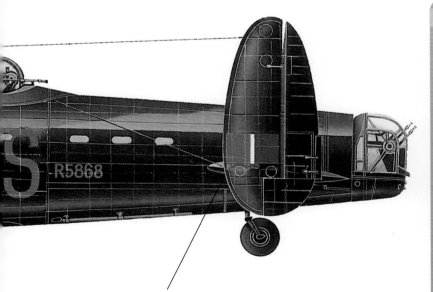

"兰开斯特"成功的关键是其宽敞的能容纳7吨炸弹的炸弹舱,经过改装后,它能携带惊人的10吨炸弹

阿弗罗"兰开斯特"B.Mk I

机型: 7座重型轰炸机

发动机: 4台1223千瓦(1750马力)梅林24倒置内联活塞发动机

最大速度: 3500米(11480英尺)高度上462千米/小时(286英里/小时)

空载连续航距: 6350千克(13970磅)炸弹负荷的情况下2700千米(1674英里)

使用(或实用)升限: 7467米(24492英尺)

重量: 空机16783千克(36923磅);加载完毕30845千克(67859磅)

武器装备: 早期生产版本,9挺7.7毫米布朗宁机关枪外加最多6350千克(13970磅)炸弹装载量

尺寸: 　翼展　　　　31.09米(102英尺)

　　　　长度　　　　21.18米(69英尺)

　　　　高度　　　　6.25米(20英尺)

　　　　机翼面积　　120.49平方米(1296平方英尺)

▲美国第八空军第381轰炸机组第532中队的波音B-17"空中堡垒"。1943年6月至1945年6月,这个轰炸机组的基地设在英国艾塞克斯的里奇维尔

▼福克-沃尔夫Fw 190是一款强大的战斗机,1942年给盟军带来严重的问题。图中是一架缴获的样机在美国进行评估飞行

▼标有美国陆军航空队记号的一架洛克希德A-28"哈得逊"。英国皇家空军在战争爆发前购买的"哈得逊"被证明为一款有用的反潜武器

▼一架位于北爱尔兰弗马纳郡系泊处的绍特"桑德兰"水上飞机。从这一基地起飞，"桑德兰"长途跋涉到大西洋上追击德国的U型潜水艇

这在很大程度上要归功于反潜武器的改进。在英国皇家空军与德国潜艇的早期遭遇战中，标准的113千克（250磅）炸弹被用于攻击U型潜水艇。直到1940年，深水炸弹才被认为是真正有效的反潜武器。不过，装填阿马托炸药（Amatol）的早期深水炸弹的可靠性让人不敢恭维——在接触海面时易于碎裂。1941年，经过改进的被称为"铝末混合炸药"（Torpex）的新型爆炸物引入，其效力要比阿马托炸药高30%。

新武器

1943年5月，英国和美国巡逻机开始装备一种新武器。这种武器就是Mk 24，它实际上是一种美国开发的带有声波的自动引导（acoustic homing）弹头的空中发射鱼雷。"解放者"轰炸机中队在携带常规的深水炸弹的同时安装了两枚Mk 24鱼雷。在攻击浮出水面的U型潜水艇中还使用了火箭弹，机载探照灯用来照亮夜间从法国基地出发跨过比斯开湾时浮出水面的U型潜水艇。

1942年年底，当西部盟军奋力保卫至关重要的大西洋生命线时，斯大林格勒战役在东部前线如火如荼地展开。苏联新型战机登场，在地面攻击方面最重要的是伊留申Il-2攻击机。这款战机在1941年开始服役，早期版本是一款单座机，由于缺乏后面的保护而增加了使用的成本。改进版的单座机Il-2M安装了动力更强的发动机和新型武器，在1942年秋开始抵达前线部队，在那年冬天的斯大林格勒战役中被大量使用。与此同时，进一步的改进正在进行之中，前面部分的装甲向后延伸至炮手的后座舱。1943年8月，经过改进的新型双座战机Il-2M3交付使用，在东部前线发挥了突出而且常常是决定性的作用。

最终，苏联拥有了能和对手匹敌的战斗机。拉沃契金设计局推出了La-5，它演变自早期的LaGG-3，是应苏联空军——1941年下半年在纳粹德国空军手上遭受了令人震惊的伤亡——的急切要求设计出来的，是一款可以与梅塞施密特109抗衡的现代战

B-24 "解放者"

机型：可容纳10名机组人员的重型轰炸机

发动机：4台895千瓦（1200马力）普拉特·惠特尼R-1830-43 "双黄蜂"星形活塞发动机

最大速度：488千米/小时（300英里/小时）

空载连续航距：2896千米（1810英里）

使用（或实用）升限：9900米（32500英尺）

重量：空机15413千克（34000磅）；最大起飞重量27216千克（60000磅）

武器装备：机头一挺12.7毫米机枪，背部炮塔、尾部炮塔、伸缩式球形炮塔和腰部位置两挺机枪，外加最多3629千克（8800磅）内部炸弹装载量

尺寸：
翼展	33.52米（110英尺）
长度	20.22米（66英尺4英寸）
高度	5.46米（17英尺11英寸）
机翼面积	97.36平方米（1048平方英尺）

美国的远程轰炸机
团结公司B-24 "解放者"

▲图中是一架被涂成沙漠粉红色的团结公司B-24 "解放者"，它是第376轰炸机组第47轰炸联队的领袖战机

▲一架团结公司的PBY-5A "卡特琳娜" 远程轰炸机。凭借其超长的飞行时间，"卡特琳娜" 为扭转大西洋战局做出重要贡献。英国皇家空军的15个空中中队装备了它

非常长的翼展使得B-24具备卓越的远程巡航能力和高空性能。温斯顿·丘吉尔使用一架改装的B-24作为其在第二次世界大战期间的私人海外飞行座驾

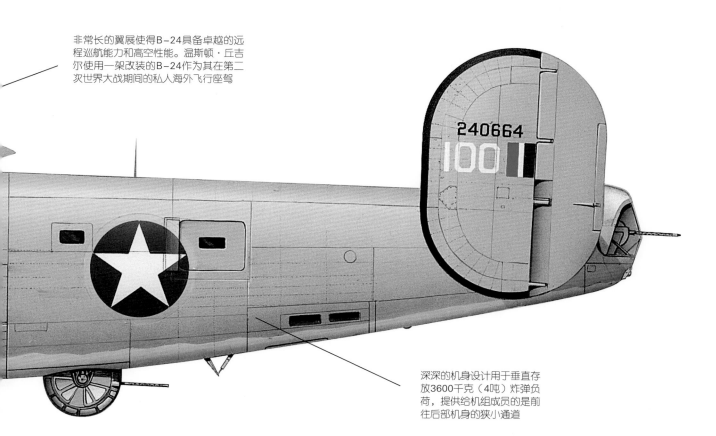

深深的机身设计用于垂直存放3600千克（4吨）炸弹负荷，提供给机组成员的是前往后部机身的狭小通道

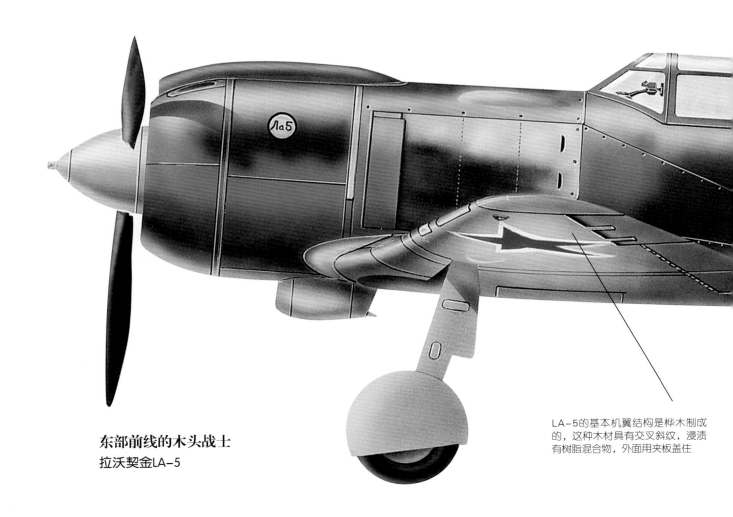

东部前线的木头战士
拉沃契金LA-5

LA-5的基本机翼结构是桦木制成的，这种木材具有交叉斜纹，浸渍有树脂混合物，外面用夹板盖住

▼双座伊留申II-2M3攻击机为俄罗斯在1943年东线战争的胜利立下卓越功勋。它是一款非常高效的地面攻击机，自我防御能力也很强

▲拉沃契金La-5FN基本上是LaGG-3的星形发动机驱动版，在有经验的战斗机飞行员手上，它是一款不错的飞机。俄罗斯的领袖级空中王牌伊万·阔日杜布驾驶的就是这一机型

机。谢苗·拉沃契金（Semyon Lavochkin）基本保留了LaGG-3的机身（重量轻，木质结构且容易组装），安装了一台992千瓦（1330马力）什韦佐夫M-82F星形发动机。其他修改包括：缩短的后机身，大大改进的飞行员能见度和火力更强的武器装备。雅科夫列夫（Yakovlev）设计局推出了Yak-9——性能卓越的Yak-1的改进版。Yak-9是一款超级战斗机，为在东部前线上空赢得空中优势发挥了重要作用。Yak-1的另一个改进版是Yak-3，它在1943年夏初抵达前线。6月，库尔斯克决战爆发，这场战役中大规模部署了装甲编队和地面攻击战机。战斗以苏联获胜告终，随后苏联军队疾驰过东欧，最终打到了柏林。

拉沃契金La-5FN	
机型：战斗拦截机	
发动机：一台1231千瓦（1650马力）什韦佐夫 M-82FN星形活塞发动机	
最大速度：650千米/小时（403英里/小时）	
空载连续航距：765千米（475英里）	
使用（或实用）升限：11000米（36000英尺）	
重量：空机2605千克（5737磅）；加载完毕 3360千克（7932磅）	
武器装备：2或3挺20毫米shVAK或23毫米NS 机关炮，外加机翼下158千克（350 磅）炸弹装载量或4枚82毫米火箭弹	
尺寸：翼展	9.80米（32英尺）
长度	8.67米（28英尺）
高度	2.54米（8英尺）
机翼面积	17.59平方米（189平方英尺）

惊人的极为难得的成就

在太平洋，战争的优势同样开始转向盟军一方。在这一战场，盟军的主力战机仍是格鲁曼F4F"野猫"、贝尔P-39"空中眼镜蛇"（Airacobra）和寇蒂斯P-40，但一款新型远程战机——洛克希德P-38——开始被越来越多地使用。1943年4月18日，美国第339战斗机中队的飞行员驾驶P-38完成一项惊人的极为难得的成就，他们从瓜达尔卡纳尔岛出发飞到作战半径的极限后，击落了一架G4M"贝蒂"（G4M Betty）轰炸机，日本联合舰队总司令、策划偷袭珍珠港行动的山本五十六就在这架飞机上。太平洋战争中"得分最高"的两位美国飞行员——理查德·邦格（Richard I. Bong）少校和汤米·麦圭尔（Tommy McGuire）——驾驶的都是P-38。

1943年年初，一些美国海军陆战队中队开始重新装备一款新型的动力强劲的战斗机——沃特F4U"海盗"（Vought F4U Corsair）战机，2月份它被部署到瓜达尔卡纳尔岛。一位飞行员驾驶这款战机取得了惊人的成就，他就是VMF-215海军陆战队中队的罗伯特·汉森（Robert Hanson）中尉。他在腊包尔（巴布亚新几内亚城市）上空艰苦的决斗中名声大振。1944年1月14日，汉森参加了一系列创造纪录的第一战，击落了一个由70架零式战机组成的试图拦截美国轰炸机的空中编队中的5架飞机。他在腊包尔上空的后5次出击摧毁了15架敌军战斗机，由此创造的纪录是在17天的时间里击落了20架敌机。

不过，真正改变太平洋战争进程的美国战斗机是格鲁曼F6F "地狱猫"（F6F Hellcat）。"地狱猫"的首飞是在1942年6月26日，其设计得益于其前身——"野猫"战机——辛苦得来的经验教训。第一批"地狱猫"战机在1943年1月16日交付使用，第一次参战是在同年8月31日的马库斯（西大西洋加罗林群岛之一）上空。"地狱猫"将在美国海军所有行动中扮演重要角色。

1943年，日本飞行员的专业水平开始明显下降。大日本"帝国"海军最优秀飞行员主力的损失（其中很多人在太平洋战争开始之前参与了入侵中国的大量战斗）最终开始显现出来。当新型美国战机抵达太平洋战场，日本开始遭受可以说是令人惊愕的损失。

马里亚纳猎火鸡大赛

在整个太平洋战争期间，日本遭受的最具毁灭性的空中打击出现在1944年6月的菲律宾海海战（Battle of the Philippine Sea）。在这场战斗中，舰载战斗机为抢占马里亚纳群岛提供空中掩护。6月11日，在第一批主力战机掠过岛屿时，舰载战斗机摧毁了1/3的空中防御力量。6月19日，随着水陆两方面展开全力进攻，大量日本轰炸机和鱼雷轰炸机对特遣部队进行一系列绝望的反击；他们被240千米（150英里）外的雷达侦测到，舰载战斗机等着捕食"猎物"。接下来的空战是一边倒的大屠杀，在历史上被美国人戏称为"马里亚纳猎火鸡大赛"（Marianas Turkey Shoot）。美国空中战斗巡逻和防空部队击落了325架敌机，其中包括328架从日本航空母舰上起飞的战斗机中的220架。美国在战斗中损失了16架"地狱猫"战机，还有7架被日本战斗机或地面防空部队击落。

在欧洲，对德国的战略空中进攻进展顺利。美国承担的针对一个德国目标的日间任务——1943年1月由数量

东部前线的战斗机
雅科夫列夫Yak-9

相对较少的B-17"空中堡垒"空袭威廉港如入无人之境，似乎进一步证实了美国人对重型轰炸机的自信，即他们的"空中堡垒"具备足够的防御火力以阻止大部分战斗机的攻击。不过，没过多久，下定决心的一批纳粹德国空军将这一信念彻底击碎。

第八空军的空袭在规模上持续扩大，为此付出的代价也不断增加。当德军反击重型轰炸机的经验不断累积，美国的损失在1943年4月和5月上升到一个非常高的水平；不过，真正的考验还在后面。

全天候进攻

1943年6月，英国皇家空军和美国陆军航空队携手展开"特战先锋行动"（Operation Pointblank）——对德国军事工业进行全天候的轰炸。在进攻实力方面，第八空军装备精良，足以应付这类行动，它已拥有15个轰炸机群。深入敌方的日间轰炸任务面临的最大障碍就是缺乏远程战斗机护航机。英国皇家空军的"喷火"战机的巡航距离仅够将轰炸机护送到跨过荷兰的半程，而美国陆军航空队的P-47"霹雳"和P-38"闪电"战机能够抵达德国的西部前线。为改变这种情况，美军在P-38和P-47机翼下和腹部悬挂

Yak-9D

机型：单座远程战斗机/地面攻击机
发动机：一台940千瓦（1260马力）克利莫夫VK-105PF-1液冷活塞发动机
最大速度：在海平面533千米/小时（330英里/小时）；在3650米（12000英尺）高度上597千米/小时（370英里/小时）
空载连续航距：1360千米（843英里）
使用（或实用）升限：10000米（33000英尺）
重量：空机2420千克（5324磅）；最大起飞重量3115千克（6850磅）
武器装备：装于机头整流罩的一挺20毫米shVAK机关炮；一挺装于发动机整流罩的12.7毫米机关枪
尺寸 翼展 9.74米（31英尺11英寸）
长度 8.50米（27英尺10英寸）
高度 2.6米（8英尺6英寸）
机翼面积 17.15平方米（185平方英尺）

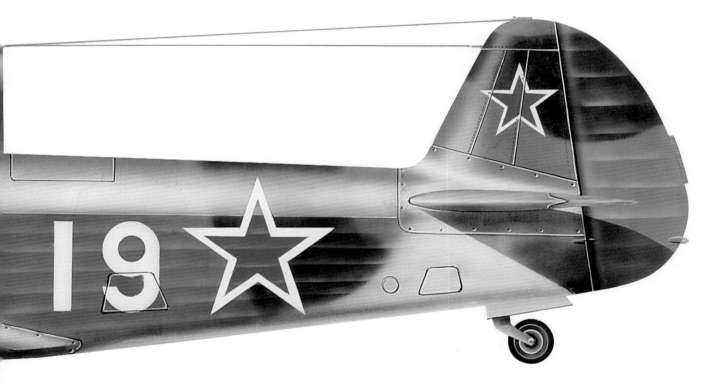

Yak-9起落架下的宽轮距使得飞机可以从高低不平的机场起落，很少出现着陆事故

▲从Yak-1演化来的雅科夫列夫Yak-9是一款极好的战斗机，在1944年大进攻中为确立苏联的空中优势发挥了重要作用

洛克希德P-38"闪电"的主
要优点是其远程巡航能力，
这使得它能够在太平洋广阔
的海面上驰骋，并将轰炸机
护航到德国内地

F4U-1A "海盗"式战斗机

机型：单座可舰载战斗轰炸机

发动机：一台1492千瓦（2000马力）普惠
R-2800-8"双黄蜂"18缸星形活塞发
动机

最大速度：在6605米（20000英尺）高度上671
千米/小时（417英里/小时）

空载连续航距：1650千米（1010英里）

使用（或实用）升限：11247米（37000英尺）

重量：空机4074千克（9000磅）；加载完毕
6350千克（14000磅）

武器装备：6挺12.7毫米布朗宁M2机关枪，每挺
机枪有400发（舷外）或375发（舷
内）子弹；最多可携带1800千克
（4000磅）炸弹或火箭弹

尺寸：翼展   12.49米（41英尺）
长度   10.16米（33英尺5英寸）
高度   4.90米（15英尺1英寸）
机翼面积 29.17平方米（314平方英尺）

▲格鲁曼F6F"地狱猫"吸收了其前身——F4F"野猫"战机——在艰苦卓绝的战斗中学到的所有经验教训并在设计上予以改进。从1943年开始，它为美国夺回了空中优势

"海盗"式战斗机的倒转鸥翼赋予巨型螺旋桨额外的离地净高；它们还确保机翼与机身的连接呈直角，以造成最小的干扰阻力

太平洋上的胜利
F4U "海盗"式战斗机

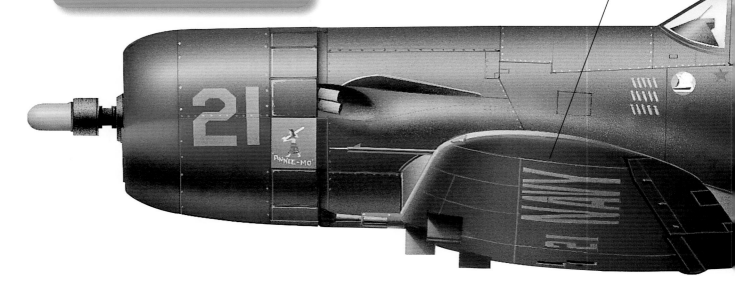

▲三菱G4M（被盟军称为"贝蒂"）很容易受到攻击也很容易起火，因此获得了"飞行打火机"的绰号。这些飞机身上的绿十字标志表明它们已经投降

▼F4U"海盗"式战斗机是太平洋战争期间美国海军陆战队和英国皇家海军的主力机型。战后，它在朝鲜战争中又发挥了突出作用

驾驶舱置于正后方，造成飞行员的能见度很差，而且早期给飞机带来着陆问题

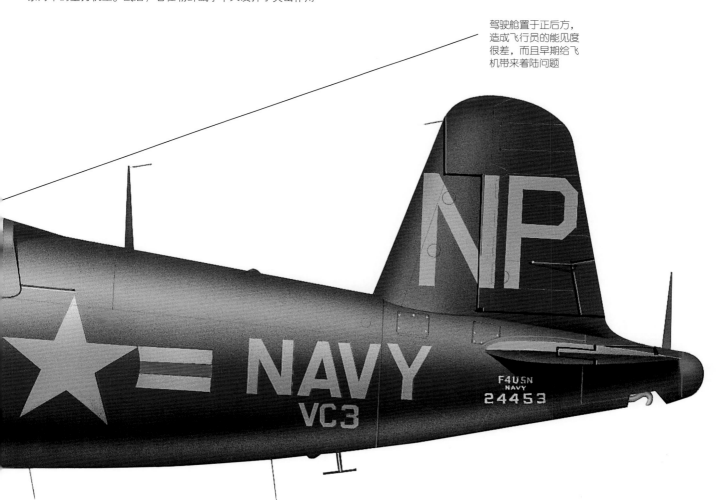

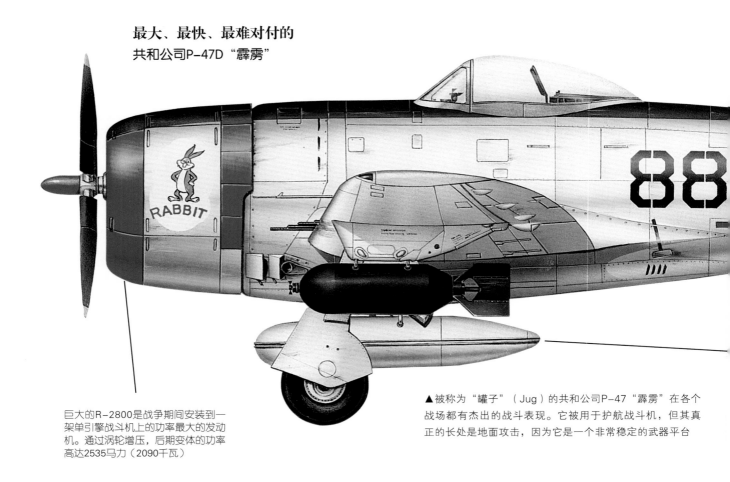

最大、最快、最难对付的
共和公司P–47D"霹雳"

巨大的R–2800是战争期间安装到一
架单引擎战斗机上的功率最大的发动
机。通过涡轮增压，后期变体的功率
高达2535马力（2090千瓦）

▲ 被称为"罐子"（Jug）的共和公司P–47"霹雳"在各个
战场都有杰出的战斗表现。它被用于护航战斗机，但其真
正的长处是地面攻击，因为它是一个非常稳定的武器平台

了副油箱，但不久后，德军战斗机领导者运用了新的对消除美军优势有很大帮助的作战技巧。福克–沃尔夫和梅塞
施密特战机将在美军战机飞越荷兰海岸时对其进行攻击，逼迫他们抛弃副油箱以增加机动性。

　　1943年7月的最后一周，第八空军实施了针对敌方目标的5次主要进攻，损失了88架轰炸机。进入8月，迎来
了一系列"粉碎性"冲击中的第一波。8月17日，376架B–17前往轰炸位于施韦因富特的滚珠轴承厂和位于雷根
斯堡的梅塞施密特战机装配厂，这是迄今为止第八空军实施的最为深入的轰炸任务。雷根斯堡部队正要飞往北
非。两个目标都被袭击，但为此付出的代价是60架轰炸机被击落、大约100架受损。

　　足足过了5个星期，美国才从这次打击中恢复过来，实施针对德国的进一步远程轰炸任务。当攻击再次开
始，8月的教训甚至变本加厉地再次出现。在10月8日至14日这一周的时间里，美国损失了148架轰炸机和1500名
机组成员。在10月14日对施韦因富特的又一次攻击中，纳粹德国空军的战斗机完成500架次的出击，摧毁了参战
的280架轰炸机中的60架。

主要战斗

　　德国夜间作战技术的发展也开始给英国皇家空军轰炸机指挥部造成严重损失。1943年8月和9月对柏林的三次
主要袭击损失了123架"兰开斯特"和"哈利法克斯"轰炸机，另有114架受损。随着更为先进的机载拦截雷达和
射击策略——如安装从轰炸机下面掠过能够向上射击的机关炮——的引入，德国夜间战斗机对英国轰炸机指挥部
造成了严峻挑战，而他们的成功率在1944年春到达顶峰。在德国上空进行的三场主要战斗中，英国皇家空军遭受
了严重损失；最惨的一次是在3月30日晚上，轰炸机指挥部在攻击纽伦堡时损失了95架重型轰炸机，71架受损。

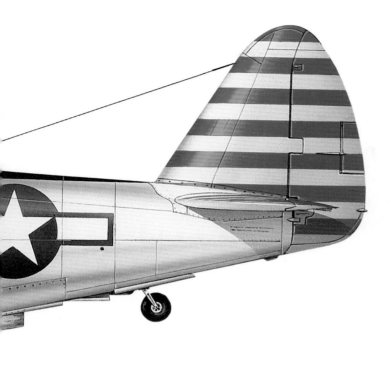

P-47D "霹雳"

机型：单座战斗机和战斗轰炸机

发动机：一台1715千瓦（2535马力）普惠
　　　　R-2800-59 "双黄蜂" 18缸星形发动机

最大速度：697千米/小时（430英里/小时）

空载连续航距：加挂副油箱的情况下3000千米
　　　　　　　（1860英里）

使用（或实用）升限：13000米（42000英尺）

重量：空机4853千克（10660磅）；加载完毕
　　　7938千克（17500磅）；后期版本加载完
　　　毕可达9390千克（20700磅）

武器装备：8挺12.7毫米布朗宁M2机关枪，每挺
　　　　　机枪有267~500发子弹；最多可外
　　　　　部加载1134千克（2500磅）炸弹、
　　　　　凝固汽油弹或8枚火箭弹

尺寸：长度　　　　11.02米（36英尺2英寸）
　　　翼展　　　　12.42米（40英尺9英寸）
　　　高度　　　　4.30米（14英尺2英寸）
　　　机翼面积　　27.87平方米（300平方英尺）

副油箱大大增加了P-47已经很
骄人的巡航能力。P-47改变了
空战格局，因为它的远程能力
意味着轰炸机现在可以在往返
柏林的飞行中得到全程护送

▼第361战斗机组第375战斗机中队的一架P-51D "野马"，图中是它在1944年年底执行一次飞往德国的护航任务。第361战斗机组在英国的基地位于剑桥郡的博迪汉姆和艾塞克斯郡的小瓦尔登

超级坦克摧毁者
霍克"飓风"Mk IB

"飓风"的机翼是一种立体结构，使得飞机能够携带大号炸弹、以差不多800千米/小时（500英里/小时）的速度进行动力俯冲

当美军在1943年的日间轰炸中承受着损失踉跄前行时，很清楚的一点是：急需一款合适的远程护航战斗机，才能让战局转向有利于自己，同年底他们做到了。北美P-51"野马"（P-51 Mustang）战机起初是为响应皇家空军1940年发布的快速、火力强劲、能够在6100米（20000英尺）以上高度有效运转的战斗机规范生产的。美国在117天后造出原型机，这款飞机被指定为"NA-73X"，1940年10月26日完成首飞。为英国皇家空军生产的第一批320架"野马I"在1941年5月1日试飞，安装的是820千瓦（1100马力）艾利森V-1710-39发动机。皇家空军试飞员很快发现，安装了这台发动机，飞机在高空表现得并不好，但其低空性能十分卓越。因此决定将这款战机用于高速地面攻击和战术侦察。1942年7月，它开始在陆军协同司令部（Army Co-operation Command）服役。

猎杀纳粹德国空军

美国陆军航空队（有点迟钝地）认识到这款战斗机的潜能并评估了两架早期生产的代号为P-51的"野马I"。英国皇家空军认为，如果重新安装罗尔斯·罗伊斯梅林发动机，P-51会有更好的性能，可以作为高空拦截机使用。安装了新的整体式座舱盖后，它成为P-51D。第一批P-51D在1944年春末抵达英国，很快成为美国陆军航空队第八战斗机司令部的标准装备。毫无疑问，"野马"在对德军的日间战中赢得了胜利。它们从英国和意大利的基地起飞，不仅为参与对希特勒帝国"双管齐下"（two-pronged）袭击的轰炸机提供护航，还猎杀了停在机场的纳粹德国空军。

1944年3月6日，"野马"首次出现在柏林上空，参与开战以来最为惨烈的空战之一：200架德国战斗机对抗660架重型轰炸机及其护航战斗机。战争结束时，美国损失了69架轰炸机和11架战斗机，而德国损失了80架——几乎是防御力量的一半。

接下来的几周，盟军战略空中力量被用于战术角色，袭击了位于法国的通信系统、补给仓库和炮位，为即将

▼第181空中中队——隶属第二战术空军的一支战术战斗机联队，而霍克"飓风"，这个中队在转移到诺曼底之前部署在英格兰南部

在1944年6月进入法国之前，所有同盟国战机都涂上巨大的"进攻条纹"

霍克"飓风"Mk IB

机型：单座战斗轰炸机

发动机：一台1626千瓦（2180马力）纳皮尔"佩刀"IIA内联活塞发动机

最大速度：在6000米（19685英尺）高度上664千米/小时（413英里/小时）

空载连续航距：975千米（606英里）；加挂副油箱的情况下1500千米（932英里）

使用（或实用）升限：10700米（35100英尺）

重量：空机3992千克（8800磅）；加载完毕6010千克（13250磅）

武器装备：4挺20毫米140发希斯帕诺机关炮；2枚最多454千克（1000磅）炸弹

尺寸：翼展　　　12.67米（41英尺7英寸）

　　　长度　　　9.73米（31英尺11英寸）

　　　高度　　　4.52米（14英尺10英寸）

　　　机翼面积　25.90平方米（279平方英尺）

▼1944—1945年，英国皇家空军"暴风"Mk V在地面攻击、轰炸火车、摧毁V-1和支援盟军穿过比利时和波兰等方面有成功的表现

到来的1944年6月6日的诺曼底登陆做准备。在诺曼底登陆的过程中，盟军战术空军获得了完全的优势，而且他们在接下来的几个月里——见证了这次战争最大规模的空降作战，盟军试图在1944年9月越过德军占领的领土直到荷兰阿纳姆的莱茵桥铺设"空降地毯"——一直保持这种优势。在向欧洲西北疾驰的过程中，盟军的战斗机–轰炸机进入"全盛时期"，英国皇家空降第二战术空军部队装备火箭的霍克"台风"（Typhoon）和美国第九战术空军部队的共和P–47"霹雳战机"（P–47 Thunderbolt）使得敌军装甲部队的日间行动变得几乎不可能。

在战术层面，纳粹德国空军被打败了。它仅对盟军空中力量尝试着实施了一次试图造成严重损害的打击；这次行动发生在1945年1月1日，在德国反攻阿登高地到达顶峰时——这次行动被称为"突出部战役"（Battle of the Bulge）。在新年这天，1000架低空飞行的德国轰炸机和战斗轰炸机空袭了位于比利时和荷兰的27个盟军机场，在仅仅几分钟内摧毁大约300架英国和美国停在地面的战斗机。这次损耗了纳粹德国空军140架飞机的袭击事实上让战术空军部队瘫痪了一个多星期，但不久后盟军空中力量再次全力出击。纳粹德国空军打完了最后一张牌。

在接下来的几周，"野马"、"霹雳"、"闪电"、"喷火"和"风暴"战机"漫游"在德国上空，搜寻越来越少的纳粹德国空军中队并在其机场进行打击。战斗轰炸机同时狠狠打击了位于德国北部的通信系统，以为"学院行动"（Operation Varsity）做准备，盟军在1945年3月24日跨过了莱茵河。

随着英美部队跨过莱茵河站稳脚跟，苏联部队正从东边逼近，德国抵抗的崩溃不远了。1945年4月30日，当英国皇家空军装备火箭的霍克"台风"战机和美国陆军航空队的"雷霆"式战机掠过德国城镇和乡村破碎街道上最后的装甲部队时，50架福克沃尔夫和梅塞施密特战机试图攻击英国第二集团军的先头部队。"喷火"和"风暴"战机猛扑过来，在经历了激烈的混战后，37架敌机的残骸散布在乡村的各处。

在投放原子弹之前，波音B–29"超级空中堡垒"通过对日本工业城市的空袭对其造成有效削弱。最后，日本的防空在B–29面前显得苍白无力

同一天，阿道夫·希特勒在柏林的废墟下自杀；一个星期后，欧洲的战争宣告结束。

在太平洋，占领马里亚纳群岛具有重大意义，因为这些岛屿为美国陆军航空队提供了一个平台，通过这个平台发动期待已久的对日本本土的战略空袭。在塞班岛、天宁岛和关岛，建造新机场的工作有序推进；1945年1月，这些机场已经可供战略轰炸机——强大的波音B-29"超级空中堡垒"（B-29 Super fortresses）使用。

原子弹

1944年春，第一支装备B-29的部队被部署到印度和中国西南部地区的基地。第一次作战任务是在6月5日攻击被日本占领的曼谷，10天后，对日本本土的空袭启动。1944年3月在马里亚纳群岛建立的5个作战基地大大缩短了B-29的攻击距离，4个轰炸联队被快速从印度和中国的基地重新部署到这里，没过多久第58轰炸联队也参与进来。现在，所有B-29轰炸联队接受总部位于关岛的第21轰炸机司令部的指挥。行动服从一种修订的战术，B-29现在针对日本的主要城市实施大规模的夜间燃烧弹区域攻击，造成了毁灭性后果。

1945年7月，有"野马"战机护航的巨大的B-29编队连同来自航母特遣部队的战斗轰炸机在日本的上空自由翱翔。由于航空工业严重受损，日本强烈感受到前几个月遭受的大规模损失（包括日本空军敢死队神风特攻队自杀式袭击损失的数百架飞机和多名飞行员）产生的后果。

一项利用几乎所有残留飞机参与的更具自杀性的攻击盟军入侵部队的任务计划在8月被阻止，阻止的方式是在广岛和长崎投下两枚原子弹。

梅塞施密特"Me262"在投入使用时是
世界上最快的战斗机，如果用数量更多
些会对美国轰炸机编队造成重创

8 喷气式飞机的起源

在第二次世界大战期间创造的所有里程碑式进步中，对未来飞行产生的影响没有一个可以与世界上首架喷气式作战飞机的推出相媲美

▲英国空军准将弗兰克·威特尔获得了喷气发动机的设计专利并组建了一家名为"动力喷气机"的公司来开发它，不过政府部门对此一直不太重视

自莱特兄弟1903年飞上蓝天以来，在航空领域导致最大飞跃的发展实际上开始于1926年。这一年，一位名叫弗兰克·威特尔（Frank Whittle）的年轻英国皇家空军预备军官进入位于克伦威尔的皇家空军学院。

克伦威尔空军学院课程的一项要求就是每个同学在毕业时必须提交一份论文。威特尔的论文题目为"飞机设计的未来发展方向"，1928年在皇家空军学院内部发表，此时威特尔在克伦威尔学院的学业已经接近尾声。在这篇论文中，他将涡轮发动机描述为航空推进潜在的主要动力源并通过运算支持他的论断。他最初的想法是使用内燃涡轮机（internal combustion turbine）驱动飞机的螺旋桨，但大约一年后他突然意识到可以去掉螺旋桨，将喷气推进作为飞机简单、高效的驱动手段。

威特尔在一位朋友——名叫约翰逊的飞行教练——的劝说下，在1930年1月16日就他的设计申请了专利。威特尔申请了专利的临时阐明书，1931年4月获得批准。不幸的是，由于没有进一步实现其想法的公共基金，威特尔不得不在1934年1月允许其专利权失效。不久之后克伦威尔学院的学长罗尔夫·威廉姆斯（Rolf Williams，因健康问题从皇家空军退役）和另一位前任皇家空军飞行员廷灵（J.C.B. Tinling）找到他，为他提供帮助。1936年，威特尔、威廉姆斯和廷灵组建了一家公司——动力喷气机有限公司（Power Jets Limited），最初的工作开始于一家位于沃里克郡拉格比的隶属于英国汤姆森-休斯敦（British Thomson–Houston）——一家生产蒸汽轮机的公司——的工厂中的一台实验用发动机。

英国皇家空军看到涡轮喷气飞机这一想法的价值，在他毕业的第二年同意资助威特尔的研究项目。后来，他进入特别任务名单（Special Duties List），这样皇家空军就会确保项目的连续性，唯一的规定是威特尔每周要花6个小时在这项研究上。

动力喷气机有限公司的组建促使航空部指示皇家飞机研究院（Royal Aircraft Establishment）重启将内燃机采用为航空推进装置的研究。皇家飞机研究院遵照执行，但集中于开发一种通过螺旋桨提供推动力的设备。直到1939年——航空部科学研究主管派伊（D.R. Pye）博士在同年夏天参观了动力喷气机有限公司——皇家飞机研究院才被要求将精力转到涡轮喷气发动机的研究上，而且在他参观之后，这个项目才开始采取保密措施。不过为时已晚。早在1931年，所有欧洲国家（包括苏联）的大使馆都能够在国王陛下的文书局（His Majesty's Stationery Office）买到专利的复制品。随之而来的是，瑞典的麦洛公司（Milo Company）开始自己的涡轮喷气飞机研究，而在德国，所有研究机构、主要的飞机机身和发动机制造企业都掌握这一概念。

威特尔装置

尽管面对各种问题（技术性的和行政性的），动力喷气机有限公司还是完成了被称为实验用涡轮喷气发动机的"威特尔装置"（Whittle Unit），它由一台离心式压缩机和一台轴流涡轮机组成。1937年4月12日进行了首次

▲海因克尔He 178是世界上第一架喷气动力飞机的原型机。它是一款上单翼飞机，驾驶员座舱设在机翼前缘的正前方

具有戏剧性的试运转，威特尔这样描述这次试运转：

"试验令人恐惧。启动程序按计划进行。通过我设计的一个手势信号系统，发动机被电动机加速到每分钟2000转。我启动燃油喷射系统，另一只手将磁发电机连接到一个带有延长电极的火花塞上以将其点燃；随后我接到来自一位通过小的石英'窗户'观察燃烧室的测试员的信号。当我开始转动燃料供给阀门到主燃烧器时（燃料是柴油），突然，发动机开始失去控制地加速。我立即关掉控制阀门，但失控的加速还在继续。周围的所有人都一溜烟跑了，除了我。我呆若木鸡地待在原地。"

不受控制加速的成因是燃料管线的渗漏在燃烧室内形成了一个燃料池。燃料池被点燃后导致"失控"。很快安装了一根排油管以确保这种情况不会再发生。航空部随后与动力喷气机有限公司签署了一份价值6000英镑的合同，着眼于开发涡轮喷气机的可飞行版本。

在德国，威特尔和他的同事不了解的是，涡轮喷气飞机发动机的研发比英国的情况更严重，航空部缺乏兴趣使得任何感

海因克尔He 178	
机型：单座实验用单翼机	
发动机：一台4.4千牛HeS 3涡轮喷气发动机	
最大速度：700千米/小时（435英里/小时）	
空载连续航距：200千米（125英里）	
重量：空机1620千克（3572磅）；最大起飞重量	
1998千克（4405磅）	
尺寸：翼展　　 7.20米（23英尺3英寸）	
长度　　 7.48米（24英尺6英寸）	
高度　　 2.10米（6英尺10英寸）	
机翼面积 9.1平方米（98平方英尺）	

首架涡轮喷气机
海因克尔He 178

海因克尔He 178是世界上首架以涡轮喷气动力飞行的飞机，也是首架实用的喷气式飞机

He 178在速度上超越了当时所有的活塞驱动飞机，最大速度达到650千米/小时（403英里/小时），巡航速度可达585千米/小时（363英里/小时）

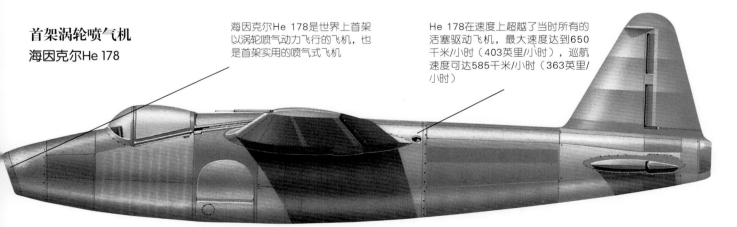

▲直到He 178的首飞完成，喷气机项目严格保密，但从那以后所有努力都是用来引起德国航空部对这种飞机潜力的兴趣

兴趣的团体都能使用威特尔的专利。在容克飞机厂，赫伯特·瓦格纳（Herbert Wagner）于1936年4月开始开发涡轮喷气飞机。同月，在海因克尔公司，汉斯·约阿希姆·冯·奥海因（Hans Joachim von Ohain）博士和威特尔一样早在20世纪30年代初的大学时就开始研究涡轮喷气飞机的概念，将他独特的内燃涡轮机开发成喷气推进装置。冯·奥海因没有将他的想法带到德国航空部（和它的英国同行一样，可能会对此不感兴趣），而是找到飞机制造商恩斯特·海因克尔（Ernst Heinkel），后者在1936年聘用了冯·奥海因和他的助手马克斯·哈恩（Max Hahn）。

冯·奥海因在海因克尔位于曼瑞纳亨机场的一个秘密车间继续他的实验，1937年9月，第一代涡轮喷气发动机样品HeS 1接受了工作台测试（尽管有点控制不住，而且只能用氢气）。它在10000转/分钟时产生了大约250千克（550磅）的推力，类似于弗兰克·威特尔的早期专利。HeS 1工作台测试仅是证明这一概念的方式，成比例模型是用压制钢制成的。

海因克尔测试

1938年3月，经过大量改进的涡轮喷气发动机HeS 3在工作台测试中产生了大约500千克（1100磅）的推力；这次是可控的，燃料是汽油。和威特尔的发动机一样，HeS 3使用离心式压缩机和电感器。来自压缩机的一些空气向前进入逆流式环管燃烧室，而另一部分向后在进入涡轮机之前与燃烧气体混合。向心式涡轮机与压缩机具有类似的配置，由于压缩机和燃烧室的布置，整个发动机具有稍大一些的直径。最大速度是13000转/分钟，重量是360千克（795磅）。

海因克尔着手围绕HeS 3建造一架飞机，这台发动机首先安装在海因克尔He 118——这款飞机在德国航空部新型俯冲轰炸机竞争中没有成功（胜者是容克Ju 87）。在涡轮机烧毁之前，He 118进行了多次试飞，通过这些试飞积累了大量经验，经过大幅度改进的发动机HeS 3b准备安装到世界上第一款喷气式飞机——海因克尔He 178——的原型机上。He 178设计简单，是一款飞行员座舱安放在飞机前缘的单翼机。1939年8月24日，海因克尔的试飞员埃里希·沃斯特（Erich Warsitz）驾驶He 178沿着曼瑞纳亨的跑道完成了一次短距离的"跳跃"飞行。3天后，进行了首次真正意义上的飞行，但在飞机起飞不久发动机突然冒出火焰，据埃里希·沃斯特讲，一只鸟被吸入进气口。沃斯特安全着陆。一个似乎更有道理的解释是由于涡轮发动机的限制——在飞行状态高水平涡轮进气温度的情况下，HeS 3只能运转6分钟——飞行不得不缩减。1939年11月，飞机在一组德国航空部高级别官员的面前进行了展示，但

▼格罗斯特–威特尔E.28/39的第一架原型机在范堡罗升空。飞机安装了一台腹部照相机，水平尾翼上加装了垂直尾翼。在范堡罗时，E.28/39由英国皇家空军的飞行员驾驶

并没引起太大的热情。为支持He 280，He 178的开发被放弃，He 280具有安装在机翼上的涡轮喷气发动机，这款小型飞机最终被送往柏林航空博物馆，1943年连同He 176（一架装有火箭发动机的研究用飞机）被毁。

在英国，动力喷气机有限公司在1938年5月6日遭受一次严重事故，威特尔装置的涡轮发动机在达到13000转/分钟时失败，发动机被毁。威特尔装置重建并做了修改，原来单一的燃烧室被10个小型电力供应系统替代，但重建的过程用了5个月，直到1938年10月试验才得以重新开始。

实验用飞机

威特尔认真考虑了装置转向适航设计的问题，在航空部合约的支持下，威特尔型W1A原型机的研究开始。1940年12月14日，W1X首次试运行。与此同时，格罗斯特飞机公司也建造了一架装有W1X的实验用飞机——进行了缓慢滑行试验。1941年5月15日，安装有全面运转W1发动机的原型机在克伦威尔进行首飞，驾驶者是格罗斯特的首席试飞员格里·萨厄（Gerry Sayer）。飞行持续了17分钟。这一次，萨厄控制着速度，发动机的转速限制在大约16500转/分钟，以抑制涡轮发动机的进气温度。发动机给出390千克（860磅）的推进力，萨厄认为这足以确保对机身的控制质量，发动机已经在工作台运转了25小时。

几天后，飞机在7625米（25000英尺）的高度达到了595千米/小时（370英里/小时）的速度，发动机的转速为17000转/分钟，超过了同时代的"喷火"战机的性能。E.28/39共建造了两架，第二架在1943年7月30日被毁（飞机的副翼卡住后进入反螺旋）。驾驶它的飞行员——皇家空军中队长道格拉斯·戴维（Douglas Davie）在10000米（33000英尺）高度跳伞，他是第一位从一架喷气式飞机上跳伞的飞行员。第一架E.28/39的原型机W4041陈列在伦敦肯辛顿的科学博物馆。

喷气式飞机的成功不再受质疑，航空部授权开发改进版的W2。和W1类似，它的燃烧器具有独特的逆流设计，来自燃烧管的加热空气在进入涡轮机前被向后输送到发动机的前部。这使得发动机被"折叠起来"，缩短了发动机的长度。

1940年8月，实验用E.28/39完成之前，格罗斯特飞机公司向航空部递交了一份初步方案，概要提出了建造涡轮喷气驱动战斗机的建议。考虑到开发一台足以为单引擎战机提供充足推动力的涡轮喷气发动机需要很长的时间，卡特选择了一种双引擎的结构。这个设计拥有一个三轮式起落架和高位安装的水平尾翼，发动机安置在低位机翼独立的短舱内。1940年11月，航空部围绕这一建议发布了F.9/40规范，次月设计方案完成。1941年2月7日，

▼军方订购了20架"流星"F.1，其中15架交付英国皇家空军以满足对作战用喷气战斗机的急切需求。第616空中中队是世界上第一支装备喷气战斗机的部队

自我牺牲炸弹
菲施勒 Fi 103 "赖兴贝格IV"

设计之初预想的是飞行员在撞击之前跳伞，不过这会比较困难，因为驾驶舱比较狭窄、最终俯冲角度很陡而且驾驶舱位于脉冲喷射飞弹装填口的正下方

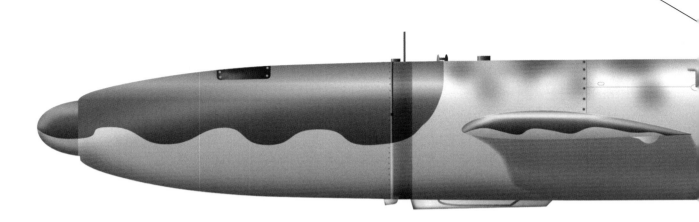

▼V-1飞弹后来演化为一个有人驾驶版本——赖兴贝格IV。它的试飞由女试飞员汉娜·瑞奇完成，但一直没有用于作战。它最初是设计用于攻击战舰

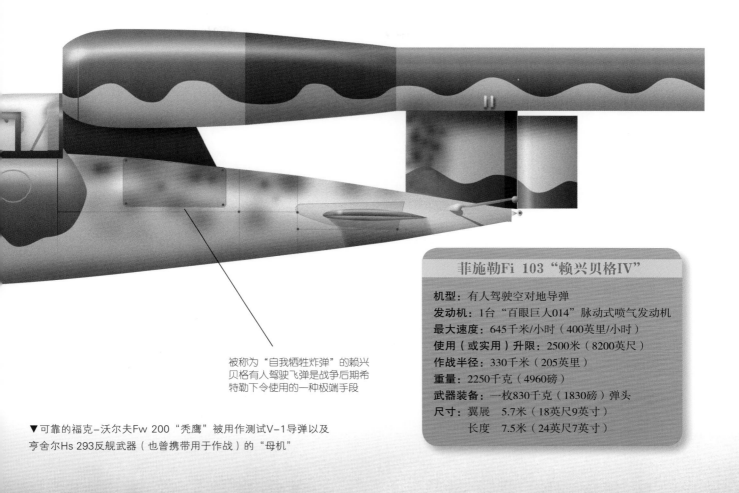

被称为"自我牺牲炸弹"的赖兴贝格有人驾驶飞弹是战争后期希特勒下令使用的一种极端手段

菲施勒Fi 103 "赖兴贝格Ⅳ"

机型：有人驾驶空对地导弹

发动机：1台"百眼巨人014"脉动式喷气发动机

最大速度：645千米/小时（400英里/小时）

使用（或实用）升限：2500米（8200英尺）

作战半径：330千米（205英里）

重量：2250千克（4960磅）

武器装备：一枚830千克（1830磅）弹头

尺寸：翼展　5.7米（18英尺9英寸）
　　　长度　7.5米（24英尺7英寸）

▼可靠的福克–沃尔夫Fw 200 "秃鹰"被用作测试V–1导弹以及亨舍尔Hs 293反舰武器（也曾携带用于作战）的"母机"

▲一枚赖兴贝格IV（有人驾驶版的V-1）悬挂在一架He 111轰炸机的机翼下进行飞行试验。在法国的导弹发射站忙不过来时，常规的V-1也由海因克尔轰炸机携带在空中发射

Me 262驾驶舱的能见度比之前的Bf 109活塞发动机驱动战斗机要好得多，这得益于相对没有障碍的座舱罩

德国的传奇喷气战机
梅塞施密特Me 262

▲梅塞施密特Me 262是一款卓越的气动设计机型，但它被涡轮喷气发动机——仅有25小时的使用寿命——拖了后腿。德国喷气战机即将参与大规模空战

格罗斯特收到来自航空部生产12架符合F.9/40规范的格罗斯特—威特尔飞机的订单。计划生产目标是每个月80个机身和160台发动机。12架飞机中的第一架在1943年3月5日首飞，飞机的动力来自两台680千克（1500磅）推力的哈维兰公司开发的哈尔福德H.1涡轮喷气发动机。不过第一批出产的20架飞机安装的是771千克（1700磅）推力的罗尔斯·罗伊斯韦兰（Welland）发动机。这20架出产的飞机被指定的名称是"流星"F.Mk.1（Meteor F.Mk.1）。

喷气机时代

1944年6月，英国皇家空军进入喷气机时代，选择首先进入这一新时代的是位于萨默塞特郡陶顿附近卡姆海德基地的第616空中中队。大量飞行员在范堡罗接受"转型训练"后，第616中队的第一批"流星"在1944年7月到达卡姆海德，恰好帮助抵挡德国严峻的威胁。这一威胁被称为菲施勒Fi 103（Fieseler Fi 103），更有名的称呼是V—1飞弹。

1942年，菲施勒Fi 103被设想为一种投掷式无人驾驶飞机，动力来自"百眼巨人"As 014脉动式喷气发动机，20世纪20年代，流体动力学家保罗·施密特首先开发了这种喷气式发动机的简单形式。第一批原型机在1942年12月抵达佩内明德研究站，为

> **Me 262A-2**
>
> 机型：单座空中优势战斗机
> 发动机：两台8.82千牛（1980磅）推力容克"尤莫"004B-1轴流式涡轮喷气发动机
> 最大速度：870千米/小时（540英里/小时）
> 空载连续航距：1050千米（650英里）
> 使用（或实用）升限：11450米（37500英尺）
> 重量：空机3800千克（8738磅）；最大起飞重量6400千克（14100磅）
> 武器装备：4门30毫米博尔西希"MK 108A-3"机关炮，上面一对是100发，下面一对是80发；12枚R4M空对空火箭弹；2枚226千克（500磅）炸弹
>
> 尺寸： 翼展 12.50米（40英尺11英寸）
> 长度 10.58米（34英尺9英寸）
> 高度 3.83米（12英尺7英寸）
> 机翼面积 21.73平方米（234平方英尺）

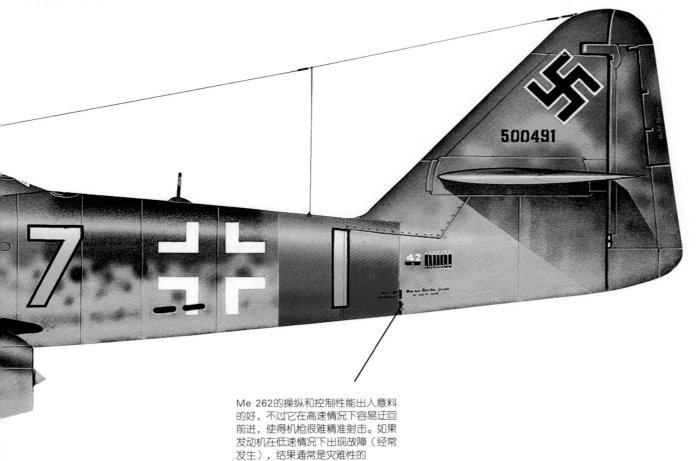

Me 262的操纵和控制性能出人意料的好，不过它在高速情况下容易迂回前进，使得机枪很难精准射击。如果发动机在低速情况下出现故障（经常发生），结果通常是灾难性的

英国皇家空军喷气机先锋

"流星"F.Mk F3

"流星"F.Mk 3吸收的改进包括：滑动的驾驶座舱罩，更多的燃料储备，新型德文特I发动机，开缝空气制动器和更坚固的机身

考察Fi 103的航空动力性能，在一次无动力试飞中，从一架福克沃尔夫Fw 200飞机上发射了一枚导弹，而首次坡道发射在12月24日完成。从试验场地向波罗的海上空发射了大量试验导弹，一些甚至到达瑞典的南海岸。

Fi 103是一款简单的悬臂中单翼机，它的机身被分为6个隔间，分别装有指南针、弹头、燃料箱、压缩空气容器、自动驾驶仪和高度—距离控制器，伺服机构（servo-mechanisms）控制方向舵和升降舵。悬臂翼的管状翼梁穿过燃料隔间的中心。"百眼巨人"As 014脉动式喷气发动机安装在机身后部的上方，前端靠一个支柱、后端靠垂尾支撑。

利用飞弹袭击英国的行动代号是"杂物间行动"（Operation Rumpelkammer），随着最初试验的成功，行动安排在1943年12月15日启动。后来发现这一日期的选择过于乐观了，因为到了1943年10月，仅有一组高射炮团（接受训练发射Fi 103的部队）到达建在法国加来海峡的发射场。可用的专门人才很少，而且发射点也受到盟军的猛烈空袭。1944年3月，最初建造的96个发射点中仅有14个没有受损。

直到1944年6月12号和13号的晚上，"杂物间行动"才开始。从这个时间开始到1944年8月31日（绝大多数发射场被英国部队摧毁），共向伦敦发射了8564枚V–1、向南安普敦发射了53枚；后者是通过海因克尔111战机从空中发射的。击中伦敦的总数为2419枚。参与防御V–1的战斗机飞行员面临的主要问题除了导弹的目标非常小以外，在边际速度上也不占优势，再有就是完成拦截可用的时间很短。

小部分

1944年8月31日，V–1的发射站点最终被盟军地面部队摧毁，此时空中中队共摧毁了13枚。虽然这仅是防空部队摧毁导弹总数的一小部分，不过这证明了"流星"在对抗小型高速目标方面的能力。

1944年余下的岁月里，第616中队专心致志于稳定的、有点枯燥的示范飞行工作，主要针对盟军高官和英国皇家空军轰炸机指挥部（现在越来越多地执行日间飞行任务）与美国第八空军部队联合进行的飞行训练。这些训练的目的主要是协助盟军轰炸司令部开发针对德国梅塞施密特Me 262喷气式战斗机（出现在攻击日间轰炸编队的行动中，而且活塞式发动机驱动的盟军战斗机护航机实际上在与它的对抗中力不从心）的防御战术。

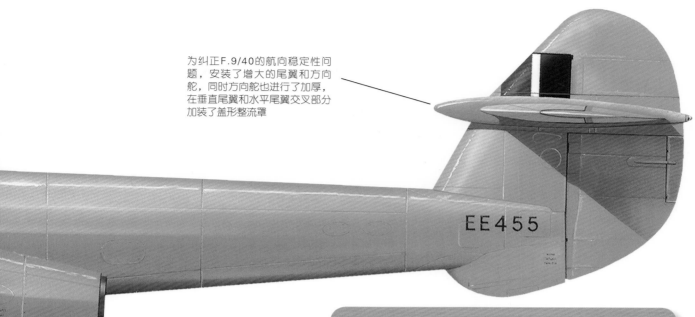

为纠正F.9/40的航向稳定性问题，安装了增大的尾翼和方向舵，同时方向舵也进行了加厚，在垂直尾翼和水平尾翼交叉部分加装了盖形整流罩

▲ "流星" F.Mk 3 EE455" 是从生产线推出起飞的两架飞机之一，达到了Mk Ⅳ标准，具有更少的桅杆和武器，对世界空速纪录造成特殊的冲击

▼格罗斯特 "流星" F.3安装了动力更强的喷气发动机后，很快替代了英国皇家空军现役的Mk Ⅰ。第616空中中队在1945年年初将 "流星" F.3送到欧洲大陆用于地面攻击，但从未在战斗中与纳粹德国空军交手

"流星" F.Mk 1

机型：单座昼间战斗机
发动机：两台7.56千牛（1700磅）推力罗尔斯·罗伊斯W.2B/23C 韦兰系列涡轮喷气发动机
最大速度：3048米（10000）高度上675千米/小时（419英里/小时）
使用（或实用）升限：12192米（40000英尺）
重量：空机3737千克（8221磅）；加载完毕6258千克（13768磅）
油箱储量：1363公升（360加仑）
武器装备：安装在机头的四门20毫米希斯潘诺机关炮
尺寸 翼展 　　　　13.10米（42英尺11英寸）
　　　　长度 　　　　12.50米（41英尺）
　　　　高度 　　　　3.90米（12英尺9英寸）
　　　　机翼面积 　　34.70平方米（373平方英尺）

夜间战斗机
德·哈维兰"吸血鬼"FB.Mk 5

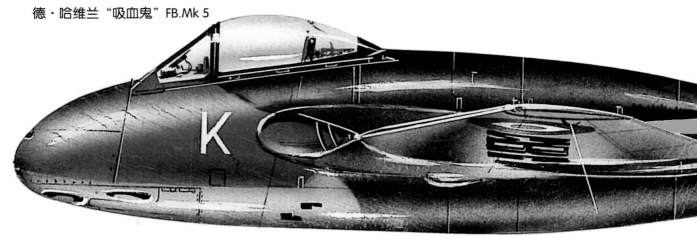

Me 262的发展

　　Me 262的设计工作始于1939年9月（世界上第一架喷气式飞机海因克尔He 178成功试飞后一个月），但是因为符合要求发动机开发上的延误、盟军空袭带来的大规模破坏以及希特勒在后期对将飞机用于轰炸（而不是战斗）的痴迷，使得Me 262在梅塞施密特的绘图板上成形到开始在纳粹德国空军服役耗费了6年。由于缺乏喷气发动机，原型机Me 262V-1在1941年4月18日试飞时使用的是尤莫210 G活塞发动机，直到1942年7月18日，Me 262V-3才完成一次喷气动力飞行。相比之下，英国涡轮喷气发动机开发计划交给罗尔斯·罗伊斯，进步要快得多，而且，虽然英国喷气发动机和德国的比起来动力不那么强劲，但其可靠性要好得多。Me 262的尤莫发动机容易突然出现灾难性故障，而且寿命仅有25小时。

地面攻击角色

　　进入空军中队服役的格罗斯特"流星"喷气战机的第二代——"流星"F.3相比F.1有了很大改进，使用的是具有906千克（2000磅）推力的罗尔斯·罗伊斯德文特I（Derwent）发动机；不过，直到1944年12月才开始交付第616中队使用。在战后最终装备了英国皇家空军战斗机指挥部15个空军中队、在第二次世界大战的最后几个星期通过第616中队在比利时进行了地面攻击实战测验的Mk 3版推出之后，"流星"F.Mk.4也被推出并在空军服役。1945年4月，安装了两台罗尔斯·罗伊斯德文特5发动机的F.Mk.4完成首飞，随后的11月，创造了新的世界飞行速度纪录：975千米/小时（606英里/小时）。

　　与此同时，英国第二代喷气式战斗机也已出现。DH.100"吸血鬼"（Vampire）的设计工作开始于1942年5月，原型机首飞在1943年9月20日完成，1944年春，它成为盟军首架能够在大的高度范围内维持800千米/小时（500英里/小时）以上速度的战斗机。第一架"吸血鬼"战机在1945年4月试飞，不过直到1946年第一批样机才交付作战中队使用。"吸血鬼"战机的动力来自具有1042千克（2300磅）推力的哈尔福德H.1发动机，现在的名字是"小妖精"（Goblin）。

　　美国的第一架喷气式战斗机是贝尔P-59"空中彗星"（Airacomet），原型机在1942年10月1日首飞，安装的是两台通用I-A涡轮喷气发动机（来源于威特尔W.2B发动机）。动力更为强劲、具有635千克（1400磅）推力的I-16发动机被安装到后来的13架试验飞机上。其中2架接受美国海军的评估，第3架送往英国换来1架格罗斯特"流星"Mk 1。"空中彗星"被证实动力不足，其性能也远低于预期，为此最初的100架订单被削减。最终建造了20架装有J31-GE-3发动机的P-59A，另外30架P-59B安装的是J31-GE-5发动机。虽然"空中彗星"没有参与第二次世界大战的实战，但它却为美国提供了宝贵的喷气式战斗机操控经验，无论是从飞行员的角度还是从工程设计的角度。

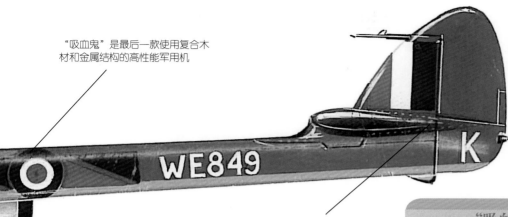

"吸血鬼"是最后一款使用复合木材和金属结构的高性能军用机

为减少长射流造成的损失，设计者使用了与众不同的类似于洛克希德P-38的双尾撑尾翼

▲英国皇家空军在订购喷气式夜间战斗机上行动缓慢，德·哈维兰公司着手将DH113"吸血鬼"NF.Mk 10开发为一款私人用机。英国皇家空军最终接收了95架样机

▼飞跃阿尔卑斯山脉的一架瑞士空军德·哈维兰"吸血鬼"F.Mk.6。瑞士空军是"吸血鬼"及其继任者"毒牙"的主要客户

"吸血鬼"FB.Mk 5

机型：单座战斗轰炸机
发动机：一台13.8千牛（3100磅）推力德·哈维兰"地精2"涡轮喷气发动机
最大速度：860千米/小时（530英里/小时）
空载连续航距：1755千米（1090英里）
使用（或实用）升限：12000米（40000英尺）
重量：空机3300千克（7270磅）；加载完毕5618千克（13385磅）
武器装备：4门20毫米希斯潘诺Mk.V机关炮
尺寸： 翼展　　　11.6米（38英尺）
　　　　 长度　　　9.37米（30英尺9英寸）
　　　　 高度　　　1.88米（6英尺2英寸）
　　　　 机翼面积　24.32平方米（262平方英尺）

▲美国第一款喷气战斗机是贝尔P-59"空中彗星",其原型机在1942年10月1日首飞,动力来自两台衍生自威特尔W.2B发动机的通用电气I-A涡轮喷气发动机

▼梅塞施密特Me 262的早期原型机带有尾轮起落架,这使得它的起飞困难、危险,因此很快被三轮式起落架替换

第二次世界大战后拍摄的洛克希德P-80"奔星"战机，它是美国首款具备完全作战能力的喷气战斗机，后来参与了朝鲜战争

纳粹最后的机会
海因克尔He 162 "火蜥蜴"

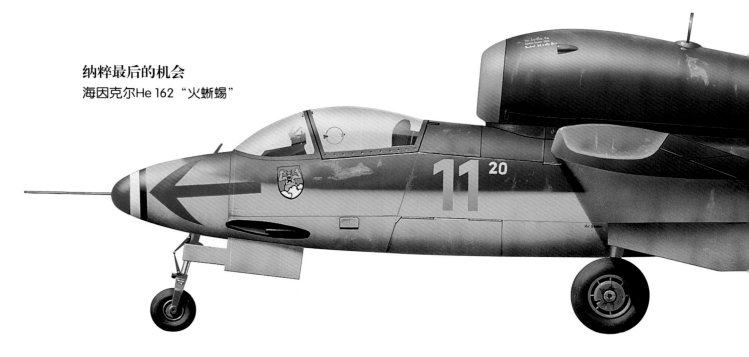

▲海因克尔He 162 "火蜥蜴"（又名"人民的战斗机"），被德国人看作纳粹在第二次世界大战接近尾声时最后的机会

▼Ar 234V-1的原型机，首飞在1943年6月15日，接下来的7架飞机（Ar 234V-2到V-8）都使用触轮–滑橇起落架

机身上方安装的宝马003发动机使得飞机的俯仰很不稳定，驾驶起来非常困难

空气动力问题导致翼尖被削减。机翼基本上是木制的，带有轻合金的襟翼

He 162 "火蜥蜴"

机型： 单座喷气战斗机

发动机： 一台宝马003E-1轴流式涡轮喷气发动机，起飞推力7.80千牛（1755磅），可维持30秒9.02千牛（2030磅）的爆发力

最大速度： 在海平面时890千米/小时（490英里/小时）

作战半径： 620千米（384英里）

使用（或实用）升限： 12010米（39400英尺）

重量： 空机1663千克（3659磅）；空机整装1758千克（3868磅）；加载完毕2805千克（6171磅）

武器装备： 机身前部两门20毫米MG 151机关炮

尺寸： 翼展　　　7.20米（23英尺7英寸）

　　　　　长度　　　9.05米（29英尺8英寸）

　　　　　高度　　　2.60米（8英尺6英寸）

　　　　　机翼面积　11.20平方米（121平方英尺）

第一架美国喷气式战斗机

　　美国第一架投入使用的喷气式战斗机是洛克希德马丁公司的P-80 "奔星"（Shooting Star），和它的英国同辈类似，是一款十分常规的设计，也将在第二次世界大战结束5年后成为美国战术战斗轰炸机和战斗截击机空军中队的主力机型。它的原型机XP-80使用的是1943年7月供应给美国的哈维兰H-1涡轮喷气发动机。这款飞机在143天后完成，首飞是在1944年1月9日。1945年4月，两架YP-80被送往英国，加入第八空军部队，另外两架送往意大利，但是它们在战争结束之前都没有在欧洲经历任何作战飞行。1945年年底，早期出产的P-80A进入美国陆军航空队第412战斗机组服役，这个机组在1946年7月成为第一战斗机组，其中包括第27、71和94战斗机中队。

▼Ar 234A-1起初的触轮—滑橇起落装置（如最初的生产版本采用的）在Ar 234B后改为常规的轮式起落架

作战状态

在德国，梅塞施密特Me 262战斗机的生产在1944年最后几个星期加紧进行，同年底完成了730架。1945年的头几个月，又建造了564架，总数达到1294架。最初进入生产时Me 262只作为一款战斗机，1944年8月进入一支位于里希菲尔德（靠近奥格斯堡）的被称为EK262的试飞部队。这支部队最初由惕菲尔德（Tierfelder）队长指挥，但在这支部队首次执行作战任务的一次行动中，他的飞机失事，机毁人亡。他的继任者是年仅23岁的沃尔特·诺沃特尼（Walter Nowotny）少校，他是纳粹德国空军顶级战斗机飞行员之一，曾击落258架敌机（其中255架是在东部前线完成的）。10月底，诺沃特尼飞行队（Kommando Nowotny）已经完全进入作战状态，被部署到靠近奥斯纳布吕克的阿哈麦尔（Achmer）和海泽培（Hesepe）机场，横跨美国日间轰炸机的主要进港航线。训练有素的飞行员的缺乏以及技术上存在的问题意味着诺沃特尼飞行队通常来说在一天内仅能飞行3或4个对抗敌军编队的架次，即使如此，在1944年11月，Me 262还是摧毁了22架敌机。不过，到了月底，这支部队的30架在编飞机中可用的仅剩13架，损耗主要来自事故而不是敌军。在1944年末的几个星期，Me 262对盟军的空中优势造成严重威胁。

现在，两个版本正在并行开发：Me 262A-2a "暴风鸟"（Storm bird）轰炸机和Me 262A-1a战斗机。1944年9月，"暴风鸟"被送往"51雪绒花"（Edelweiss）轰炸机联队；后来装备这款轰炸机的部队包括KG6、KG 27和KG 54。作战训练中遇到的问题延迟了这款飞机在战场的出场时间，不过到了1944年秋，Me 262开始越来越多地出现，执行针对盟军目标（主要是移动纵队）的低空攻击。还有两个侦察机版本：Me 262A-1a/U3和Me 262A-5a。

接近1944年年底时，一支新的Me 262战斗机部队——JG 7兴登堡战斗机联队——组建起来，指挥官是约翰尼斯·斯坦因霍夫（Johannes Steinhoff）少校。后来，当局又成立了第二支Me 262喷气战斗机部队，被称为44战斗联队，由阿道夫·加兰德（Adolf Galland）中将指挥。这支部队由45名经验丰富的飞行员组成，其中很多人是德国的顶级战斗王牌。其主要作战基地是在慕尼黑附近的雷默，主要目标是从南面来的第15陆军航空队的轰炸机。

后来又推出了几款Me 262的变体，其中包括装有雷达的双座夜间战斗机Me 262B-1a/U1，这款飞机从1945年3月开始参加简短的作战行动。

喷气轰炸机

还有两款喷气式飞机在战争结束前具备实战能力。第一款是阿拉多Ar 234 "闪电"，它是世界上首款作战用喷气轰炸机。原型机Ar 234V-1在1943年6月15日完成首飞，接下来的7架飞机（Ar 234V-2到V-8）都使用触轮—滑橇（trolley-and-skid）起落架。第二架原型机Ar 234V-2在各方面都与第一架类似，但第三架Ar 234V-3安装了

世界首款喷气轰炸机
阿拉多AR 234

驾驶舱安装的原始但有效的弹射座椅

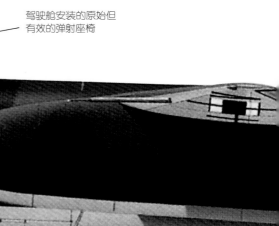

▲ 海因克尔He 280喷气战斗机共建造并试飞了9架原型机，其中一些试验性地安装了机关炮，但这款飞机的性能不够理想，没有最终投产

弹射座椅和火箭助推起飞装置。触轮—滑橇装置后来被放弃，安装这种装置的Ar234A-1（最初指定的生产版本）被重新装上了传统的轮式起落架。这款飞机又被指定为Ar 234B，共建造了210架。仅有两个版本被用于作战，即Ar 234B-1没有武装的侦察机变体和Ar 234B-2轰炸机。

实际上，Ar 234的第一次作战出击是由V-5和V-7完成的，它们在1944年7月被送往位于雷默附近的纳粹德国空军最高指挥部的试飞部队。两款飞机都安装了沃尔特火箭助推起飞装置，并在7月20日完成了首次侦察出击，从9000米（29530英尺）的高度拍摄了英国南海岸的海港。在这支部队9月份转移到赖讷之前，又执行了几次前往英国上空的侦察任务。其他侦察试飞部队随后也接收了Ar 234。1945年1月，这些部队在雷默合并到I/F.100和I/F.123，在挪威的斯塔万格合并为I/F.33。1945年年初，这些喷气

阿拉多Ar 234B-2	
机型：	单座双涡轮喷气战术侦察轰炸机
发动机：	两台8.8千牛（1975磅）推力容克尤莫004B-1涡轮喷气发动机
最大速度：	6000米（20000英尺）高度上742千米/小时（460英里/小时）
作战半径：	1630千米（1010英里）
使用（或实用）升限：	10000米（33000英尺）
重量：	空机5200千克（11440磅）；最大起飞重量9800千克（21560磅）
武器装备：	最多1995千克（4400磅）炸弹
尺寸：	翼展　　　14.44米（46英尺）
	长度　　　12.64米（41英尺）
	高度　　　4.29米（14英尺）
	机翼面积　27.3平方米（294平方英尺）

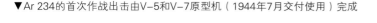

▼ Ar 234的首次作战出击由V-5和V-7原型机（1944年7月交付使用）完成

虽然拥有超越盟军活塞驱动战斗机的直线速度，但Ar 234在低速情况下机动性不理想

▲BI-1是俄罗斯尝试生产的首款短程火箭推进目标防御拦截机。它的动力来自一台杜希金D-1火箭发动机

轰炸机非常活跃，最著名的任务之一是针对雷玛根的鲁登道夫大桥（1945年3月被美军占领）持续10天的系列攻击。3月底以后，Ar 234的出动架次就非常少了，虽然一支装备着两架携带向上开火机关炮的Ar 234夜间战斗机部队——波诺飞行队（Kommando Bonow）——在战争结束前继续坚持战斗。

背水一战的战斗机

另一款喷气式战机是海因克尔He 162。1939年年底到1940年年初的这个冬天，恩斯特·海因克尔放弃了机身装有涡轮喷气发动机的He 178的研究工作，转而集中于开发一款喷气式战斗机的原型——双喷气发动机的He 280。涡轮喷气发动机存在的问题意味着1940年9月22日的首飞不得不在没有发动机的情况下进行，飞机被He 111拖到高空后释放。直到1941年4月，飞机才在涡轮喷气动力下飞行。

随后建造了9架原型机并进行了试飞，其中一些安装了实验用机关炮，不过飞机的性能很差，也没有投入生产。原型机做了很多试验工作，大部分都与喷气发动机的开发有关。在战争后期，海因克尔He 162"火蜥蜴"（Salamander）的推出使得开发工作达到顶点。作为第二次世界大战结束阶段开发的背水一战的战斗机，海因克尔He 162从绘图版到1944年12月6日的首飞仅用了10周。

由于缺乏战略金属材料，这款飞机基本上是木质的。总共建造了31架原型机和275架出产飞机，第一批被送往位于石勒苏益格–荷尔斯泰因州莱克的JG 1部队，但这支部队在战争结束前没能参战。与盟军飞机的接触很少，其中一架He 162在1945年4月19日可能被英国皇家空军的"暴风"战机击落。

在苏联，火箭技术一直独具魅力，当局也十分重视火箭动力飞机的开发；涡轮喷气飞机的发展在很大程度上是战后的事。苏联第一次尝试生产的短程火箭推进目标防御拦截机是BI-1，设计的爬升率是180米/秒（35400英尺/分钟）。它的动力来自一台杜希京D-1火箭发动机，这款发动机在试验中成功地将一架滑翔机拖向高空。

混合结构的BI-1是一款小型低单翼机，仅用了40天就造完，并于1941年9月10日完成首飞。首次动力试飞在1942年5月15日进行并取得成功，但没过多久，原型机在一次低空最大功率飞行中坠毁。尽管有这个挫折，还是小批量建造了7架飞机，计划继续往前推。不过，后来的试飞出现未预见到的空气动力问题。这个问题，加上杜希京在研究多膛火箭发动机上遇到大量障碍这一事实，而且仅有8分钟的动力持续时间，被认为不足以支撑作战目的，这一项目走到了尽头。

火箭动力飞行

相比之下，德国人坚持生产作战用火箭动力战斗机的努力取得了成功，只是成功来得太晚，对欧洲空战没能产生任何影响。这款飞机——梅塞施密特Me 163 "彗星"（Komet）——是以1938年由亚历山大·利佩什（Alexander Lippisch）教授设计的实验用DFS 194为基础的，为了进一步开发，他将这款飞机连同设计人员移交给了梅塞施密特公司。最初的两架Me 163原型机在1941年春作为无动力滑翔机试飞，Me 163V-1后来被送到佩内明德安装了750千克（1653磅）推力的沃尔特HWK R.II火箭发动机。使用的燃料是一种具有高挥发性的混合物T-冷却液（T-Stoff，80%过氧化氢和20%的水）。第一次火箭动力飞行在1941年8月完成，在随后的试飞中，Me 163打破了所有世界飞行速度纪录，达到1000千米/小时（620英里/小时）。1944年5月，一支装备"彗星"战机的部队JG400开始在维特曼顿海文和芬洛组建。很多Me 163在着陆事故中被毁。最终建造了大约300架"彗星"战机，但JG400仍是唯一的作战部队，火箭战斗机在其简短的作战生涯中仅击落了9架敌机。

▼着陆后，梅塞施密特163被一辆特制的牵引拖车运回换料和重新装备站点。在地面对它进行操控并不容易，但其飞行特征非常出色

1843年，英国人乔治·凯利先生的一个空中客车模型，它通过四个旋转的"叶片"提供上升的动力（类似于直升机的旋翼）。他很快放弃了这一想法，继续其在固定翼飞机设计上的开创性研究

9 旋翼机：早期的发展

第二次世界大战见证了航空领域一个新概念的出现：直升机。但这一理念并不是凭空而来。早在公元前4世纪，古代中国的小孩就在玩一种小玩具，它由一个简易的圆杆和顶部的羽毛组成，每根羽毛稍微扭曲，当圆杆旋转时羽毛以一定角度冲击空气，这样能够产生足够的提升力以使得这个装置飞上天空。15世纪，列奥纳多·达·芬奇极有远见地预见到了旋翼原理的发展，讨论了升降螺杆的发展可能并绘制了细节图。300年后，另一位工程师草拟了一份足以借此建造一个工作模型的升降螺杆设计图在18世纪和19世纪，许多航空领域的先驱——包括乔治·凯利（George Cayley）先生——对旋翼理念进行了实验。1842年，一位名为菲利普斯（W.H. Phillips）的英国工程师建造了一个旋翼模型，这个模型的飞行动力来自一台原始的蒸汽发动机。最有意思的一件事是它利用了喷气推进的形式。来自一台小型锅炉的蒸汽穿过一个空心管连接的转子轴，穿过双叶片水平旋翼，在压力下通过每个叶片尖端的小孔排到空气中，反作用力转动转子组并使得模型起飞（虽然不是非常成功）。它是历史上第一个在发动机动力下起飞的模型飞机。

旋翼的理念开始变得流行。一些科学家和发明家充满热情地专心于这项研究；他们中的一位是古斯塔夫·德·巴顿（Gustave de Ponton）子爵，他将一小群致力于进一步开发旋翼飞机的热衷者组织起来。1863年，他和他的同事建造了一个小型蒸汽驱动模型飞机，在同一个旋转轴上安装了两个水平旋翼。为了给他的创作寻找一个恰当的名字，巴顿偶然想到将希腊单词"helicos"（螺旋）和"pteron"（翅膀）组合起来。因此他的模型就被命名为"Helicoptère"（直升机），后来被普遍用来描述旋翼飞机。

可行的提议

汽油发动机的出现将全尺寸旋翼飞机的概念转变为一个可行的提议，不过直到莱特兄弟在基蒂霍克完成他们具有历史意义的飞行四年之后，第一台汽油发动机才同旋翼结合起来产生了第一架能够将一个人载离地面的直升机。这个装置由三个法国人——路易斯·布雷盖（Louis Bréguet）、雅克·布雷盖（Jacques Bréguet）和查尔斯·里歇（Charles Richet）教授——构想并建造。发动机和驾驶员的位置位于一个矩形钢管骨架内，从骨架的每个拐角向外展开四个臂——也是钢管结构。每个臂的末端安装着看起来有点像双翼机翅膀的转子组，四组覆有织物的叶片成对安装，绕着中心叶毂旋转。总共有32个升力面（lifting surfaces）。一对旋翼顺时针旋转，另一对逆时针旋转。

1907年8月24日，这个精巧的设计搭载着一位名叫沃伦玛德的飞行员，在法国杜埃完成首次短暂飞行，上升到61厘米（2英尺）。这并不是一次自由飞行，4名助理紧紧抓住转动臂以防止机器剧烈振荡。不过，机器在升空过程中并没有烦劳他们，它成为航空史上首架携带一名飞行员飞离地面的旋翼飞行器。

另一次拴绳飞行在9月29日完成，这次是布雷盖-里歇旋翼机1号飞到了155厘米（5英尺）的高度。不过，它被证明极不稳定，设计者决定放弃它，建造一台全新的飞行器。布雷盖兄弟和里歇教授希望通过旋翼机2号成为完成自由飞行的第一人；不过，这个希望最终被打碎（即使在新的设计推出之后）。1907年11月13日，另一位名叫保罗·柯尔尼（Paul Cornu）的法国人先声夺人。柯尔尼推出了名为"飞行自行车"（flying bicycle）的直升机设计，它的动力来自一台安装在开放式V形骨架上的18千瓦（24马力）安托瓦内特发动机，这个骨架上还配备了燃料箱和飞行员座位。飞行器安装着桨状、覆有织物的纵列式旋翼；旋翼安装在通过发动机的皮带传动水平旋转的大型自行车式轮组之上。一年前，柯尔尼建造并试飞了一个装有1.5千瓦（2马力）发动机的成比例模型。

▼布雷盖-里歇"旋翼机1号"在垂直向上离开地面时需要有人站在四个臂架末端支撑旋翼以维持平衡

全尺寸飞行器的首飞安排在靠近利雪的科屈安维利耶尔，在30厘米（12英寸）的高度盘旋了20秒。在随后的飞行中，高度增加到2米（6英尺）多。不过，后来的试飞遇到了严重的障碍——特别是在传输系统，由于缺乏资金支持，柯尔尼被迫放弃了进一步的开发。

严重损坏

1908年夏，布雷盖-里歇旋翼机2号推出。它与前身毫无相似之处，在性能上有了质的提高。旋翼机2号的动力来自一台41千瓦（55马力）雷诺发动机，装有两组前倾双叶片旋翼。1908年7月22日，它升到4.5米（15英尺）的高度，在一定程度的控制下向前飞了18米（60英尺）。后来又进行了几次成功的飞行，不过在9月19日由于着陆过重而严重损坏。经过大幅度重建后，12月，旋翼机2号在巴黎公开展示。1909年4月进行了一次试验飞行，但在进一步试验工作开始之前它在一次暴风雨中被毁。经过这次损失，布雷盖转而集中精力开发固定翼飞机；20年之后，他才再次对直升机产生兴趣。

与此同时，俄罗斯的一位年轻的航空工程师也把心思转向直升机设计。1909年，他设计并建造了一架小型装有共轴式旋翼的直升机。发动机顺利地转动旋翼，但在地面测试中飞行器让人担忧地摇晃和颤抖，一直飞不起来。1910年，这位工程师建造了第二架完成一或两次短暂无人驾驶拴绳飞行的直升机，不过后来发现它缺乏足够的将超出自重的东西升空的动力。第二次失败后，这位工程师将精力转向固定翼设计。后来，在俄国革命之后，他移居美国，他的名字出现在有关直升机报道的头版上。他就是伊戈尔·西科斯基（Igor Sikorsky）。在20世纪初，另一位在旋翼机领域非常著名的先锋人物是一位丹麦人：雅各布·克里斯汀·艾力哈默（Jacob Christian Ellehammer）。1911年，他建造了一个直升机模型并进行了几次试飞，次年又建造了一架全尺寸的、由一台自己设计的27千瓦（36马力）发动机驱动的直升机。发动机驱动主旋翼系统和一个拉进式螺旋桨。升桨由安装在同一转轴上的两个旋转环组成，下面的旋转环用织物包裹以增加提升力。经过大量室内拴绳试飞，这款直升机在1912年秋完成了一次自由的垂直起飞。随后又进行了几次短暂的飞行，1916年9月，直升机在起飞后出现猛烈振荡，在旋翼桨叶接触地面时散架。

▼第一架搭载飞行员垂直起飞，在与地面完全没有连接的情况下完成自由飞行的飞机是由保罗·柯尔尼在1907年设计建造的"飞行自行车"

缺乏稳定性

战后几年，首先认识到旋缸发动机——相对较轻且容易冷却——在直升机设计中潜能的人之一是西班牙的劳尔·帕特拉斯·佩斯卡拉（Raul Pateras Pescara）侯爵。他的第一款直升机（1919年至1920年在巴塞罗那建造）最初由一台34千瓦（45马力）希斯潘诺发动机驱动的，后来证明它无法将直升机拖离地面。

1921年年初，佩斯卡拉对他的原型机进行了一些改动，其中包括用一台127千瓦（170马力）罗纳转缸式发动机替代了希斯潘诺发动机。改进的直升机完成一次短暂的垂直飞行，但被证明几乎完全缺乏稳定性。1923年，佩斯卡拉移居法国，在这里建造了新的直升机。同年第三个设计完成了第一个官方认可的直升机飞行纪录。佩斯卡拉的首个官方日志记录在1923年6月1日创立，他的直升机在1.83米（6英尺）的平均高度水平飞行了83.2米（273英尺）；他在6月7日以122米（400英尺）的距离打破了这一纪录，8月2日继续将这一纪录拓展至305米（1000英尺）。

佩斯卡拉继而创造了几个直升机飞行纪录，但是由于这些飞行是在法国航空俱乐部的监督下完成的，没有得到国际航空联合会（FAI）的认可，因此国际航空联合会（刚刚创立直升机分类）认可的首次直升机飞行纪录这一荣誉落到佩斯卡拉的主要竞争者艾蒂安·欧米琛（Etienne Oemichen，标致汽车公司的一名工程师）的身上。

20世纪20年代，欧米琛开始做旋翼飞机的实验，他开发了几个有趣的设计，所有都是由旋缸发动机提供动力。他的第二款设计由一个十字形的钢管骨架构成。在每根臂的末端有一个大型双叶片升桨，同时还安装了8个螺旋桨，其中5个提供横向稳定性，第6个安装在机首负责转向，另外2个提供向前的推力。直升机的动力来自一台89千瓦（120马力）罗纳发动机，首飞在1922年11月11日完成，并表现出高水平的稳定性和可控性。随后，89千瓦罗纳发动机被替换为134千瓦（180马力）的诺姆发动机，这款发动机伴随着直升机完成了1000多次试验飞行，一直到20世纪20年代中期。1923年末，欧米琛的2号直升机完成了持续几分钟的记录飞行。1924年4月14日，他创造了国际航空联合会认可的首个官方直升机飞行距离纪录，飞行距离为360米（1181英尺），4月17日他又创造了525米（1722英尺）的飞行纪录。

十字形骨架

当佩斯卡拉和欧米琛在欧洲实施早期试验时，美国的直升机开发也已起步。美国的直升机先驱是因动乱逃到美国的苏联人乔治·德·波西扎特（George de Bothezat）博士，他在1921年为美国陆军航空队设计并建造了一款实验用直升机。这款直升机具有一个十字形钢管骨架，这一设计为它赢得了一个名字："飞翔X"（Flying X）。

▼1908年，布雷盖-里歇合作生产了旋翼机2号，这款飞机由一台41千瓦（55马力）雷诺发动机驱动，拥有两个先前倾斜双叶片旋翼，同时安装了固定翼

一台134千瓦（180马力）罗纳转缸式发动机驱动4个安装在每个"X"末端上的大型六叶片扇形旋翼。波西扎特驾驶这款直升机在1922年12月18日完成首飞，到达1.8米（6英尺）的高度并顺风飘移了152米（500英尺）。

在两年的大部分时间里，对"飞翔X"的试验断断续续地进行。在后期阶段，直升机安装了一台164千瓦（220马力）发动机。在总共进行了100多次试飞后，直升机达到了9米（30英尺）的最大高度。飞机表现得相当好，并接受了美军飞行员的试飞，但军方认为它过于复杂，最终被放弃。

20世纪20年代，直升机设计的特点是极其复杂的。它成为一个矛盾的领域，诸如周期桨距（每个叶片在绕着旋翼桨盘旋转时改变其桨距）和总螺距（所有旋翼叶片的攻角同时改变）操纵等，数次工程学创造未能实现最大效果，原因是设计者坚持用不恰当的转子驱动系统进行实验。直到1930年，设计人员才开始认真处理转矩、稳定性和可控性等老问题，直升机的发展才真正起步。

1936年6月26日，一架直升机在德国升空。它被指定为"Fw 61"。接下来几个月公之于众的性能使得世界上其他直升机设计者原本不错的成就黯然失色。这架直升机由海因里希·卡尔·约翰·福克（Heinrich Karl Johann Focke）博士设计，即使在离开公司后他的名字仍然被用于命名著名的福克-沃尔夫飞机。福克不失时机地组建了另一家公司——福克-艾彻格里斯股份有限公司（Focke-Achgelis GmbH）——以继续他的研究，1934年，一架成比例直升机模型被建造出来并成功试飞。

▼1910年，伊戈尔·西科斯基站在他的第二架不成功的直升机旁合影留念。这款直升机能够短距离升空，但无法携带飞行员。西科斯基在前一年建造了他的首架直升机

▲1912年，雅各布·克里斯汀·艾力哈默建造并试飞了一架直升机，随后试飞工作一直持续，1916年的一次起飞出现侧翻，旋翼撞击地面导致飞机失事

▼佩斯卡拉3号直升机是佩斯卡拉最成功的设计；1923年建造完成，到1924年1月已经能够进行持续10分钟的飞行。它采用的是一套同轴旋翼系统

金属悬臂支架

对于Fw 61（顺便提一下，这款飞机在其职业生涯中沿用了"Fw"的代号，而后来的福克–艾彻格里斯飞机使用的代号是"Fa"），福克决定使用福克–沃尔夫Fw 44斯蒂格利茨基础教练机的机身，并将水平尾翼移到一个新的位置——垂直尾翼的顶上。动力来自一台Sh.14A星形发动机（同样来自Fw 44教练机），与常规飞机一样安装在机首。螺旋桨缩短至发动机汽缸直径的长度以提供冷却气流，同时不会让飞机产生向前飞行的动力（虽然福克的一些反对者认为会有向前的推力）。发动机驱动一对安装在金属悬臂支架上的三叶片旋翼。通过改变两个旋翼中任何一个的总螺距、设定一个升力差异，直升机驾驶员就可以实现非常好的横向操纵。

Fw 61V–1（V代表尝试）的首次自由飞行仅持续了28秒，但不久后这款直升机开始展现其真正的实力。在大量飞行试验后，它在1937—1938年创造了一系列国际航空联合会认可的直升机飞行纪录；在其中一次试飞中，这款直升机由著名的女飞行员汉娜·瑞奇（Hanna Reitsch，在1937年10月25日直线飞行了108.974千米）驾驶。是汉娜·瑞奇引起了公众对Fw 61的关注。1938年2月，她在柏林的德国展馆体育场（Deutschlandhalle sports stadium）当着观众的面通过室内试飞展示了这款直升机卓越的操控性。另外两架Fw 61原型机被建造出来并进行了试飞，它们成功的表现促成了一款六座客运直升机——Fa 266——的开发。不过，第二次世界大战的爆发迫使福克搁置这一项目，将精力转向设计服务于德国武装部队的重型运输直升机。

与此同时，另一类型的飞机进入旋翼设计领域。它被称为"旋翼机"（autogiro），是胡安·德拉·希耶尔瓦（Juan de la Cierva）的创作。他发现水平旋翼在空气中的自由旋转，可以产生足够的提升力使得飞机离开地面，如果通过驱动常规螺旋桨的发动机提供向前的推力，它还可以维持水平飞行。如果发动机出现故障，靠风力自由旋转的水平旋翼也能够继续产生足够的提升力，使得飞机缓慢下降而不必"俯冲"；甚至可能实现垂直或近乎垂直的着陆。

交通管制

在建造了一些原型机、克服了开发过程中出现的障碍后，希耶尔瓦掌握了正确的方法。他的旋翼飞机设计广泛流行起来，在20世纪30年代，世界范围内建造了500架；希耶尔瓦在英国组建了自己的公司，生产他的旋翼机的许可被授予法国、德国、日本和美国的公司。C.30A推出后旋翼机的设计达到顶点，在很多场合，旋翼机展示

▼1924年，欧米琛推出的直升机2号。它基本上是十字形排列的钢管结构，在4个臂架的末端装有双叶片桨状旋翼

▲1922年12月18日，德·波西扎特的"飞翔X"直升机下降，准备着陆在俄亥俄州代顿市的库克农场。这款直升机的性能相当好，但由于太过复杂，美军对它失去了兴趣

了它们非常好的多功能性，例如，在主要的体育赛事中，它被警察广泛用于人群控制和交通管制。

20世纪30年代末期，德国军队很快认识到直升机和旋翼机的潜在用途。1938年，德国海军表现出利用小型直升机充当弹着点观察机的兴趣，同时发布了直升机的技术规范。按照海军的设想，这种直升机不仅可以用于护航保卫，也可作为鱼雷轰炸机用于布雷。

为了满足这一规范，海因里希·福克仔细考虑了将他的Fa 266民用直升机设计改造为军用机的可能性。代号改为"Fa 223"，在经过了100多小时的地面测试后，第一架原型机——Fa 223V-1"飞龙"（Fa 223V-1 Drache）——在1940年8月3日完成首飞。和它的前身类似，它有两个安装在钢管制成的悬臂支架臂上的三叶片旋翼。机身也是焊接钢管结构，并覆有织物。两名机组人员坐在镶有玻璃的完全封闭的驾驶舱内，在飞行甲板尾部还有可以容纳4名乘客的隔间。发动机舱位于载客间后面，其中装备的是一台731千瓦（980马力）宝马323空气冷却星形发动机，通过与发动机曲轴的摩擦离合器连接的旋转轴驱动两个旋翼。

▼福克–艾彻格里斯Fw 61的双旋翼安装在直升机座舱两侧的悬臂支架上，并充分铰接桨叶角可以提高或降低的三叶片组

官方认可的试飞在1942年年初进行，此后德国航空部订购了100架Fa 223。不过，盟军的轰炸严重破坏了直升机的生产，最终完成生产的仅有19架。

战时德国海军舰载观察直升机的订单落到另一位设计者——安东·弗莱特纳（Anton Flettner）——头上。1937年，弗莱特纳设计了一款包含革命性想法的直升机：反向旋转、交叉式双旋翼。弗莱特纳继而建造了一架原型机——Fl 265V-1——并于1939年5月进行了首飞。

成功的试验

在一次试飞中，Fl 265V-1旋翼的叶片相互触击，飞机被毁。导致这次事故的失误很快被纠正，第二款原型机——Fl 265V-2——交付德国海军接受评估，随后又送去了4架试验性飞机。这款直升机在波罗的海和地中海进行了成功的试验，从竖立在各种类型海军战舰的平台上起飞，被证明能够在各种天气条件下执行任务。还有几次起飞和着陆是在U型潜水艇的甲板上完成的。

在1940年年初进行的这些最初的操纵试验，使得弗莱特纳接到指令全力生产。不过，此时研究工作已有了新的进展，一款新的弗莱特纳直升机——双座Fl 282——研制成功，由于这款飞机的潜能比Fl 265要好得多，因此后者的相关工作被叫停。

和Fl 265类似，Fl 282"蜂鸟"（Hummingbird）直升机也采用交叉式双旋翼，动力来自一台安装在飞行员座舱后面的112千瓦（150马力）Sh 14A发动机。Fl 282的驾驶舱是开放式的，但其后面的机身覆有金属面板。1940年夏，弗莱特纳的工厂开始生产德国国防部订购的45架Fl 282直升机。飞行试验始于1941年年初，次年第五架原型机在波罗的海安装在科隆巡洋舰炮塔上的平台上进行一系列试验。15架前期生产的飞机中的一部分交付使用，其中几架在德国的战舰上服役，被用于地中海和爱琴海上的护航防卫任务。这些直升机可以在各种天气条件下（包括暴风雨）起飞，并始终保持非常高的可靠性；实际上，前期生产批次中的一架Fl 282创造了95小时的飞行时间纪录，期间只是进行了例行维护。

▼希耶尔瓦C.19旋翼机G-AAKY号。C.19是希耶尔瓦最成功的设计，由德国的福克公司和英国的阿弗罗公司建造。它是第一款引入自动启动装置的飞机

在英国皇家空军服役的希耶尔瓦C.40旋
翼机。旋翼机被用于包括雷达校正在内的
多种任务，在军中它们被称为"值班表"
（Rotas）。一些民用C.30也表现不俗

　　"蜂鸟"直升机的试验和作战应用如此令人满意，以至德国航空部在1944年年初向宝马在慕尼黑和爱森纳赫的工厂订购了1000架Fl 282。当一切就绪准备生产时，工厂被盟军的轰炸机摧毁。弗莱特纳的部分工厂也被毁，到第二次世界大战结束前，仅有24架Fl 282交付使用。

历史性瞬间

　　1939年9月14日，欧洲战争爆发后不久，在美国康涅狄格州斯特拉福特福德一家工厂的后院，几位机械师注视着一架小型直升机飞离地面并在再次着陆前盘旋了几秒钟。这是一个历史性瞬间，他们观察的完成第一次"蹒跚"飞行的原型机被广泛称赞为西半球第一架真正实用的直升机。

　　这一论断是否可靠仍然有些争论，在美国的直升机——西科斯基VS-300——完成首次拴绳飞行时，其他直升机（如德国的弗莱特纳Fl 265）已经在西方成功试飞了。不过，确定无疑的是，具有单一主旋翼和小型尾旋翼（弥补转矩不足）的VS-300为美国随后大量生产的许多直升机奠定了设计基础；就这一点来说，它确实是许多今天翱翔在世界各地的直升机的前身。

　　VS-300是伊戈尔·西科斯基的第一款直升机设计（距离最初的设想已过了30年）。1909—1910年，他在学生时代在沙皇俄国建造的前两款旋翼机都不成功。此后，他将精力转向常规飞机，在第一次世界大战爆发前设计了世界上第一款四引擎飞机。俄国发生革命时，西科斯基到美国寻求避难，作为一名身无分文的移民，他毅然重新开启他的航空生涯。在聚集了一伙俄罗斯移民——其中很多都是熟练的航空工程师——和他之前的同事后，他组建了自己的飞机公司，在两次战争之间，生产了一系列非常成功的多引擎陆上飞机、水陆两用飞机和水上飞机。1929年，西科斯基航空公司（Sikorsky Aviation Corporation）成为联合飞机公司（United Aircraft）的子公司，在斯特拉福特福德市机场对面的一家新工厂开发并建造了一系列杰出的远程商用飞机，

▼D-EKRA号是福克-艾彻格里斯建造的两架Fa-61直升机中的第二架。这两架飞机从1937年到第二次世界大战爆发创造了一系列骄人的纪录

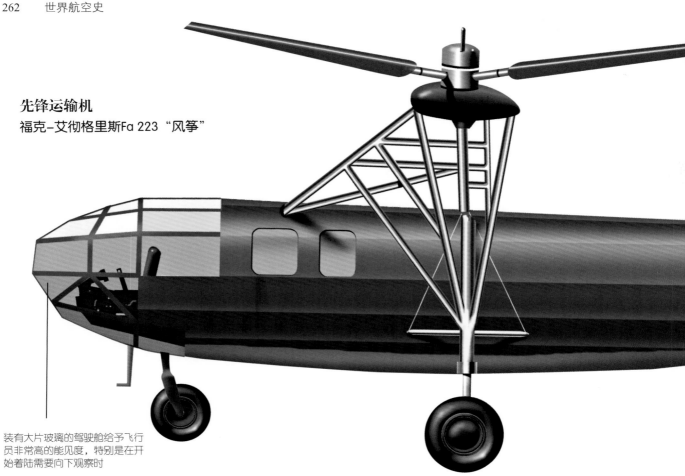

先锋运输机
福克-艾彻格里斯Fa 223 "风筝"

装有大片玻璃的驾驶舱给予飞行
员非常高的能见度，特别是在开
始着陆需要向下观察时

不过，直升机总是出现在西科斯基的头脑中，早在1928年，他就开始研究垂直飞行的可能性，提出许多获得专利的初步设计。1938年，他获得联合飞机公司管理部门的批准推进直升机原型的建造工作。其结果就是VS-300，VS-300在1939年春天设计，并在9月进行试飞——最初进行的是拴绳试验，西科斯基亲自驾驶。它的动力来自一台56千瓦（75马力）四汽缸空气制冷发动机，驱动一个三叶片直径为8.5米（28英尺）的主旋翼，飞机还安装了三轮起落架。

持久性纪录

1940年5月13日，VS-300进行了首次自由飞行，尽管存在一些技术问题，但飞行的持续时间逐步增长，直到1941年5月6日，它打破了世界直升机飞行持久性纪录（随后又被Fw 61超过）。它在空中共停留了1小时32分钟26.1秒。

受到VS-300潜能的鼓舞，美国陆军航空队给予西科斯基飞机公司一份建造1架实验开发用XR-4的合约。试验过后，美国陆军航空队在1942年秋订购了3架YR-4A。次年开始批量生产，最初的订单是小批生产27架YR-4B，以接受美国陆军航空队、美国海军和海岸警卫队和英国皇家空军的评估。

美国陆军航空队的4架YR-4B直升机分配给了在印度执行任务的第一空中突击队（the First Air Commando Group）。1944年4月，直升机在中国—缅甸—印度战场执行第一次任务，当时有一架L-1轻型飞机由于发动机故障迫降在敌军后方。除了飞行员，飞机上还有3名英国士兵，其中一个患有疟疾，另外两个分别在手臂和肩膀上有枪伤。4个人在迫降中都活了下来，但是他们处在一个与日本军队僵持的地带，而且弄不清楚营救的飞机可以在哪儿着陆。

另一架轻型飞机的飞行员向陷入困境的4个人发出讯号，告知他们最近的日军所处的位置，并建议他们转移到附近的山脊上。经过几个小时艰苦的跋涉，4人小组到达目的地并在这里逗留了四天四夜。空中突击队的轻型

经多次尝试后，在空中悬停阶段提供最佳
操纵性能的尾翼结构采用的是高位设计。
这使得"风筝"在高山起降场能够实现精
准着陆（即使在满载的情况下）

Fa 223 "风筝"	
机型：	运输/营救/侦察直升机
发动机：	一台746千瓦（1000马力）宝马301 R 9缸星形发动机
最大速度：	175千米/小时（109英里/小时）
巡航速度：	120千米/小时（74英里/小时）
作战半径：	700千米（434英里）
使用（或实用）升限：	2010米（6600英尺）
重量：	空机3175千克（6985磅）；最大起飞重量4310千克（9480磅）
武器装备：	一挺7.92毫米MG 15机关枪和两枚250千克（550磅）炸弹

尺寸：	翼展	24.5米（80英尺4英寸）
	长度	12.25米（40英尺2英寸）
	高度	4.35米（14英尺3英寸）
	旋翼桨盘面积	226.19平方米（2434平方英尺）

▲福克–艾彻格里斯Fa 223 "风筝"最初是为德
国汉莎航空公司设计的世界上首款真正意义上
的运输直升机，但后来发展为军事用途

▼为完成拟于1941年进行的试飞，第一批三架弗莱特纳Fl 282原型机设计为单座并带有封闭的树脂玻璃镶框式驾驶舱。不过，随后的直升机
被设计为开放式双座机型

参战的"蜂鸟"
弗莱特纳Fl 282

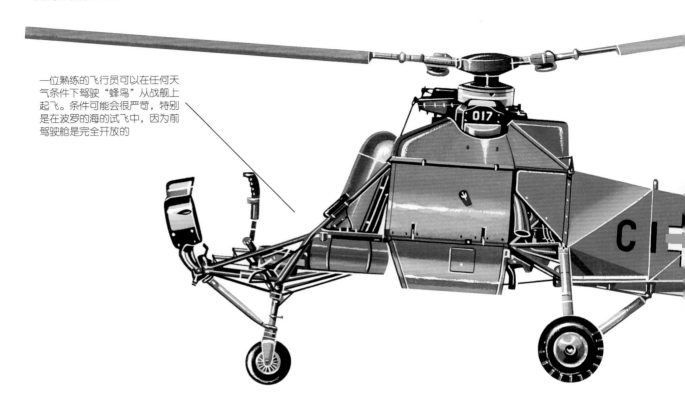

一位熟练的飞行员可以在任何天气条件下驾驶"蜂鸟"从战舰上起飞。条件可能会很严苛，特别是在波罗的海的试飞中，因为前驾驶舱是完全开放的

西科斯基R-4B

机型：试验训练，搜寻和营救直升机

发动机：一台138千瓦（185马力）沃纳R-550-3"超级圣甲虫"活塞发动机

最大速度：120千米/小时（74英里/小时）

持续时间：2小时

初始爬升率：45分钟内可升至2440米（8000英尺）

作战半径：209千米（130英里）

使用（或实用）升限：2440米（8000英尺）

重量：空机913千克（2008磅）；加载完毕1153千克（2537磅）

座位容量：并排两名飞行员

尺寸：旋翼直径　11.6米（38英尺1英寸）
　　　　长度　　　14.65米（48英尺1英寸）
　　　　高度　　　3.78米（12英尺5英寸）
　　　　机翼面积　105.3平方米（1133平方英尺）

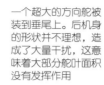

一个超大的方向舵被装到垂尾上。后机身的形状并不理想，造成了大量干扰，这意味着大部分舵叶面积没有发挥作用

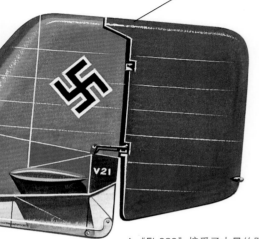

▲ "FI 282"接受了大量的服役试验，自1942年开始用于作战，通常是从波罗的海、爱琴海和地中海护航舰的炮塔上起飞

弗莱特纳FI 282 "蜂鸟"	
机型：	单座或双座侦察和运输直升机
发动机：	一台119千瓦（160马力）布雷默1S4h 7缸星形活塞发动机
最大速度：	海平面150千米/小时（93英里/小时）
垂直爬升率：	加载重量的情况下91.5米/分钟
作战半径：	搭载一名飞行员300千米（185英里）
使用（或实用）升限：	3292米（10800英尺）
重量：	空机760千克（1672磅）；最大起飞重量1000千克（2200磅）
尺寸： 主旋翼直径	11.9米（39英尺3英寸）
机身长度	6.56米（21英尺6英寸）
高度	2.20米（7英尺3英寸）
总旋翼桨盘面积	224.69平方米（2148平方英尺）

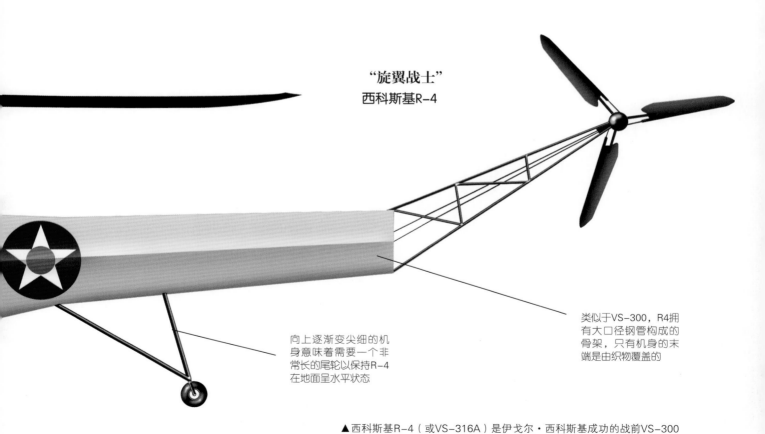

"旋翼战士"
西科斯基R-4

类似于VS-300，R4拥有大口径钢管构成的骨架，只有机身的末端是由织物覆盖的

向上逐渐变尖细的机身意味着需要一个非常长的尾轮以保持R-4在地面呈水平状态

▲ 西科斯基R-4（或VS-316A）是伊戈尔·西科斯基成功的战前VS-300的决定性发展，1944年成为世界上第一款成系列生产的直升机

▲1941年5月，西科斯基的VS-300直升机打破了由Fw 61保持的一个半小时的世界直升机持久飞行纪录

▼弗莱特纳FI 282 "蜂鸟"是一款非常经典的设计，如照片中所示。军方订购了1000架，不过生产被盟军的轰炸所阻

飞机为他们投递水和食物，但是伤员的伤势不断加重。

　　与此同时，位于拉尔码头（Lalghat）的直升机分遣队已被告知这一情况。4月21日，一架由卡特·哈曼（Carter Harman）中尉驾驶的YR-4B从基地出发经过长途飞行前往缅甸的前线。这架直升机飞跃了海拉卡恩迪、迪马普尔和乔哈特，在路上还越过了1830米（6000英尺）的山脉，在傍晚前不久抵达乔哈特。第二天，哈曼继续飞往雷多和塔诺。这这里，为整个航程中最后也是最长的一段前往代号为"阿伯丁"（Aberdeen）临时降落场的飞行加装了备用油箱。

　　飞往"阿伯丁"的航程中包括一段飞跃一座很高的山脉的旅程，不过YR-4B最终还是在4月23日下午安全抵达。在补充燃料后，哈曼马不停蹄地再次出发，向南开启另一段32千米（20英里）的飞行；4个陷入困境的人隐藏在8千米（5英里）外的一片稻田附近，在得知救援飞机已赶来后他们从山脊上转移下来。一架轻型飞机在空中盘旋以确保安全，随后给哈曼发出了继续前进的讯号。直升机两次飞往稻田，每次救出一名士兵。在小型停机坪上，他们被转移到飞往阿伯丁的轻型飞机上。

　　当天的营救工作就此停止，由于发动机过热，直升机无法继续工作。不过，在第二天凉爽的早晨，哈曼又两次飞往稻田救出了剩下的人。后来，也就是4月24日，YR-4B直升机返回阿伯丁，在接下来的10天里，哈曼又执行了四项任务，其中包括一次非常危险的、飞到915米（3000英尺）山坡营救两名负伤士兵的行动。这也预示了未来直升机可以完成任务的类型。

　　直升机站稳了脚跟，在接下来的20年即将见证军事和商业用途直升机的大踏步发展。在朝鲜和马来亚，它将成为军事行动的得力助手；在越南和随后的冲突中，它将被证明是不可或缺的。

▼图中是一架西科斯基R-4在1945年1月从第10空军满是灰尘的缅甸基地起飞

第二次世界大战后，道格拉斯DC-3被世界各地的航空公司选用，其中包括环球航空公司（如图所示）。许多C-47军用运输机被转为民用

10 民用航空：1945—1960年

　　第二次世界大战后的商业航空运输，特别是在欧洲，可以说是一片混乱。在战争进行的6年里，飞机制造厂大量生产军用飞机，而英国使用的大部分运输机都是美国提供的。即使在苏联，主要的战时运输机是道格拉斯DC-3的授权建造版里苏诺夫Li-2（Lisunov Li-2）。在整个战争期间，只有美国能够保持运输机生产的连续性，巨大的产出使得美国能够满足同盟国和自身的航空运输需求

▼寇蒂斯C-46"突击队员"在第二次世界大战期间的太平洋战争中被广泛使用。它们中的很多在民用市场找到了出路

欧洲商用飞机运营商被迫依靠权宜手段满足他们战后初期的运输需求。大量前纳粹德国空军容克Ju 52在欧洲胜利日之后成为战利品，其中法国获得400多架，西班牙获得170多架。"二战"结束后不久，Ju 52在法国、西班牙、挪威、瑞典和丹麦被用于商业运输，其中10架被绍特兄弟公司改装后，在英国欧洲航空公司（British European Airways）服役。英国海外航空公司（British Overseas Airways Corporation）使用从著名的兰开斯特轰炸机改装而来的阿弗罗"约克"运输机。这批兰开斯特战机的改装版，让英国的商用航空重新站稳脚跟，作为兰开斯特系列的运输机，它们被多家公司选中，其中包括英国海外航空公司（这家公司还使用哈利法克斯C.VIII的客运变体）。

商业演化

第二次世界大战之后的几个月，同盟国空军的大量削减导致数以千计的剩余运输机可以出售给航空运营商。其中居于首位的是性能卓越的道格拉斯C-47（DC-3大型客机的军用运输版），即英国皇家空军所称的达科塔（Dakota）。这些飞机被世界各地新成立的航空公司和空运公司以很低的价格抢购一空，经过翻新后很快投入使用。另一型号寇蒂斯C-46，虽然在名望很大的C-47"达科塔"面前有些黯然失色，却是美国陆军航空队的真正主力，特别是在太平洋战场。这款飞机最初是作为民用客机设计的，首飞是在1940年3月26日。最初一批25架C-46客运飞机推出后，随后生产了1491架有一个大货舱门的C-46A运输机，紧接着生产1410架具有双货舱门和改进机头的C-46D。单门的C-46E（生产了17架）和双门的C-46F（生产了234架）除了发动机以外基本相似，后来还为美国海军陆战队生产了160架R5C-1。虽然在太平洋和中国—缅甸—印度战场有非凡的表现，但C-46并没有出现在欧洲，直到1945年3月参与对莱茵河的空降突击。战后进入民用领域的大部分飞机用在拉丁美洲或美国。

在进入长途航线（已不再像战前时代主要依靠水上飞机）时，美国处于明显的领导地位。现在，航空公司可以选择道格拉斯DC-4"空中霸王"（Skymaster）。

道格拉斯DC-4——即将成为有史以来最著名的民用和军用航空运输机之一——的演化始于1935年，为的是响应一项中程52座客机的航空规范。1938年6月7日，具有三尾翼的第一架DC-4试飞，不过被航空公司拒绝了，因为他们觉得具有更少容量的版本可能在经济上会更可行。1942年2月14日经过改进试飞的DC-4是有美国主要航空公司确认订单的机型，不过，由于美国处于战争之中，所有运输机生产都要服从美国部队的需要。直到1945年10月，DC-4才作为民用客机投入使用。到1947年8月停止生产时，共建造了1084架C-54"空中霸王"和79架民用DC-4。在战后早期，很多航空公司使用DC-4，还有一些购买了战后剩余的C-54用于改装。

英国的商用四引擎飞机设计不太走运。其中之一是林肯轰炸机的衍生品——阿弗罗"都铎"（Tudor）。1944年9月这款远程运输机的两架原型机阿弗罗"都铎I"被订购，随后是一架短程高容量"都铎2"原型机。生产型飞机的订单主要来自三家计划使用这款新型飞机的航空公司：英国海外航空公司、澳洲航空公司和南非航空公司。不过，在1945年6月进行的"都铎I"飞行试验中，这款飞机的性能令人失望，而且被证明是很难处理的。

为此进行的改装导致一些延迟。对于制造商来说更糟糕的是，客户不断改变要求。英国海外航空公司认为"都铎"不适合并取消了订单。英国南美航空公司在其拉丁美洲航线投入12架"都铎"运输机。"都铎2"在1946年3月试飞，并不是非常成功；后来为英国海外航空公司生产了6架经过改进的"都铎5"，又有5架卖给了英国南美航空公司并改为货运机。

这一时期的另一款新型四引擎英国客机是亨德里·佩奇"赫尔墨斯"（Hermes），它是英国皇家空军"黑斯廷斯"（Hastings）运输机的民用版本。原型机"赫尔墨斯I"在1945年12月2日的首飞中坠毁，后来又推出了两架，试验成功后，英国海外航空公司订购了25架"赫尔墨斯4"。

最后一代

所有这些机型都不能与即将投入使用的美国最后一代由活塞发动机提供动力的远程客机相比。其中居于首位的是洛克希德"星座"（Lockheed Constellation）客机。作为在1939年为环球航空公司（TWA）设计的商务班机，"星座"在美国参与第二次世界大战后被接管作为一个军事项目，它的首飞是在1943年1月9日，军用代号为C-69。战争结束前交付使用的仅有20架，民用客机的生产继续进行。专门为商务用途设计的洛克希德"星座"

▼第二次世界大战结束时，道格拉斯飞机公司发现自己在远程空中运输市场严重落后于竞争对手。为此，道格拉斯公司将四引擎C-54军用运输机改装为成功的大型客机——DC-4

"星座"
洛克希德L-1049G

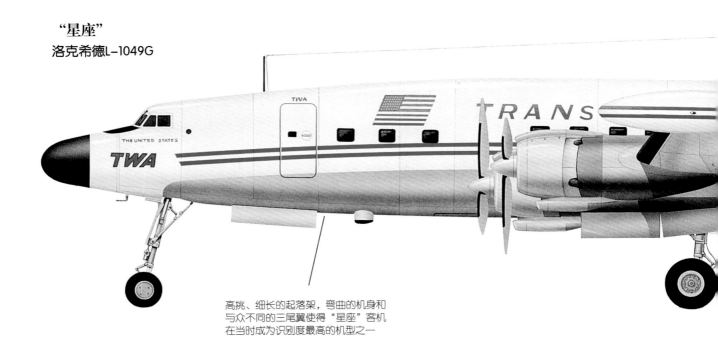

高挑、细长的起落架，弯曲的机身和
与众不同的三尾翼使得"星座"客机
在当时成为识别度最高的机型之一

▼阿弗罗"都铎"是英国为在远程和短程航空运输市场分得一杯羹而推出的早期机型。不过，这款客机并不成功，仅有少量"都铎"进
入商业领域服役

▲1954年12月12日，洛克希德L-1049G完成首飞，1955年春进入西北航空公司服役。早期系列的"超级星座"大量生产，还有一些改装为"超级-G"（Super-G）

"星座"客机的香蕉型机身被证明为是建造者的一个噩梦。后来的"超级星座"客机的乘客部分为提高易制性被作为圆柱形

客机的最初版本是649型，在1947年5月投入使用，发动机做了改进，承载能力也有了提高。一年后推出了749型，飞机总重有所增加，为海外运营考虑适当调整了油箱的位置和容量。后来又推出了一个子系列，可以携带2200千克（4850磅）额外负重的加强版749A。"星座"的这些变体赢得了美国几家大航空公司的大量订单，泛美航空和环球航空公司购买的数量最多，这些飞机在国际和国内航线中表现优异。

"星座"客机的发展又持续了10年，在L-1049G"超级星座"推出后达到顶点。在1954年12月首次升空时，洛克希德L-1049G"超级星座"是当时世界上最好的客机。结构性变化使得它能够携带大型翼梢油箱，和涡轮复合发动机一起保证了这款客机成为"星座"系列中巡航能力最强的飞机。99架样机的主要运营商之一是环球航空公司——"星座"客机战前的客户。通过这些飞机，这家航空公司在横渡大西洋和其他长途服务中（包括

L-1049E "超级星座"	
机型：	远程民用运输机
发动机：	四台2435千瓦（3165马力）莱特R-3350-972TC18DA-1 废气涡轮复合式星形活塞发动机
最大速度：	5670米（18000英尺）的高度上590千米/小时（370英里/小时）
巡航距离：	7950千米（5000英里）
使用（或实用）升限：	7225米（23700英尺）
重量：	空机34665千克（76500磅）；加载完毕60328千克（133000磅）
座位容量：	3名机组人员；2到4名空乘人员；95到109名乘客
尺寸：翼展	37.49米（123英尺）
长度	34.54米（113英尺4英寸）
高度	7.54米（24英尺7英寸）
机翼面积	153.29平方米（1650平方英尺）

其奢华的大使级座舱）处于领先地位，经常光顾的主要是生意人，在机场还有特别的私人休息室。毫无疑问，L-1049G将飞机旅行的舒适度提高到新的层次，虽然它的涡轮混合发动机会产生大量噪音。

道格拉斯对于DC-4的改进稳步推进，后来推出了DC-6。第二次世界大战结束时，道格拉斯飞机公司发现自己严重落后于远程航空运输市场的主要竞争对手。虽然战时道格拉斯DC-4（C-54）运输机生产了1000架之多，而且这款飞机被证明具备很好的可靠性——在其完成的将近8000次横渡大西洋和太平洋的飞行中仅损失了3架，但波音公司的307型高空客机和洛克希德公司的749型"星座"客机不仅运输能力更强，而且密封得很好，乘客舒适度更高。为此，美国陆军航空队支持道格拉斯公司建造一款体积更大、密封更好的新版DC-4；它的代号是XC-112A，原型机首飞安排在1946年2月15日。民用客机的开发持续推进，并推出了代号为DC-6的新型客机。

▲当洛克希德L-1049G "超级星座" 在1954年12月首次升空时，它是世界上最好的客机。结构变化使得 "超级星座" 能够携带大型翼梢油箱

▼道格拉斯DC-7C原型机在1953年5月18日首飞。它是应美国航空公司发布的一条规范——一款能够与洛克希德 "超级星座" 客机一较高下的客机——推出的

不同的变体

　　在漫长的职业生涯中，DC-6的许多不同变体被生产出来。DC-6A运输机之后是DC-6B，首飞是在1951年2月2日。它是一款带窗户、没有货舱门的轻型结构客运飞机。这是一款主要的生产版本，在1951—1958年之间交付使用的有288架；其中一些后来在飞机腹部加装了大型油箱，用于扑救森林大火。DC-6C是一款可以在客运和货运之间快速转换的带有窗户的运输机；一个可移动的隔板可以任意定位以满足乘客、货物混合承运的要求。DC-6B后来转换成货运结构，并被命名为DC-6F（通常没有舷窗）。

　　1953年5月18日，DC-6的直接继任者DC-7完成首飞。DC-7的推出是为了响应美国航空公司的要求，这家公司想要一款能够与竞争对手环球航空公司订购的洛克希德"超级星座"相匹敌的客机。第一批次110架DC-7安装了莱特涡轮混合发动机，这个批次的飞机保留了DC-6机身的大部分特征；随后又为横渡大西洋的航线推出了112架DC-7BS（原型机在1954年10月试飞）。DC-7的这两款变体有许多缺点，最糟糕的是客舱中较强的发动机噪音。不过，1955年12月DC-7C的原型机试飞时这些问题得到了解决。这个变体最后在机翼部分进行了调整，携带了额外的燃料箱，机身也加长了。

　　其他民用航空项目不是太成功。1947年11月2日，史上最大的飞机——休斯H-4"大力士"（Hughes H-4 Hercules）水上飞机——进行了它的首次也是唯一一次试飞：在洛杉矶停泊处上空10米（33英尺）的高度飞行了大约1.6千米（1英里）。这款飞机最初设计用于渡运大规模部队、参与各种战事，战争结束后它失去了存在的理由，后来被军方放弃，成为博物馆的藏品。

　　在一段时期内，英国坚持不懈地开发商用水上飞机，并在桑德斯-罗公司的巨型SR.45"公主"（Saunders-Roe SR.45 Princess）推出后达到顶峰。桑德斯-罗公司接到一份来自英国海外航空公司的规格说明，要求生产一款能够容纳200名洲际旅行乘客的水上飞机。1946年5月，这家公司订购了3架SR.45原型机。不过，建造计划遇到困难没有按时交付。1951年英国海外航空公司退出这一项目，宣布自此以后它将只使用陆上飞机。1952年，一架

▼桑德斯-罗"公主"水上飞机项目的取消预示着商业水上飞机时代的终结。这款巨型飞机共建造了3架，只有1架进行过试飞

"公主"号完成试飞，这3架飞机在考兹的怀特岛与世隔绝了一段时间，最终报废。

昂贵却无用的东西

布里斯托"布拉巴宗"（Brabazon）是另一个昂贵却无用的设计（white elephant）。这是英国航空工业曾经进行的规模最大、最有野心的项目，其设计起源于1943年，最初的设想是开发一款可以携带100名乘客从伦敦到纽约完成直航的飞机。"布拉巴宗1"的原型机在1949年9月4日完成首飞，比计划延后了两年，后来计划生产一个Mk 2版本，但这个项目在1952年被放弃，唯一的原型机也报废。

与此同时，发生了一连串将永远改变民用航空面貌的事件。最初一件发生于1948年，两台罗尔斯·罗伊斯"夏威夷雁"（Nene）涡轮喷气发动机被安装到一架维克斯"北欧海盗"（Viking）客机上，使之成为世界上首架喷气动力运输机。同年7月19日，维克斯的首席试飞员萨默斯（Summers）驾驶它以创纪录的34分零7秒的时间从伦敦飞到巴黎，平均飞行速度为560千米/小时（348英里/小时），以此纪念路易斯·布莱里奥横跨海峡飞行39周年。

两年后的1949年7月27日，德·哈维兰的首席试飞员约翰·坎宁安（John Cunningham）驾驶世界上首架喷气客机——德·哈维兰"彗星"——的原型机离开位于哈特菲尔德的公司机场跑道进行首次试飞。这架飞机装有4台德·哈维兰"幽灵"涡轮喷气发动机，每个翅膀2台。"彗星"客机经历了3年的飞行试验，1952年5月，英国海外航空公司通过这款飞机开创了世界上首次喷气客运服务，航班是从伦敦飞往约翰内斯堡。

"彗星"为其精英客户提供了空前奢华的服务。在12190米（40000英尺）的高空在接近无声的状态下运送36名乘客，其速度是普通活塞发动机客机的两倍。第一年投入运营后，这款飞机共运送了30000名乘客，英国海外

▼设计用于搭载乘客直航伦敦至纽约的体型庞大的"布拉巴宗"客机被航空技术的浪潮淹没，搁浅在喷气机时代的岸上

▲维克斯"北欧海盗"是世界上首款装有喷气发动机的运输机，它通过伦敦至巴黎的创纪录的飞行证明了喷气客机的概念，并以此纪念路易斯·布莱里奥横跨海峡飞行39周年

航空公司和其他航空公司订购了50架样机。

随后事情开始变糟。1952年10月26日，携带35名乘客的英国海外航空公司的"彗星"1G-ALYZ客机在罗马恰皮诺机场起飞时坠落，幸运的是没有人员伤亡；事故原因归结为在起飞过程中机长没有注意到飞机的机头上仰幅度过大。

机毁人亡

第一次致命的"彗星"坠毁发生在1953年3月3日，出事的飞机是"彗星"1A CF-CUN，执行的是一次经卡拉奇和悉尼飞往加拿大太平洋航空公司（Canadian Pacific Airlines）的交付任务。从卡拉奇起飞时，飞机的翅膀撞上一座桥，飞机坠毁并起火，机上11人遇难。最初人们指责是飞行员的失误，但飞行试验表明如果飞机在起飞后拉起动作过快，它可能会失去提升力。为此，"彗星"客机的机翼前缘被重新设计。

还有更糟的事情发生。1953年5月2日，英国海外航空公司的"彗星"1G-ALYV客机从加尔各答起飞后不久，就在雷雨之中解体，它执行的是从新加坡到伦敦的飞行任务。机上37名乘客和6名机组成员全部遇难。1954年1月和4月又发生了两次坠机，第一起事故是一架从意大利的厄尔巴岛起飞的G-ALYP，第二起是从斯特龙博利岛起飞的G-ALYY，没有幸存者，也没有明显的原因，这导致整个机群被叫停接受调查。1955年2月，意大利坠机的残骸被从海底捞起，用船运回英国接受详尽检测。分析表明，坠机的原因是金属疲劳（metal fatigue）。经过数以千计的增压爬升和降落，"彗星"大号矩形窗口周围的机身金属（由于德·哈维兰幽灵发动机的动力不足，为了减轻飞机重量，机身金属的厚度比标准要求稍薄一些）会破裂并最终造成客舱的爆发性减压以及毁灭性的结构损坏。

"彗星"客机的后期版本将在航空服务上取得相当大的成功，但英国在喷气运输领域的领先地位已丧失。不过，在另一领域，英国航空工业稳固地处在最前列。这就是通常所说的涡轮螺旋桨飞机（turboprop）。这种类型发动机（在中空非常有效）自1944年以来不断推进，主要由罗尔斯·罗伊斯完成。世界上第一架涡轮螺旋桨飞机的首飞在1945年9月20日完成，这是一架装有两台罗尔斯·罗伊斯特伦特（Trent）发动机的格罗斯特"流星"Mk 1飞机。特伦特基本上由一台装有单级减速齿轮的德文特涡轮喷气发动机、一个大型五叶片螺旋桨和一个驱动装置组成。

罗尔斯·罗伊斯继续开发了"飞镖"（Dart）涡轮螺旋桨发动机，这款发动机被维克斯"子爵"号（Viscount）——世界上首架涡轮螺旋桨客机——选中。"子爵"号的原型机在1948年7月16日首飞，1950年7月29日英国欧洲航空公司使用这款飞机进行了历时一个月的伦敦—巴黎、伦敦—爱丁堡的航线试飞服务。1953年4月，出产的700系"子爵"客机开始定期航行。从那时起，"子爵"客机走向成功，到1959年年初，共有445架飞

▲工程师正在对一架德·哈维兰"彗星"Mk I客机的"幽灵"发动机进行维修工作。"彗星I"有点动力不足，这使得它在高温高海拔条件下的起飞性能打了折扣

首款涡轮螺旋桨客机
"子爵"708

机翼由全金属框架制成，外有铝制覆盖层，可用加热方法除冰

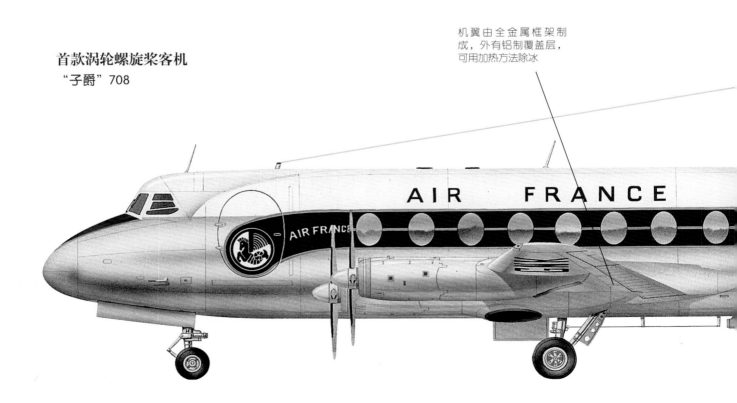

机交付欧洲和美国的航空公司使用。

大规模使用

涡轮螺旋桨引擎客机在商业上的应用并不表示以维克斯"北欧海盗"为代表的活塞引擎飞机提早"退位"。装有两台布里斯托"大力士"发动机的"北欧海盗"原型机在1945年6月22日试飞，随后这款飞机在英国欧洲航空公司国内和欧洲航线上被大规模使用。"北欧海盗"客机凭借卓越的可靠性出口到其他国家，总产量达到163架。1952年3月，"北欧海盗"迎来了另一位活塞引擎飞机同伴——布里斯托"半人马座"发动机驱动的"空速大使"客机（Airspeed Ambassador）。

急于重建其航空工业的法国最初依赖战前设计、随后因战争搁置起来的飞机。使用最广泛的一款是"云雀"SE.161朗格多克（SNCASE SE.161 Languedoc），这是一款20世纪30年代设计的四引擎飞机，起初的代号是"布洛赫161"（Bloch 161），也是一款可行的商用飞机。总共生产了100架，其中一些为了军事用途，到了20世纪50年代仍在服役。

另一款法国设计的"云雀"SE.2010阿马尼亚克（Armagnac）在战后恢复使用，但不是很成功。起初的设计是将其作为一款横渡大西洋的客机，原型机在1949年4月2日试飞，但其潜在的运营商——法国航空公司（Air France）——认为美国的装备可能更合适（首先，它运营成本更低），结果仅建造了8架"阿马尼亚克"，用于军事运输。

这一时期的另一款四引擎法国飞机是布雷盖"763普罗旺斯"（Provence），它是一款具有双层机舱的飞机，因此昵称为"双桥"（Two Bridges）。原型机在1949年2月15日试飞，第一批12架开启了法国航空公司飞往北非的定期航空服务。法国航空公司后来将其中的6架卖给了法国空军以补充军方版的布雷盖"765撒哈拉"（Sahara），其他改装为货运飞机。

苏联在战后初期集中于发展中程运输机，因为这最适合于服务俄罗斯航空公司国内航线和与周边国家——如

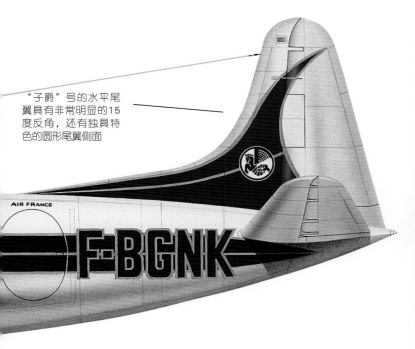

"子爵"号的水平尾翼具有非常明显的15度反角，还有独具特色的圆形尾翼侧面

▲法国航空公司是维克斯"子爵"号客机——航空史上最成功的商业客机之一——的主要客户。它非常受欢迎，在服务过程中也非常可靠

"子爵"810

机型：短程/中程运输机

发动机：4台1566千瓦（2100马力）罗尔斯·罗伊斯"飞镖"RDa.7/1 Mk 525 涡轮螺旋桨发动机

最大巡航速度：6100米（20000英尺）的高度上563千米/小时（349英里/小时）

巡航距离：不带燃料储备的情况下2832千米（1755英里）

使用（或实用）升限：7620米（25000英尺）

重量：空机18854千克（41479磅）；加载完毕32884千克（72345磅）

容量：2名飞行员，空乘人员，一般来说65~74名乘客；货运结构下大量货物

尺寸：翼展 28.56米（93英尺8英寸）
长度 26.11米（85英尺8英寸）
高度 8.15米（26英尺9英寸）
机翼面积 89.46平方米（963平方英尺）

▲虽然SE2010"阿马尼亚克"（图中处在生产线的飞机）在商业上并不成功，但它代表了法国运输机技术的一次重要进步

▼双层布雷盖"763普罗旺斯"服役于法国航空公司和法国空军，用于在法国与其殖民地之间运输乘客和货物

波兰、匈牙利和捷克斯洛伐克——的航线网络。其中最成功的飞机是"伊留申"Il–12（Ilyushin Il–12），这是一款双引擎全金属结构带有三轮起落架的客机。它在1945年8月首飞，1947年在俄罗斯航空公司投入使用。

坚定的尝试

"伊留申"Il–12的继任者Il–14代表了生产一款更好的、没有任何障碍的全能运输机的坚定（且成功的）尝试。第一架变体Il–14P可以凭借一台发动机起飞（即使在高架机场），而且还安装了更新的盲飞（blind–flying）装置。不过，这款飞机仅能搭乘18名乘客，这在经济上有些不划算，为此它被改装为Il–14M，机身加长到可以乘坐24名乘客。Il–14取得了巨大成功，大量出口，并在捷克和德意志民主共和国获得生产许可。

在西方人眼里，诸如Il–14这样的飞机是乏善可陈的，不过，当1956年3月22日一架苏联喷气客机搭乘苏联政府代表团抵达伦敦希思罗机场时，西方人有些目瞪口呆。这是一款图波列夫图–104（Tupolev Tu–104）客机，它的首飞是在1955年6月。1956年9月15日，凭借这款涡轮喷气式飞机，苏联成为（继英国之后）第二个开辟定期客运服务的国家。航线是从莫斯科到伊尔库茨克。图–104具备一些先进的特征，其中包括开缝后缘襟翼、附面层围栏以及主起落装置的防滑制动系统。同时还安装了减速伞。这款客机保留了图–16轰炸机的机翼、尾翼组和起落架，但机身是新的，具有一个圆截面和一个可搭乘50名乘客的增压客舱。之后的改进机型可携带100名乘客。除了俄罗斯航空公司，图–104还在捷克国家航空公司服役。

与此同时，法国航空工业也创造了新的辉煌——SE.210"卡拉维尔"（SE.210 Caravelle），第一款双喷气发动机飞机（发动机安装在机尾）。这种配置将成为中程和短程商业运输机的经典方案。"卡拉维尔"原型机的首飞是在

▼作为双引擎Il–12运输机的变体，Il–14代表了消除困扰早期客机障碍的坚定努力。Il–14被大量出口

▼图波列夫图–114是当时最大的涡轮螺旋桨飞机，它采用了图–95"熊"战略轰炸机的许多组件。它并不是一款性能卓越的飞机，却是苏联在20世纪60年代极具声望的客机

强大的涡轮螺旋桨飞机
图波列夫图–116

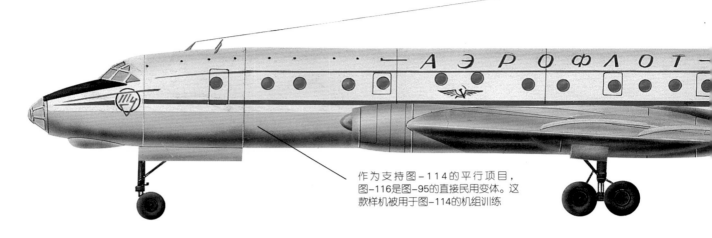

作为支持图–114的平行项目，图–116是图–95的直接民用变体。这款样机被用于图–114的机组训练

1955年5月27日（这一项目获准进行两年后），其商业推销活动得到法国政府的大力支持。第一代"卡拉维尔"航空服务由法国航空公司开启，航线为巴黎—罗马—伊斯坦布尔。到了20世纪70年代，共生产了280架各种型号的"卡拉维尔"客机。

最新的科技成果

在英国，"彗星"客机在经过非常大的改动后再次升空。实际上，在"彗星1"经历一系列灾难性坠机之前，

▼兼并老牌德·哈维兰公司的霍克·西德利通过Mk 4C结束了"彗星4"计划，这款飞机在修长机身上加装了大号悬挂油箱机翼。"彗星4C"是所有型号中最成功的

所有操纵面都是液压操作的，这是一款由图波列夫设计的B-29演变而来的机型最重要的创新之处。水平尾翼具有各种倾角的可操控性

图-114 "楔子"

机型：远程客机和运输机
发动机：4台11033千瓦（14784马力）库兹涅佐夫NK-12MV涡轮螺旋桨发动机
最大速度：7100米（23000英尺）的高度上880千米/小时（545英里/小时）
巡航速度：770千米/小时（477英里/小时）
巡航距离：6200千米（3853英里）
使用（或实用）升限：12000米（39500英尺）
重量：空机88200千克（194000磅）；加载完毕179000千克（393800磅）
容量：5名机组人员（2名飞行员，1名工程师，1名导航员和无线电/雷达操作员）；通常8或9名空乘人员；通常170名乘客；最大座位数220个
尺寸　　翼展　　　51.10米（168英尺）
　　　　长度　　　54.10米（177英尺）
　　　　高度　　　13.31米（44英尺）
　　　　机翼面积　311.10平方米（3349平方英尺）

德·哈维兰就已经着手研制一款"延展"版，这款"彗星3"客机在1954年7月19日试飞。1954年年底，在研究了所有事故的调查结果后，这家公司吸收了最新的科技成果并推出了Mk 4。"彗星3"的原型机安装的是大功率罗尔斯·罗伊斯埃文523发动机，在很多方面都有了改进。这款飞机在1957年2月开始进行试飞计划，为英国海外航空公司生产的第一批19架"彗星4"在1958年4月投入使用。"彗星4"受到运营商（大部分在中东和拉美）的喜爱。

1958年10月4日，英国海外航空公司的一架"彗星4"开启首次从伦敦到纽约横渡大西洋的经营性喷气客机服务。3周后，泛美航空公司使用一款飞机也开启了横跨大西洋喷气客机服务。不久之后，这款客机将风靡航空界，它就是波音707。

▼20世纪50年代初，波音利用通过B-47和B-52喷气轰炸机项目获得的专业知识设计了成为世界顶级喷气客机的"波音707"

TG370是德·哈维兰"吸血鬼"F.Mk.1的早期生产版本。"吸血鬼"是进入英国皇家空军服役的第二款喷气战斗机，装备了许多海外的战术战斗轰炸机中队

对速度的追求

　　第二次世界大战结束之前逐步形成的盟军喷气战斗机设计是非常中规中矩的。除了涡轮喷气驱动之外，格洛斯特"流星"完全没有什么新意（但被证明是一款非常成功的战斗机）。第二款英国喷气战斗机——德·哈维兰"吸血鬼"——也是常规设计，它的结构简单，由一个安放发动机和驾驶室的机舱、一个带有轻微渐缩机翼后缘的机翼、两个尾梁和一对尾翼组成

▲图中是一架韦斯特兰"天空"高空拦截机的原型机。作为一款双引擎重型战斗机，"天空"原打算在极高高度作战，但一直没有投入使用

在战后初期，除了"流星"和"吸血鬼"，英国皇家空军战斗机司令部和位于德国的第二战术空军部队装备的是活塞发动机驱动的机型，如"暴风雨"Mk 2（Tempest Mk2，安装的是布里斯托半人马星形发动机）、"暴风雨"Mk VI和后来的"喷火"战斗机。英国活塞驱动战斗机的终极版本可能要数德·哈维兰"大黄蜂"（Hornet）了，它是世界上速度最快的双活塞引擎战斗机。"大黄蜂"在1942年设计时原本是为了满足远东战场对远程护航战斗机的需求，但因战争接近尾声，"大黄蜂"F.1的主要订单被取消，最终仅建造了60架并在1946年进入英国皇家空军服役。随后又生产了132架"大黄蜂"F.3，主要服役于四个皇家空军防空中队，直到1951年退出使用。后来很多被派往远东地区，在那里扮演地面攻击角色，进攻对象是位于马来亚的恐怖分子。

战斗机资产

同英国皇家空军的情况类似，第二次世界大战结束时，美国陆军航空队的主要战斗机资产由经过多次磨炼的活塞发动机后期版本组成，如P-51"野马"和P-47"霹雳"。美国第一款全面投入运作的喷气战斗机是洛克希德P-80"奔星"（Shooting Star），如它的英国同辈一样，这款战机是非常常规的设计，也是战后5年美国战术战斗轰炸机和战斗拦截机中队的主力。

共和飞机公司F-84"雷电"喷气机（Thunderjet）项目——北约成员国的很多空军部队最初都是通过它体验喷气战机——在1944年夏天启动，此时共和飞机公司的设计团队研究了改造P-47"霹雳"战机机身以推出一款轴流式（axial-flow）涡轮喷气飞机的可能性。这个想法被证明是不切实际的，1944年11月，他们开始围绕通用电气J35发动机设计一个全新机身。第一批3架XP-84原型机在1945年12月完成并于1946年2月28日完成了首飞。此后又为美国空军建造了15架YP-84A。F-84B是第一款生产机型，它安装了弹射座椅、6挺12.7毫米（0.5英寸）M3机关枪和后翼火箭滑轨。1947年夏，F-84B开始交付使用。建造了191架的F-84C在外表上与F-84B类似，但引入了改良的电气系统和改进的炸弹分离装置。1948年11月出现的新版本F-84D具有加固的机翼和改进的燃油系统，共生产了151架。1949年5月，又推出了F-84E，除了6挺12.7毫米（0.5英寸）机关枪，还可以携带2枚454千克（1000磅）的炸弹、2枚298毫米（11.75英寸）火箭弹或32枚127毫米（5英寸）火箭弹。

1952年，这一版本被F-84G替代。这款机型从一开始就是为空中加油而准备的首款雷达喷气变体。它也是美国空军首款具备战术核能力的战斗机；自20世纪50年代以来，美国的原子武器发展已取得相当大的进展，F-84G携带的装置（Mk 7核存储）还比较笨重，重达908千克（2000磅）。

最轻的喷气战斗机

苏联军队挺进德国的过程中斩获的所有航空战利品中，最重要的收获是大量宝马003A和容克尤莫004A涡轮喷气发动机。这些发动机为试验性使用分配给各个飞机设计者，而发动机生产商也准备成系列地予以生产。

其中一位设计者是亚历山大·雅科夫列夫（Aleksandr S. Yakovlev），他着手调整标准的Yak-3机身以适应尤莫004B发动机。由此推出的Yak-15飞机在1946年4月24日完成首飞。在被采用时，Yak-15是世界上最轻的喷气战斗机；最轻的Yak-3机身结构用于弥补动力相对不足的RD-10（尤莫004B）发动机。虽然Yak-3是一款临时机型（缩小差距直到更为先进的喷气战斗机出场），但是它很重要，它为苏联空军提供了他们急需的喷气战机经验。

与此同时，阿尔乔姆·米高扬（Artem Mikoyan）在1945年2月也开始研究一款基于两台宝马003A发动机设计的喷气战斗机——I-300。I-300的原型机与Yak-15的原型机在同一天试飞，而其生产版本——被指定为米格-9——在1947年年中小批量投入使用，在与苏霍伊（Sukhoi）设计的苏-9的竞争中略胜一筹。

1947年春，在一次被视为社会主义者相互支持的交易中，英国工党政府授权向苏联交付了30台罗尔斯·罗伊斯"德文特"和25台"夏威夷雁"喷气发动机。苏联人立即将这一技术应用到他们最新的战斗机设计之中，现在体现为后掠翼特征。原型机由拉沃契金和米高扬公司生产，两款原型机在外表上也十分相似。拉沃契金的版本——La-15——继续小规模生产，而竞争者米高扬的设计注定将成为有史以来最著名的喷气战斗机之一。它就是米格-15。米格-15的产量最终将达到大约18000架，这一数字包括一款串座双人教练机版本——米格-15UTI。

海军喷气战斗机

1944年，在没有得到德国先进的航空研究数据之前，美国陆军航空队发布了围绕四种不同战斗机要求草拟的规范，其中第一个涉及一款能够用于地面攻击和轰炸机护航的中程昼间战斗机。这些规范中的第一个引起了北美航空公司的兴趣，他们的设计团队随后致力于研究NA-134——为美国海军设计的一款舰载喷气战斗机。这款战斗机和XP-59A、XP-80类似，是常规的直机翼设计且性能先进。北美航空公司为美国陆军航空队提供了一款陆基版本，代号为NA-140。1945年5月18日，北美航空接到一份建造3架NA-140原型机的合同，美国陆军航空队将其代号定为XP-86。与此同时，美国海军订购了100架NA-141（NA-134海军喷气战斗机的生产开发版本）并将其代号定为FJ-1（后来这一合约减为30架）。被称为"暴怒者"（Fury）的FJ-1在1946年11月27日完成首飞，继而进入海军VF-51战斗机中队服役并坚持到1949年。

▼F-84G "雷电" 喷气机是首款具备配置核武器能力的单座战斗机

▲首次推出时，Yak-15是世界上最轻的喷气战斗机。它的机翼、尾轮起落架、后机身和尾翼组都有Yak-3U活塞引擎战机的影子

▼苏联第二款喷气战斗机米格-9的开发始于1945年2月，这款飞机被称为I-300。原型机在1946年4月24日首飞，动力来自两台宝马003A涡轮喷气发动机

XFJ-1原型机的建造开始进行时，XP-86和FJ-1的设计开发同时推进。1945年6月，XP-86的实物模型建造完成并得到美国陆军航空队的认可。就在此时，获取了德国研究高速飞行的材料——特别是后掠翼设计（swept-wing designs），XP-86被重新设计为带有掠飞面。1947年8月8日，两架原型机中的第一架完成并进行了首飞，这是第一架使用通用公司J35涡轮喷气发动机的飞机。被指定为XF-86A的第二架原型机在1948年5月18日完成首飞，安装的是动力更为强劲的通用J-47-GE-1发动机，10天后F-86A开始交付使用。1949年3月4日，北美航空公司的F-86被正式命名为"佩刀"（Sabre）。

在英国，高速飞行的研究由于缺乏实施先进空气动力试验的设备而受到限制，在德国缴获的大部分设备——如高速风洞——落入美国的腰包。因此，英国不得不从零开始，德·哈维兰建造了一架研究用飞机——DH.108，基本上是无尾的"吸血鬼"战机加上一个后掠翼——来考察后掠翼的性能。这款飞机共建造了3架，每一个都肩负着在各个速度测试后掠翼结构的特殊任务。第3架DH.108——VW120——是三个中速度最快的，1948年9月9日，试飞员约翰·德里（John Derry）驾驶它在12000米（40000英尺）到10000米（30000英尺）的大角度俯冲时完成了超音速飞行。尽管有争议，DH.108似乎是世界上第一款完成超音速飞行的涡轮喷气飞机。三架DH.108全部坠机损毁，随后的2架在半空中解体。

尖端计划

虽然美国贝尔公司装有火箭发动机的X-1（见第6章）在1947年成为世界上第一款完成超音速飞行的飞机，但是英国本可以凭借一款涡轮喷气设计的迈尔斯M.52在几个月前打败他们。

M.52是迈尔斯飞机公司研究了三年的尖端项目，在原型机已经建造了一半时，高层决定延缓下一步的工作。这是一个可以被看作英国航空史上最大悲剧之一的决定。

1943年，迈尔斯公司开始从事M.52的开发工作，此时对高速航空动力学方面的知识严格限制。由于这个项目是秘密进行的，迈尔斯公司建立了自己的铸造厂生产必需的金属部件，还建造了一个高速风洞。设计渐渐演变，

▼美国空军士兵看守的这架米格-15，其飞行员投诚时属于朝鲜空军。
该机后来飞到日本接受全面评估。试验飞行过程中发现一些缺陷

桶形战斗机
拉沃奇金La-15

机身呈子弹形状，圆截面的直径为1.5米（5英尺），用高强度钢建造，表面覆有一种合金材料。动力装置是一台W.2/700喷气发动机，安装在飞机的中心位置，靠一个环形进风口"补给"。飞行员半躺乘坐的驾驶舱整体呈圆锥形，在紧急情况下可以通过启动一个小型无烟装置与机身分离；飞行员随后通常会在密封舱到达较低高度时用降落伞降落。

M.52装有位于机身中点的双凸截面机翼。这一独特的高速机翼设计的全尺寸木制实物模型在1944年建造出来后，在一款迈尔斯"猎鹰"轻型飞机上进行了试验。随着设计工作向前推进，经过各种改良。分裂式襟翼（Split flaps）被采用，同时还有全动式水平尾翼（all-moving tail plane）。以燃烧罐的形式添加的、放在发动机导管后面的初级再燃装置，目的是在超音速时产生更为强大的推力。起落架的位置让人有些头疼；非常薄的翼截面意味着飞机的轮子必须收进机身内——这会使得飞机轮距变窄，导致降落时容易出问题。

1946年年初，M.52的详细设计完成了90%，装配3架原型机的工作也准备就绪。按照设想，在建造过程中不会出现什么问题，第一架M.52预计会在6～8个月内起飞。1946年2月，在没有任何预兆的情况下，迈尔斯公司接到命令，M.52项目的所有工作必须立即停止。如同它的设计一样，M.52的夭折充满神秘色彩，直到1946年9月，英国社会才意识到其航空工业距离世界上首架超音速飞机是如此之近，而这一机会被无情地夺走了。

无人驾驶模型

取消M.52项目这一决定公开宣称的原因是：早在1946年，就已经决定在维克斯公司开发的无人驾驶模型的基础上实施一项超音速研究计划。1947年5月至1948年10月，发射了8个火箭动力模型，仅有3个获得成功。在每个失败的案例中（除了第一次尝试时飞机在云中失去控制，模型被放弃），都是火箭发动机故障，而不是机身。具有讽刺意味的是，大部分模型都是基于M.52的设计。更可惜的是，按照现在的知识，全尺寸M.52几乎肯定会取得成功。

在M.52项目取消公之于众仅仅一年后，美国空军少校查尔斯·耶格尔（Charles Yeager）驾驶贝尔公司火箭动力的X-1研究用飞机完成历史上首次超音速飞行。

虽然第一代后掠翼喷气战斗机可以在俯冲时实现超音速飞行，但是通过涡轮喷气动力飞机在水平飞行中实现

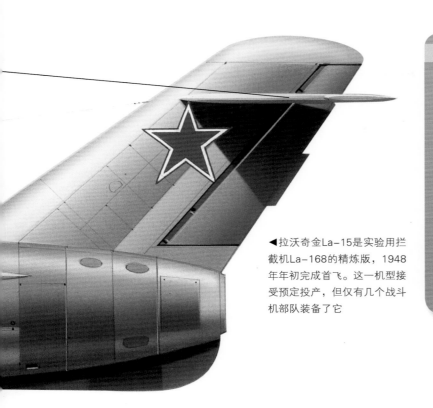

◀拉沃奇金La-15是实验用拦截机La-168的精炼版，1948年年初完成首飞。这一机型接受预定投产，但仅有几个战斗机部队装备了它

拉沃奇金La-15	
机型：喷气战斗机	
发动机：一台15.6千牛（3495磅）推力克里莫夫	
RD-500 发动机	
最大速度：1026千米/小时（638英里/小时）	
空载连续航距：1170千米（730英里）	
使用（或实用）升限：13000米（42650英尺）	
重量：空机2575千克（5677磅）；加载完毕	
3850千克（8490磅）	
武器装备：三门23毫米努德尔曼-萨拉诺夫	
NS-23机关炮	
尺寸：翼展　　　8.83米（29英尺）	
长度　　　9.56米（31英尺4英寸）	
高度　　　13.31米（44英尺）	
机翼面积　16.2平方米（174平方英尺）	

▼挪威皇家空军F-86K"佩刀"战机。F-86K发展自F-86D（最初设计为一款双人战机，后座是一位武器系统操作员）

▲宣称是世界上第一款超音速飞行涡轮喷气飞机的DH.108设计用于研究后掠翼运转情况。共建造了3架，第一架在1946年5月15日首飞；另外2架在事故中被毁

▼在美国国家航空咨询委员会（后来的美国国家航空航天局）监管下，美国空军和美国海军为研究目的资助了所谓的"X"飞行器项目，贝尔X-1是美国首架装有火箭发动机的飞机

超音速的目标花了一些时间。完成这一目标的机型是北美航空的F-100 "超级佩刀"（Super Sabre），它在1953年5月25日的首飞中实现超音速飞行。苏联第一款实现这一目标的涡轮喷气动力机型是米格-19——被指定为米格-17的继任者。

虽然英国缺少能够在水平飞行中实现超音速的作战飞机，但是它有两款能够不费力地实现这一目标的研究用飞机。第一款是英国电气公司的P.1（第二次世界大战刚刚结束后构想），此时在英国皇家空军司令部有一款喷气战斗机——作战用的格罗斯特 "流星"；另一款是德·哈维兰公司的 "吸血鬼"（计划1946年交付使用）。同年初，霍克和超级马林也在研究策划后掠翼喷气战斗机，最终呈现为 "猎人"（Hunter）和 "雨燕"（Swift）；真正超音速设计的试验随后集中于迈尔斯的M.52。

当M.52项目被取消时，英国电气公司才华横溢的年轻设计团队在总工程师泰迪·彼得（W.E.W. 'Teddy' Petter）的带领下，开始将注意力转向设计一款不仅能够维持超音速飞行，而且可以实现二马赫（Mach 2，两倍音速）飞行的飞机。提出的初步草图是一种激进的设计：一款具有60度后掠角机翼的飞机，动力来自两台相互叠加在细长机身上的发动机，单座驾驶舱位于顶部，飞机具备先进的航空电子设备，导弹武器，动力控制机构和全动式水平尾翼。让人吃惊的是，对M.52项目实现持续超音速飞行的可行性严厉质疑的供应部（Ministry of Supply）决定它值得进一步研究，而且在1947年发布了一项实验性研究合同——ER.103。

研究用飞机

两年后随之而来的是建造两架原型机和一个用于静态测试机身的合同。为考察具有高的后掠角机翼的特征，一款研究用飞机——绍特SB.5——被建造出来并在不同的后掠角进行试飞，1952年12月开始时是50度，后来逐步发展到60度。

▼迈尔斯E.24/43或M.52是一个极先进的项目，这一项目开发了3年，高层决定暂停进一步的工作

▼北美航空公司F-100"超级佩刀"是第一款
在水平飞行中能够超音速的美国喷气机。这架
F-100D装有"小斗牛"式空对地导弹

首款"世纪"战斗机
F-100D "超级佩刀"

F-100D重新设计的机翼具有扭结
的、包含宽大开缝着陆襟翼的机翼
后缘。这受到那些被F-100C高速着
陆滑跑困扰的飞行员的热烈欢迎

米格超音速战机
米格-19S "农夫"

米格-19具有高后掠翼以
达到超音速。机翼下的外
挂架能够携带K5M导弹

空气通过一个包含分流板的机
头通风口进入，经过驾驶舱下
的两个通道进入发动机

D型机具有更高的、有利于改进操纵性的垂直尾翼。这为燃料喷放管道引入一个更深的整流罩

F-100D "超级佩刀"

机型：单座战斗轰炸机

发动机：一台75.4千牛（16958磅）推力普惠 J57-P-21A 后燃涡轮喷气发动机

最大速度：1436千米/小时（892英里/小时）

最初爬升率：5045米/分钟（16552英尺/分钟）

作战半径：携带两个副油箱的情况下2494千米（1550英里）

使用（或实用）升限：14020米（45997英尺）

重量：空机9526千克（21000磅）；最大起飞重量15800千克（34833磅）

武器装备：四门M-39E20毫米机关炮，外加3402千克（7500磅）机外挂载炸弹、汽油弹、火箭弹或导弹

尺寸：翼展　　　11.82米（38英尺9英寸）
　　　长度　　　14.36米（47英尺1英寸）
　　　高度　　　4.94米（16英尺2英寸）
　　　机翼面积　35.77平方米（385平方英尺）

米格-19S "农夫-C"

机型：单座昼间战斗轰炸机

发动机：两台32.66千牛（7346磅）推力图曼斯基 RD-9BM 后燃涡轮喷气发动机

最大速度：高空1452千米/小时（902英里/小时）

空载连续航距：2200千米（1367英里）

使用（或实用）升限：18500米（60695英尺）

重量：空机5760千克（12700磅）；最大起飞重量9100千克（20062磅）

武器装备：两或三门30毫米73发NR-30机关炮；两枚454千克（1000磅）炸弹，各种单桶或多桶火箭弹，两枚767升燃烧弹或四枚导弹

尺寸：翼展　　　9.20米（30英尺2英寸）
　　　长度　　　12.60米（41英尺4英寸）
　　　高度　　　3.88米（12英尺9英寸）
　　　机翼面积　25.00平方米（269平方英尺）

▲作为米格-17后继者的米格-19在1953年9月完成首飞，它是苏联第一款实现超音速水平飞行的战斗机

1953年首飞的绍特SB.5建造用于实施一种机翼平面形状的低速试验，这种机翼形状准备用于英国电气公司的"闪电"超音速战机

SB.5的试验方案证明，英国电子公司设计团队的设想可行，两款实验用原型机（被指定为P.1和P.1A）的建造继续进行。1954年8月4日，第一架原型机在博斯坎普首飞，驾驶员是英国电气公司的首席试飞员、英国皇家空军中校博蒙特（R.P. Beaumont）。飞机的动力来自两台布里斯托"辛德利蓝宝石"（Siddeley Sapphire）涡轮喷气发动机，在第三次试飞时实现超音速飞行。

1954年，英国电气公司接到一份建造3架P.1B（实际上是作战版本的原型机）的合同。P.1B是英国第一款设计成综合武器系统的战斗机，动力来自两台罗尔斯·罗伊斯RA24发动机。第一架样机在1957年4月4日试飞。具有讽刺意味的是，英国政府在同一天发表了防御白皮书，预言有人驾驶战斗机将走向终结而被导弹替代。

P.1B——被命名为"闪电"（Lightning）——设计初衷是与桑德斯–罗公司的SR.177战机（一款由一台喷气发动机和一台火箭发动机驱动的目标防御飞机）一道形成联合的拦截机部队。同其他有前途的军用飞机项目一样，SR.177战机成为1957年政策变化的牺牲品，"闪电"成为唯一从亚音速跳到超音速的战机。

英国的第二款超音速设计——费尔雷FD.2（费尔雷"德尔塔二号"）研究用飞机——在1956年3月10日确立了它在航空史上的地位，这一天它成为世界上第一架创造超过1600千米/小时（1000英里/小时）飞行速度纪录的飞机。也是在这一天，试飞员彼得·特维斯（Peter Twiss）驾驶这架飞机创造了新的速度纪录——1821千米/小时（1132英里/小时）。

和P.1类似，FD.2也起源于ER.103。1949年12月，费尔雷提出建造一款具有高度流线型三角翼飞机的建议，实际上它就是一个刚好能够容纳飞行员、发动机和燃料箱的超音速"飞镖"。第一批两架FD.2的原型机在1954年10月6日试飞。起初，它展现了巨大的潜力。第二代FD.2在1956年2月15日试飞，到彼得·特维斯创造速度纪录时（当时的纪录由北美航空的F-100C"超级佩刀"保持），这两架飞机已经进行了100多次试飞。这一成就震惊了世界航空界，费尔雷确信"德尔塔二号"的设计已证明了自己，并且可以基于这种设计提议推出一组超音速战斗机。费尔雷继续开发军事版本，但这个项目在1957年4月告终。这两架FD.2为高速飞行研究做出了卓越贡献，第一架飞机后来还安装了一个将用于协和式超音速喷射客机的尖顶（双曲线）机翼平面模型。

两倍音速

1957年12月12日，美国通过一架麦克唐奈F-101A"巫毒"（Voodoo）飞机夺回世界飞行速度纪录。这一纪

虽然很受飞行员的欢迎，但"闪电"战机驾驶起来并不容易。驾驶舱相当狭窄，仪器和控制装置是20世纪50年代的

英国的前线战机
英国电气公司"闪电"F.Mk 1A

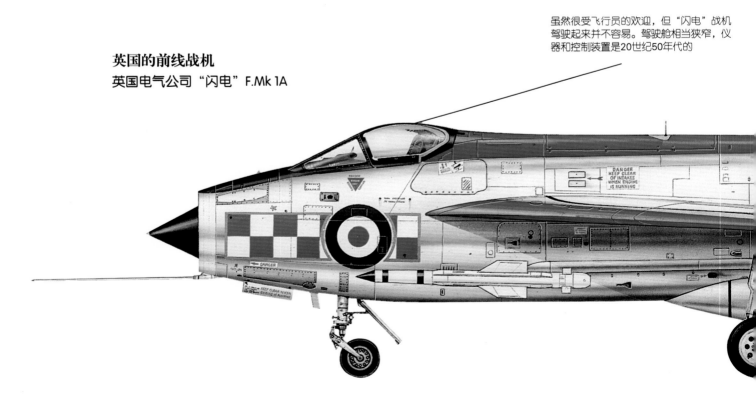

▲打破纪录的费尔雷FD.2研究用飞机，后来用于协和式超音速喷射飞机的开发。两款飞机都具有能够"下垂"的机头部分以改进飞行员在着陆时的能见度

▼英国皇家空军第56空中中队的英国电气公司"闪电"F.Mk.3战机。第一款出产的"闪电"F.Mk.1在1959年10月29日首飞，完全作战装备的"闪电"战机在1960年7月开始进入英国皇家空军服役

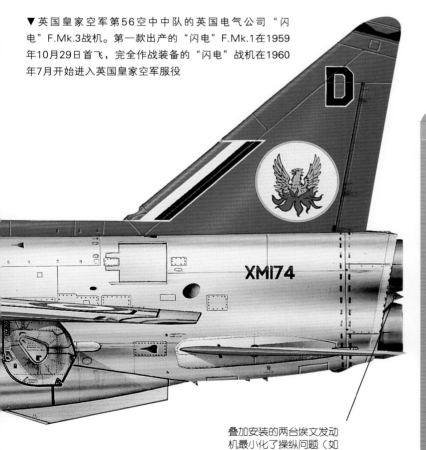

叠加安装的两台埃文发动机最小化了操纵问题（如果一台出现故障）

"闪电" F.Mk 6

机型： 单座防御战斗机

发动机： 两台72.77千牛（16367磅）推力罗尔斯·罗伊斯埃文302后燃涡轮喷气发动机

最大速度： 12000米（39370英尺）高度上2415千米/小时（1500英里/小时）

作战半径： 1200千米（746英里）

使用（或实用）升限： 16500米（54134英尺）

重量： 空机12700千克（28000磅）；加载完毕22500千克（73820磅）

武器装备： 两门ADEN 30毫米120发NR-30机关炮；两枚红顶或火光热跟踪导弹；2500千克（5512磅）机翼上下炸弹存储（仅限出口变体）

尺寸： 翼展　　　10.62米（34英尺10英寸）
　　　　长度　　　16.84米（55英尺3英寸）
　　　　高度　　　5.97米（19英尺7英寸）
　　　　机翼面积　35.31平方米（380平方英尺）

录仅保持了5个月，1958年5月，就被另一款美国飞机打破。这是一款将涡轮喷气飞行提升到两倍音速新高度的飞机，它就是洛克希德F-104"星座"式战斗机（Starfighter）。

美国第一款能够保持两倍音速飞行的喷气飞机F-104的开发始于1951年，此时朝鲜空战的教训开始对战斗机的设计带来深刻影响。建造两架XF-104原型机的合同在1953年发出，仅仅11个月后，第一架原型机在1954年2月7日首飞。这两架XF-104之后接受美国空军评估的是15架YF-104，其中大部分与原型机类似，动力来自莱特J65-W-6涡轮喷气发动机。接受订购的生产机型是F-104A，1958年1月开始交付美国空军防空司令部。全天候作战能力的不足意味着F-104A只能为防空司令部提供有限服务，只装备了两个战斗机中队。F-104A还被提供给中国和巴基斯坦的部队，在1969年的印度—巴基斯坦冲突中服役。F104B是一款双座版本，F-104C是一款战术战斗轰炸机，第一批77架样机在1958年10月交付第479战术战斗机联队（也是唯一使用它的部队）。之后还有两款双座星座式战斗机——F-104D和F-104F，后来又推出了F-104G（从数量上看最重要的变体）。

星座式战斗机创造了2259.7千米/小时（1404.1英里/小时）的速度纪录，这一纪录一直维持到1959年10月31日，一款代号为Ye-66的飞机将这一纪录提升到2387.99千米/小时（1483.83英里/小时）。它的代号实际上是Ye-6/3，是一款将给西方航空领域专家带来深刻震动的原型机——米格-21。

目标防御

类似F-104，米格-21被北约组织称为"鱼床"（Fishbed），是朝鲜战争的产物。苏联在空战的经验表明需要一款具有超音速机动能力的轻型单座目标防御拦截机。起初一共订购了两架原型机，全部在1956年年初推出；其中一个代号为"花盘"（Faceplate），其特征是具有锐利的后掠翼，这款原型机没有进一步发展。

最初的生产版本（"鱼床"-A和"鱼床"-B）建造的数量有限，是带有相对轻型装备（30毫米NR-30机关炮）的短程昼间战斗机，但接下来的变体米格-21F"鱼床"-C携带了两枚K-13"环礁"（Atoll）红外自动跟踪空对空导弹，而且装有一台大功率图曼斯基R-11涡轮喷气发动机和改进的航空电子设备。米格-21F是第一代的主要生产版本；它在1960年开始服役，在接下来的几年里被逐步改进和更新。

随后还会有更多的震惊。苏联在1961年的图希诺展览中推出的最新战斗机，标志着他们在军用航空技术上赶上了西方世界，占据优势地位。两大集团进入冷战的最危险阶段。

世界上最受欢迎的战斗机
米格-21 FL "鱼床"

米格-21的机翼设计使得它成为同时代最敏捷的战斗机之———超过在越南与其交手的"鬼怪"战机

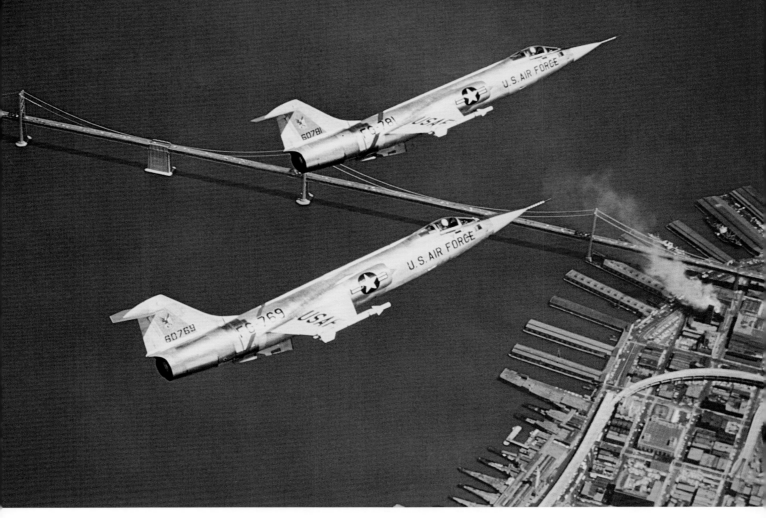

▲F-104的开发始于1951年,此时朝鲜战争的教训开始对战斗机的设计带来深远影响。第一架"星座"式战斗机在1954年2月7日首飞

▼米格-21FL由印度斯坦航空公司建造,服役于印度空军第1空中中队(直到1973年)。米格-21被大量出口,其操纵性能广受青睐

这一版本的"鱼床"——米格-21FL没有任何内置枪炮,但在机身下装有一门23毫米机关炮

米格-21 FL"鱼床"

机型: 单座拦截机和战斗机

发动机: 一台63.65千牛(14316磅)推力图曼斯基R-13后燃涡轮喷气发动机

最大速度: 2230千米/小时(1386英里/小时)

作战半径: 1480千米(917英里)

使用(或实用)升限: 18500米(60696英尺)

重量: 空机5350千克(11795磅);加载完毕9400千克(20723磅)

武器装备: 一门双管23毫米200发GSh-23机关炮;四枚装于机翼塔架的热跟踪或雷达制导"环礁"空对空导弹;2000千克(4409磅)炸弹或火箭弹

尺寸: 翼展   7.15米(23英尺5英寸)
长度   15.76米(51英尺8英寸)
高度   4.50米(14英尺9英寸)
机翼面积   23.00平方米(248平方英尺)

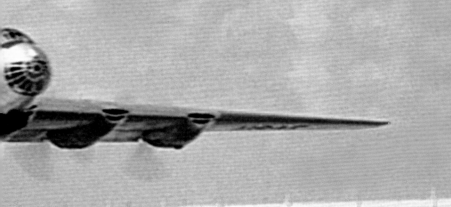

康维尔B-36让美国战略空军司令部具备从美国大陆基地出发向苏联目标投递核武器的能力。庞大的身躯为它赢得了"遮天蔽日铝合金"的绰号

12 冷战：原子时代的诞生

被称为冷战的时期差不多是在第二次世界大战结束后就开始了，持续了大约半个世纪。冷战开始时，美国垄断核武器及其投送手段，但是这种垄断在1949年苏联引爆首枚核装置后很快被打破

▲在一段时间里，波音B-50 "超级空中堡垒" 是美国战略空军司令部的主力机型。它从B-29发展而来，是一款重型轰炸机，在冷战时期完成了投递第一枚核弹的任务

1945年，美国战略轰炸机的主力是波音B-29，1947年以后，它被另一款动力更为强劲的变体B-50替代。也是在这一年，新组建的美国战略空军指挥部（US Strategic Air Command）接受第一批康维尔公司B-36——第一代可以在任何一支空军服役的具有真正全球战略能力的轰炸机。B-36在1946年8月8日首飞，动力来自6台普拉特·惠特尼公司（Pratt & Whitney）推进式发动机，每台发动机的功率为2237千瓦（3000马力）。第一代XB-36之后是另外两款在1947年试飞的原型机——YB-36和YB-36A。B-36是一款大型机，翼展有70米（230英尺），机身长49米（162英尺）。它可以搭乘16名机组成员。最高速度为700千米/小时（435英里/小时）；飞行高度为12800米（42000英尺），飞行距离可达12875千米（8000英里）。飞机携带重型防御武器，装备有6个伸缩式远程遥控炮塔，每个炮塔内有两门20毫米机关炮，飞机前部和尾部还各有两门20毫米机关炮。标准载弹量为4536千克（10000磅）核存储，但对于短程攻击，这款飞机最多可携带38102千克（84000磅）常规炸弹。B-36确定的轰炸机版本是B-36D，装备有四台辅助涡轮喷气发动机，成对安装在外侧翼下面的发动机吊舱内。

自1946年3月起，美国的战略轰炸机部队接受新组建的战略空军指挥部的领导。当时装备的仍是B-29，还是一支常规的轰炸机部队；只有一个作战单元，第509轰炸机组——负责在广岛和长崎首次投放原子弹的部队——拥有可以通过适当改进携带这些大型、笨重的第一代核武器的飞机。

1946年7月，第509轰炸机组参与 "十字路口行动"（Operation Crossroads）。以比基尼环礁为中心，这次演习的目标是考察两枚核炸弹对一支由俘获的和过期的战舰组成的模拟海军部队的攻击效果。1946年7月1日，一架临时部署在夸贾林环礁、由伍德罗·斯万卡特（Woodrow P. Swancutt）少校驾驶的第509轰炸机组B-29战机向73艘聚集在比基尼岛周围的战舰投射了一枚长崎型钚弹。这枚在空中爆炸、产生大约17千吨当量的武器摧毁了5艘战舰，还有9艘严重受损。

装备核武器的轰炸机

美国的真正目标是生产一款能够从美国大陆基地起飞攻击苏联任何目标的装备核武器的喷气式轰炸机，它飞得足够高、足够快以能够攻破苏联在可预见的未来能够部署的所有防空系统。1945年9月，波音飞机公司开始设计一款被指定为"450型"（Model 450）的喷气式战略轰炸机。这款飞机彻底偏离常规设计，拥有一个纤薄、灵活的机翼——根据战时德国的研究数据——且具有35度的后掠角，在机翼下的发动机吊舱内装有6台涡轮喷气发动机，主起落架位于机身内。基本设计工作在1946年6月完成，第一批共两架XB-47同温层喷气机（Stratojets）的原型机在1947年12月17日首飞，动力来自6台艾利森涡轮喷气发动机J35。后来，J35被通用J47-GE-3涡轮喷气发动机替代，XB-47通过这款发动机在1949年10月完成首飞。

与此同时，波音公司在1948年11月收到生产10架B-47A同温层喷气机的合同，这一试生产批次飞机中的第一架在1950年6月25日首飞。B-47A用于试验和评估，在某种程度上，也是为了机组人员的转换。第一批生产型号是B-47B，动力来自J47-GE-23发动机且在结构上有非常多的改进，其中包括加强的机翼。它在机翼下方携带有燃料箱，还装有18个使用固体燃料的火箭以提供相当于89千牛（20000磅）的紧急起飞推力。在正常的作战训练中不会使用，但是在战斗情况下就很有必要，毕竟B-47需要携带全部可燃物载荷量和4536千克（10000磅）的载弹量离开地面，它需要非常长的起飞滑跑，而且起飞阶段的处理很复杂。

B-47的起落架由两对一前一后安装在机身下面的主轮和每个机翼下的舷外支架构成。主起落架折叠进入机身，而外伸支架可收缩进入舷内发动机舱。这种设计可减轻飞机重量、节省空间，但使得B-47在起飞时有翻转的倾向，因此在有强侧风的天气中，飞行员必须握住驾驶杆到一侧。地面驾驶依靠飞机机头的前轮——经过调整以阻止飞机向任何一个方向摆动超过6度。不过，飞机的最佳起飞姿势是假装"坐"在地面，速度大约在140海里/小时（260千米/小时；161英里/小时），具体取决于其重量，同温层喷气机实际上自己飞离跑道而不需要对驾驶杆施加向后的压力。一旦飞离地面，襟翼收回，飞机自动调整以保持平衡，其中的技巧是控制住直到进入安全飞行速度，随后以浅角爬升直到空速表上显示310海里/小时（574千米/小时；357英里/小时），随后爬升率增加到每分钟1200或1500米（4000或5000英尺），具体取决于飞机的配置。

在大约12000米（40000英尺）的飞行高度，B-47可以很轻松地操控，甚至可以自主飞行。驾驶舱的平静、振动的微弱以及飞行的平滑非常引人注目，唯一的例外就是当在高空遇到气流时；从驾驶舱往外看，机组成员可以看到B-47修长的、灵活的机翼上下弯曲。如果是第一次经历，这是一种会使人紧张不安的现象。

着陆技巧

B-47拥有引人入胜的着陆技巧，它开始于一种长距离、"直接入场"式方法，即飞行员在高空放下起落架充当空气制动器；这款同温层喷气机通过起落装置能够在4分钟内下降6100米（20000英尺）。襟翼直到最终进场时——始于距离跑道终点几英里处——才放低，这需要极大的专注度。这款轰炸机不可以停转，而其速度又要保

▼波音B-47同温层喷气机速度非常快，在首次投入使用时足以摆脱大部分苏联战斗机，但它不具备超常的作战上限，而且在地面的操控性也不理想

同温层喷气机最多的一个版本是B-47E，首飞是在1953年1月
30日。在20世纪50年代它的部署高峰期，同温层喷气机装备了
战略空军司令部27个中等规模的轰炸联队

轰炸机中的老兵
英国电气公司堪培拉B.Mk.52

庞大的平板状机翼是"堪培拉"战机强大的巡航能力和承载能力的关键所在

▼一架堪培拉PR.3的原型机VX181，这是它在一次从英国博斯坎比城出发经过尼德尔斯的试飞照片。PR.3赋予英国皇家空军首屈一指的照相侦察能力

埃文发动机装在短舱之前，长长的射流拖尾返回排气喷管

▲埃塞俄比亚空军的一架堪培拉B.Mk.52。1968年，埃塞俄比亚订购了4架前英国皇家空军的"堪培拉"战机，并在20世纪70年代的反游击行动中使用

持在很低的水平以保证飞机不会冲出跑道。超出着陆速度的每个航速单位（1海里/小时）都会为着陆增加150米（500英尺）的制动距离，因此飞行员必须将飞机的速度控制得精确到着陆速度的两个航速单位之内。对于轻型B–47来说，着陆速度通常在130海里/小时（240千米/小时；150英里/小时）左右。

理想上，同温层喷气机飞行员的目标是串联的主轮单位同时触地，因为如果其中一个或另一个首先接触地面，飞机可能会反弹入空。在保持轮组坚定放下的情况下，飞行员通过副翼来维持机翼水平，如同滑翔机飞行员在着陆时所做的；随着副翼的移动，襟翼自动调整位置来化解翻滚的危险。方向舵要小心、慎重地使用，否则飞机可能翻转。为了让高速运转的B–47慢下来，减速伞在着陆时会立即打开，飞行员会采用紧急制动。飞机还安装了防滑装置，在制动状态会自动开启，随后再次申请获得新的"咬合"（bite）能力。平均来说，B–47的着陆会使用2100米（7000英尺）以上的跑道。

1951年10月23日，第一架B–47交付位于佛罗里达麦克蒂尔（McDill）空军基地的第306轰炸机联队，年底又有11架交付使用，替换这个联队的B–50。第306轰炸机联队奉命评估B–47在作战条件下的性能并制定适当的战术。这一意图在被称为"探天"（Sky Try）的演习中达到顶点，其中测试了所有作战程序。具体来说，包括虚拟炸弹的运输和投放，其中包括B–47起初准备携带的Mk 7原子弹的精确配置。这一能够产生30千吨～40千吨当量的武器重达770千克（1700磅），大约有5米（15英尺6英寸）长，直径为76厘米（30英寸）。它的外壳是流线型的，有3个稳定鳍。Mk 7是一个应急计划的产物，由杜鲁门总统在1948年柏林危机爆发之时发起，旨在赋予美国大量的原子武器库存。这一计划在艾森豪威尔总统主政时期得到延续，1952年，Mk 7原子弹以一天一颗的速度生产。到1953年年初，库存已经达到1500颗左右。20世纪50年代后期，美国战略空军司令部的B–47舰队实现Mk 28热核武器的标准化，每个同温层喷气轰炸机可以携带4颗原子弹。这种武器可以通过五种不同的配置装配，产生可控的1.1兆吨～20兆吨当量的爆炸威力。取决于所选择的效果，其长度从2.74米到4.27米（9到14英尺）不等。其直径为50厘米（20英寸），重量也是根据具体的效果而定。它可以自由落体式投放，或者通过降落伞缓慢投放。

英国电气公司堪培拉B.Mk.52

机型：轻型轰炸机
发动机：两台33.36千牛（7503磅）推力罗尔斯·罗伊斯埃文Mk 109涡轮喷气发动机
最大速度：12190米（39993英尺）高度871千米/小时（541英里/小时）
空载连续行距：5842千米（3630英里）
使用（或实用）升限：14630米（48000英尺）
重量：空机10099千克（22264磅）；正常起飞重量19597千克（43204磅）；最大起飞重量24041千克（78875磅）
武器装备：9枚内置454千克（1000磅）炸弹或其他武器负荷；两枚装于机翼的454千克（1000磅）炸弹，机枪炮塔，AS.30或战槌导弹或火箭发射器
尺寸：翼展　　　19.51米（64英尺）
　　　长度　　　19.96米（65英尺6英寸）
　　　高度　　　4.75米（15英尺7英寸）
　　　机翼面积　89.19平方米（960平方英尺）

B-47的变体包括RB-47E、RB-47H和RB-47K侦察机。1946年至1957年间，大约生产了1800架B-47系飞机。波音公司还开发了一款C-97运输机的空中加油机版来支援B-47部队，共有20架加油机被分配给战略空军司令部的各个轰炸机联队。

1954年以前，战略空军司令部的作战行动概念是基于将轰炸机部署到美国大陆外的前沿阵地，如英国。现在，B-47和KC-97的联手使得战略空军司令部的轰炸机联队可以从美国基地出发直接攻击位于苏联境内的目标，随后从位于欧洲或北非的基地获得给养。B-47轰炸机部队在1956年达到顶峰，此时服役的飞机（大部分是B-47E）有1260架。

与此同时，英国凭借英国电气公司的"堪培拉"（Canberra）成为喷气式轰炸机领域的早期参与者。

成功故事

最初设计为一款雷达轰炸机并准备替代德·哈维兰"蚊"式轰炸机的"堪培拉"是英国战后航空工业最成功的故事，直到2006年这款轰炸机才从一线退下来，此时距离其原型机的推出已经过了50多年。英国共生产了4架"堪培拉"B.Mk.1原型机，第1架在1949年5月13日试飞，动力来自罗尔斯·罗伊斯埃文（Avon）涡轮喷气发动机。不过，雷达炸弹瞄准装置的问题导致机头重新设计以扩大炸弹瞄准的视界，经过这番改动后推出了第5架原

▼1948年，冷战蔓延到马来亚。图中是一架为打击共产主义分子而部署到巴特沃斯的澳大利亚空军第1空中中队的阿弗罗"林肯B.30"战机

型机"堪培拉"B.2。照相侦察版的"堪培拉"PR.3基本上是B.2加上7台照相机。

在等待"堪培拉"部署时，英国皇家空军依靠阿弗罗公司的林肯轰炸机（"兰开斯特"的改进版），还有就是美国提供的一批B-29。

直到1947年年初，英国政府才做出生产原子弹的决定。不过，在此期间，由英国皇家空军元帅特德（Tedder）勋爵领导的空军参谋部已经草拟了英国对核弹的需求情况以及能够投送这一武器的飞机规范：它是一款能够在1500海里（2780千米）作战半径上以500航速单位（926千米/小时；575英里/小时）的速度在目标上空15200米（50000英尺）的高度携带10000磅"特殊"武器的先进喷气轰炸机。

5个飞机公司递交了符合规范的设计；供应部最终选定的两个是由阿弗罗和亨德里·佩奇公司提交的方案，他们分别是战时"兰开斯特"和"哈利法克斯"（Halifax）轰炸机的生产商。第三个设计，由维克斯公司提交的"660型"（Type 660）在概念上不如另两个那么先进，最初被拒绝。后来，当有关方面意识到维克斯设计的低性能相比其能够快速开发的能力（相对于其他两款设计）不那么重要时，决定继续推进这款飞机的建造以作为一款"过渡性质"的飞机——以防更为激进的轰炸机设计失败的权宜之计。这是一个幸运的决定，也是一个将产生深远影响的决定。1948年3月，当一项新的规范（B9/48）围绕维克斯"660型"飞机书写时，即使其设计者也没有想到这款飞机在接下来的岁月中即将扮演的角色。这是一款将在20世纪50年代的危险时刻构成英国皇家空军核打击部队主力的战机，也将引领作战技巧的开发并组成"V战队"（V-Force）。在使用中，它将取得一系列令人印象深刻的"第一"，也将成为英国唯一一款投放核武器的战斗机。人们为它选择的名字是"勇士"（Valiant）。

维克斯"660型"的高位安装机翼具有20度的后掠角，这个角度在向翼根——最厚的部分——推进时不断增加以改进提升/拖曳率。发动机就"埋"在这个部分。机翼的结构，事实上整个飞机的结构完全是符合常规的。

▼维克斯660型"勇士"的第一架原型机WB210，其动力来自4台罗尔斯·罗伊斯埃文RA.3发动机，1951年5月18日完成首飞。注意其原始的翼缝进入口

▲世界上首款采用三角翼平面的轰炸机——阿弗罗698型伏尔甘原型机（VX770）——1952年8月30日首飞，随后推出的具有激进外形的阿弗罗707系列研究用三角翼飞机进行了大量试飞

唯一的创新在于塞满这款轰炸机的电气系统。

　　"660型"的原型机WB210由4台28.9千牛（6500磅力）推力的罗尔斯·罗伊斯埃文RA3涡轮喷气发动机驱动。在经过一段时间的系统测试和飞行前试验后，WB210在1951年5月18日完成首飞，维克斯首席试飞员萨默斯（J.'Mutt'Summers）担任机长，副驾驶为乔克·布莱斯（'Jock'Bryce）。1951年6月，官方正式授予维克斯设计战机"勇士"的称号，1952年又做出决定，阿弗罗和亨德里·佩奇公司生产的飞机也应以"V"这个字母开头的单词命名。

黯然失色

　　"勇士"在英国皇家空军后来装备的V系列轰炸机——"伏尔甘"（Vulcan）和"胜利者"（Victor）——面前有些黯然失色。阿弗罗698型"伏尔甘"是世界上第一款采用三角形机翼的轰炸机，它的原型机（VX770）在1952年8月30日完成首飞，随后是对具有激进结构的阿弗罗707系列研究用三角机翼战机的大量测试。第一架原型机装备有四台罗尔斯·罗伊斯埃文涡轮喷气发动机，后来重新安装了布里斯托辛德利发动机，最终选择了罗尔斯·罗伊斯康维斯（Conways），不过第二款原型机（VX777）采用的是布里斯托辛德利奥林巴斯100（Siddeley Olympus 100）。这款飞机在1953年9月3日首飞，它的机身稍稍加长，后来又安装了拥有重新设计的、带有复合后掠角前缘的机翼，并在1955年10月5日进行了试飞。后来它又被用于测试拥有更大机翼的"伏尔甘"B.Mk.2，1960年最终退役。

　　1956年7月，第一批出产的"伏尔甘"B.Mk.1被送往第230作战换装部队（Operational Conversion Unit）；1957年7月，第83空军中队成为第一支装备这款新型轰炸机的部队。同年10月，第101空军中队接收了这飞机，1958年5月第617中队——著名的"水坝轰炸中队"（Dam Busters）——也完成了装备。性能大幅改进的"伏尔甘"B.Mk.2此时正在进行中。1958年8月30日，第一代出产的"伏尔甘"B.2完成首飞，动力来自奥林巴斯200发动机。第二代拥有安放电子对抗装备的凸出的尾椎，而且这也成为随后出产飞机的标准。

　　第三款设计——HP.80"胜利者"——是一系列亨德里·佩奇轰炸机中的最后一个。"胜利者"的设计主要得益于第二次世界大战时期由德国阿拉德和博隆沃斯公司（Arado and Blohm & Voss）实施的新月形机翼研究。1952年12月24日，HP.80"胜利者"的原型机WB771由亨德里·佩奇公司首席试飞员哈塞登（H.G. Hazelden）中

▲ 可携带35枚常规454千克（1000磅）炸弹的亨德里·佩奇"胜利者"具有傲人的轰炸能力。"胜利者"是V-轰炸机中速度最快的

队长、飞行观察员班尼特（E.N.K. Bennett）驾驶着在博斯坎普城完成首飞。首飞并不费力，在着陆过程中"胜利者"展现了它最优秀的操纵特性；如果在最后进场上设定恰当，它几乎可以自己着陆。大部分飞机在着陆前的完成阶段进入地面效应气垫（ground cushion），地面效应倾向于破坏来自水平尾翼的下降气流，带来俯冲的瞬间，使得飞行员需要用向后的压力拖住操纵杆；"胜利者"的高位水平尾翼几乎完全消除了这一影响。同时，这款飞机的新月形机翼结构从根本上减少了常规的后掠翼所特有的下降气流和翼尖的上升气流。这带来的上仰有助于飞机形成正确的着陆姿势。"胜利者"的原型机在一次低空运行中因水平尾翼脱离而被毁。第二款原型机在1954年9月11日试飞，1956年2月1日推出了第一代出产的"胜利者"B.Mk.1。

第一个装备"胜利者"的第10空军中队在1958年4月形成战斗能力，另外三个——第15、第55和第57中队——在1960年也进行了装备。B.Mk.1A是具有更为先进装备——其中包括尾部的发动机控制模块（ECM）——的更新变体，B.Mk.2则是一个具有更大翼展的动力更强的版本。

核武器试验

不过，实施英国空投核武器试验的是第49空中中队的"勇士"轰炸机。1956年10月11日，在南澳大利亚马拉林加举行的代号为"水牛"（Buffalo）的一系列试验中，英国投放了首颗原子弹（"蓝色多瑙河"）。"蓝色多瑙河"（Blue Danube）在150米~180米（500英尺~600英尺）之间引爆。可裂变物质在飞行中装入核容器，而且这一武器具备改进的熔合系统。由于担心熔合系统可能会失败，导致40千吨当量的地面破坏力和不必要的污染，

"胜利者" B.1及其装载的常规454千克（1000磅）炸弹。和"伏尔甘"不同，"胜利者"从未在战斗中投放炸弹，不过在1991年海湾战争期间它扮演了空中加油机的角色

▲图波列夫图–4是波音B–29的苏联复制版（美国陆军航空队的几架B–29在第二次世界大战即将结束时紧急迫降在苏联境内）。苏联科学家对这款飞机实施了成功的逆向工程

▼1951年开始试飞的图–85是苏联真正试图生产的第一款洲际轰炸机。它拥有非常好的性能，但没有投入生产线。它被北约称为"驳船"（Barge）

因此采用了一个低当量（3000吨）的版本，放弃了标准的炸弹。即使如此，这也是开发工作的顶峰：将炸弹和V-轰炸机在一次作战部署中结合起来。

1957年5月15日，由哈伯德（K.G. Hubbard）空军中校担任机长的第49空中中队的"勇士"XD818在西南太平洋莫尔登岛上空进行的"格斗行动"（Operation Grapple）系列演习中成功投下首枚核武器。由"蓝色多瑙河"弹道壳（ballistic case）构成的这枚炸弹，装备有一个"短花岗岩"（Short Granite）物理组件，在大约2440米（8000英尺）的高空引爆，产生100千吨~150千吨当量的威力。后来它被宣传为"百万吨级装置"，其实并非如此。它就是所谓的"低效运行"（fall-back）裂变装置，一种轻量级裂变式原子弹，能够比第一代原子弹产生高得多的当量。

在接下来的18个月中，"格斗行动"演习断断续续进行，第一阶段在1957年6月结束。很明显，在演习中各方面配合得不是很好，需要进一步的试验以获得对产生更高当量热核爆炸所需触发机制的更好理解。为此，被称为"鹿角"（Antler）的一系列演习于1957年9月至11月间在澳大利亚的马拉林加核试验场展开。

以圣诞岛为基础的太平洋试验场的试验在1957年11月8日继续进行。这一天，由空军中队长米勒特（B.T. Millett）驾驶的"勇士"XD825轰炸机投下了一枚裂变装置。据初步估算，爆炸产生了差不多300千吨的当量，可能也是在太平洋试验场进行的首次成功的试验。

中型轰炸机部队

20世纪50年代后期到60年代初，装备英国和美国初期核武器的"勇士"、"伏尔甘"和"胜利者"构成了英国皇家空军的中型轰炸机部队。但在此期间，继续保持对苏联不断增长的战略实力有效威慑的还是美国战略空军指挥部。

第二次世界大战结束前的几个月，在攻击了位于满洲的日本目标后，3架B-29轰炸机的机组成员被迫降落在苏联境内，飞机落入苏联人手中。经过大量逆向工程之后，图波列夫设计局（Tupolev Design Bureau）生产了一个复制品，并将其命名为图-4。1946年，

▲虽然不是一款杰出的远程战略轰炸机，米亚西谢夫Mya-4却是苏联第一款具备作战能力的四引擎喷气轰炸机，而且基本上可以与早期版本的波音B-52比肩

▼20世纪50年代中期开始部署的图波列夫图-16是苏联最有效的新型战略轰炸机，而且注定成为苏联空军和海军航空兵部队军械库中最重要的轰炸机型

图-4的一架原型机进行了试飞，但苏联人在复制复杂的美国战机时遇到大量工程问题。直到1948年年初第一代出产飞机才交付苏联远程轰炸机部队，1949年年中这一机型才被宣布具备完全作战能力。

凭借B-29/图-4，苏联人现在具备了投放核武器的工具。到图-4投产时，苏联的核研究已很先进。1949年8月29日，苏联首个原子装置（还不是原子弹）在哈萨克斯坦的塞米巴拉金斯克试验场引爆。这次试验中采用钚作为可裂变物质，产生了10千吨~20千吨当量的威力。1951年9月24日，第二个装置被引爆，产生了至少25千吨当量的爆炸威力；1951年10月18日又引爆了一枚采用铀和钚作为可裂变物质的混合设计。这次引爆产生了50千吨当量的爆炸力，基本上是具有作战威力的原子弹的原型。

与此同时，图波列夫设计团队已经开始将注意力转向改进图-4设计，主要目标是增加这款轰炸机的作战半径。在保留图-4基本结构的基础上，图波列夫的工程师们着手将机身流线型化，增加了几千米的长度并重新设计了机头部分，用一个更符合空气动力学原理的、精致的加强配置替换了图-4球根状的驾驶员座舱。尾翼区域也有所增强，尾翼的设计更有棱角。为减少阻力，Ash-73TK发动机（B-29轰炸机采用的莱特R-3350发动机的复制品）的短舱也被重新设计。外翼截面也重新设计，翼展有所增加，这使得油箱容量增加了15%。

重新设计的飞机被指定为图-80，在1949年年初进行了试飞。建造了两架原型机，其中的作战版本在携带相当于图-4的有效载荷的同时，装备了防御武器——在远程控制炮塔装有10挺23毫米机关炮或10挺12.7毫米机关枪。不过，此时苏联空军已开始思考一款能够与B-36轰炸机——已开始在美国战略空军司令部服役——匹敌的战机，因此没有下令生产图-80。

1949年年中，图波列夫着手设计苏联有史以来建造过的最大的飞机，也是最后一款靠活塞发动机提供动力的苏联轰炸机型。这时，苏联的几个发动机设计公司正致力于开发能够为苏联下一代战机提供动力的喷气和涡轮螺旋桨发动机，不过真正实现这点还需要一些时间。在此期间——东西方关系迅速恶化，特别是苏联对柏林的封锁——苏联奋起直追，将实现与美国平起平坐定为头等要务。

▼被北约称为"熊"的图波列夫图-95在1952年11月12日完成首飞。1957年，这款机型开始在苏联战略空军服役，早期样机在苏联核武器试验中发挥了重要作用

在战略轰炸领域，这一点尤为明显；如果要打破美国在核武器上的垄断，只建立自己的原子弹库存是起不到什么作用的，还要有将它们投向目标的手段。B-36轰炸机已经赋予战略空军司令部将核弹投入苏联核心地带的能力，但在1949年，苏联人没有可以与之媲美的轰炸机。图-4可以空运苏联早期的、笨重的核武器，但只能送到有限范围；在理论上，它可以飞越北极攻击位于北美的目标，但它没有能力返航。

洲际轰炸机

为此，新规范呼唤一款洲际轰炸机，它拥有5200千克（11500磅）的载弹量、覆盖7040千米（4375英里）的作战半径，而且不用补充燃料就能够返回基地。图波列夫对此的回应是生产一款图-80的成比例增大版，由新型2983千瓦（4000马力）的活塞发动机驱动。就这样，图波列夫不仅在保持图-80及其前任图-4已被证实的空气动力和工艺品质上取得了成功，而且还节省了时间。从洲际轰炸机计划开始到第一架原型机的首飞之间仅用了两年的时间。相比起来，美国生产B-36花费了5年，虽然它在概念上稍稍显得更具革命性。

新型轰炸机被指定为图-85，并于1951年年初开始进行试飞。它属于轻型结构，采用了大量特种合金（不过出于某种原因，B-36的构造中使用的镁没有被引入），修长的、苗条的、半硬壳式机身被分为4个隔间，其中三个经过密封处理的隔间中有16名机组成员。防御武器与图-4相同，其中包括4个远程控制炮塔，每个有一对23毫米机关炮。宽敞的武器舱可安放20000千克（44000磅）以上的炸弹。图-85拥有5000千克（11000磅）的载弹量，可以547千米/小时（340英里/小时）的速度、10000米的高空（33000英尺）覆盖12070千米（7500英里）的作战范围；正常的作战距离是8900千米（5530英里）。越过目标的最大速度是653千米/小时（340英里/小时）。

1951—1952年间，建造了几架图-85的原型机并进行了试飞，但没有投产。时代快速转变。1951年2月，在图-85启动试飞计划之前，美国空军已经决定订购波音B-52"同温层堡垒"轰炸机（Stratofortress）。这款轰炸机能够从美国大陆的基地出发攻击位于苏联的目标，至此很明显的一点是：活塞发动机驱动轰炸机的时代已经结束。苏联人为此决定放弃图-85的进一步开发，转向涡轮喷气动力轰炸机，不过在航空日（Aviation Day）的空中分列中他们还是营造了这款飞机仍在使用的假象——喷气战斗机只是为其原型机护航。

生产一款战略喷气轰炸机的任务委托给了图波列夫和米亚西谢夫（Myasishchev）设计局；后者的工作在四引擎Mya-4战机——1954年在图西诺推出并被北约称为"野牛"（Bison）式轰炸机——身上达到顶峰。虽然没有在预想的远程战略轰炸方面取得杰出成就，不过"野牛"是苏联首款具有作战能力的四引擎喷气轰炸机。后来几年，它的主要角色是海上和电子侦察，还有一些被改装为空中加油机。

图波列夫的战略喷气轰炸机设计要成功得多。1952年，图-16完成首飞（其制造商将其指定为图-88），20世纪50年代中期开始装备部队，它注定将成为苏联空军和海军航空部队武器库中最重要的轰炸机型。第一代

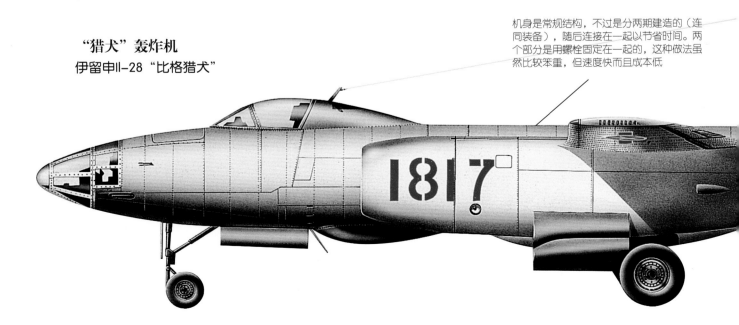

"猎犬"轰炸机
伊留申Il-28"比格猎犬"

机身是常规结构，不过是分两期建造的（连同装备），随后连接在一起以节省时间。两个部分是用螺栓固定在一起的，这种做法虽然比较笨重，但速度快而且成本低

出产版本是"獾-A"（Badger-A），它的机身、结构、系统和防御武器都是基于图-4，加上一个新的后掠翼、可伸缩三轮结构起落架和新型本土的由米库林局（Mikulin Bureau）设计开发的AM-3涡轮喷气发动机。被北约称为"獾"的图-16轰炸机的生产在1953年启动。1955年，这款战机开始在苏联空军的远程航空部队服役。后期的出产飞机由功率更高的米库林AM-3M发动机驱动，在最远航程和速度上都有了改进。"獾-A"还出口到伊拉克（9架）和埃及（30架）。

　　"獾-A"的主要子变体（sub variant）是图-16A——用于携带苏联的空投核武器。这一变体在20世纪50年代中期进行的苏联大气核试验计划中发挥了重要作用。图-16将拥有一段长久的、辉煌的职业生涯，扮演的角色包括电子侦察情报搜集和反舰攻击。一些"獾"战机还被改装为空中加油机。被认为生产了200多架样机的图-16还获准在中国建造，代号为Xian H-6。

涡轮螺旋桨驱动

　　在设计一款新型涡轮螺旋桨驱动的战略轰炸机——图-95——的过程中，图波列夫同样采用了图-85的基本机身结构。为尽快完成这一项目，图波列夫团队基本是在图-85的机身上加装了掠飞面。图-95和米亚-4的开发工作同时进行，原打算两个型号的飞机都能及时参加1954年5月在图西诺举行的航空日飞行表演。不过，图-95的发动机出现耽搁，结果只有米亚-4按时进行了试飞。

　　尽管存在一些早期的问题，不过图-95长期成功的关键还是在于其发动机。这款大型发动机——NK-12——由位于古比雪夫的尼古拉·库兹涅佐夫发动机设计局（Nikolai D. Kuznetsov Engine Design Bureau）开发出来。它是一款单轴发动机，五级涡轮（five-stage turbine）驱动一台14级压缩机，具有可变导流叶片和排泄阀，还有一个将动力耦合进串联同轴螺旋桨的复杂的动力分配变速箱。巨大的AV-60系列螺旋桨有两个四叶片机组，直径为5.6米（18英尺4英寸）。

　　图-95的试飞始于1954年夏，7架预热机在1955年7月3日出现在图西诺，这一机型被北约的媒体称为"熊"。此时，图波列夫轰炸机的重要性不断提高，而米亚-4由于表现没有达到预期导致生产订单大幅削减。虽然图-95

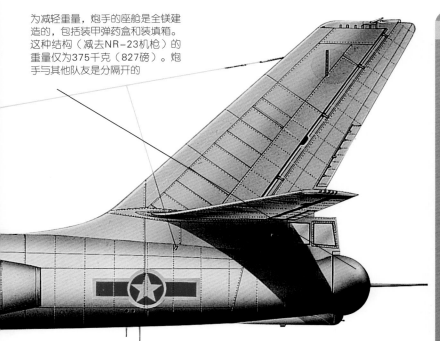

为减轻重量，炮手的座舱是全镁建造的，包括装甲弹药盒和装填箱。这种结构（减去NR-23机枪）的重量仅为375千克（827磅）。炮手与其他队友是分隔开的

▲设计用于替代活塞发动机图波列夫图-2的伊留申Il-28是一款战术轻型轰炸机，在20世纪50年代构成苏联集团战术攻击部队的中流砥柱，并被广泛出口到苏联势力范围内的国家

伊留申Il-28 "比格猎犬"

机型： 三座双喷气引擎轻型轰炸机、鱼雷轰炸机和侦察机

发动机： 两台26.87千牛（6403磅）推力克里莫夫VK-1(罗尔斯·罗伊斯夏威夷雁)涡轮喷气发动机

最大速度： 4500米（14764英尺）高度900千米/小时（559英里/小时）

初始爬升率： 770米/分钟（2526英尺/分钟）

作战半径： 1135千米（705英里）

使用（或实用）升限： 12300米（40354英尺）

重量： 空机12890千克（28418磅）；最大起飞重量23200千克（51147磅）

武器装备： 机头两门（固定）、机尾炮塔两门23毫米机关炮；3000千克（6614磅）炸弹

尺寸： 翼展　　　21.45米（70英尺4英寸）

长度　　　17.65米（57英尺11英寸）

高度　　　6.70米（22英尺）

机翼面积　60.8平方米（654平方英尺）

的发动机仍有问题，但人们意识到，至少在接下来的10年，图波列夫的设计将构成苏联空军战略航空师的主力。

苏联的新型战略轰炸机基本上在3个编队——第30航空部队（总部位于伊尔库茨克）、第36航空部队（总部位于莫斯科）和第46航空部队（总部位于斯摩棱斯克）——之间分配。构成西线战场打击力量的第46航空部队在数量上是最多的，它最终扩张到拥有4个轰炸机师，每个师有12个轰炸机团。冷战时期的另一支苏联空军部队——位于波兰西南莱格尼察的第四航空部队和位于乌克兰中西部文尼察的第24航空部队——基本上属于战术编队。还有一支战术空军——第16航空部队（也是规模最大的）——的基地位于德意志民主共和国（东德）。

在战略轰炸部队组建工作向前推进的同时，苏联的核武器也在发展。1953年8月12日，苏联引爆了首枚热核装置（产生了200千吨~300千吨的爆炸当量）。大约在这个时候，苏联空军接收了第一批原子弹。1954年9月，苏联人进行了首次大规模的包含原子弹爆炸的演习。1955年，分别为陆军、海军和空军部队生产了少量核武器，同年进行了一系列演习，其中包括通过飞机投递核武器。达到顶峰的是在11月出现的两次重要的投射：第一次是一枚热核炸弹（精简了尺寸以适应预定的新一代喷气式轰炸机的炸弹舱）；第二次是苏联的首枚"高产"（1.6兆吨）武器。

战术轻型轰炸机

支持战略武器库的是强大的、以伊留申Il-28（大致与"堪培拉"属于同一类型）为首的战术飞机部队。被设计为替代活塞发动机驱动图-2的一款战术轻型轰炸机Il-28在20世纪50年代构成了苏联战术攻击部队的主力，同时还出口到苏联势力范围内的其他国家。首架由VK-1发动机驱动的Il-28在1948年9月20日试飞，次年年初开始交付苏联战术中队使用。Il-28大约生产了10000架，其变体包括苏联海军的Il-28T鱼雷轰炸机和Il-28U双座训练机（北约将其称为"吉祥物"）。大约500架Il-28提供给了中国，这类机型还被授权改装为"哈尔滨H-5"（Harbin H-5）。

不过，在20世纪50年代让所有其他轰炸机相形见绌的是强大的波音B-52，这款飞机在接下来的30年一直是

▼在危险的20世纪60年代，强大的波音B-52是美国令人畏惧的攻击力量的象征。很少有人想到B-52在半个世纪过后仍在一线服役

▲ 在接到"攀登"（scramble）的指令后，B-52机群努力从大本营向空中爬升。这一招是在敌人核武器攻击之前尽可能快地离开飞机场。浓厚的黑烟实际上是水蒸气；水被注入排气口以在起飞过程中提供更多的推动

西方空中核威慑部队的中流砥柱。B-52是应美国陆军航空队在1946年4月发布的规范生产的，目的是推出一款新型喷气式重型轰炸机以替代战略空军司令部的康维尔B-36。1949年9月订购的两架原型机YB-52在1952年4月15日首飞，其动力来自8台普惠公司生产的J57-P-3涡轮喷气发动机。1952年10月2日，XB-52也完成了首飞，两款飞机具有相同的动力装置。B-52的两架原型机之后是3架B-52A，其中的第一架在1954年8月5日完成试飞。这些飞机有了大量改进并被用于广泛的试验，直到第一架出产的B-52B被位于加利福尼亚城堡空军基地的战略空军司令部第93轰炸联队接受。共为战略空军司令部生产了50架样机（其中包括起初订购的13架B-52A中的10架，后来被改装为B-52B），随后推出的B-52C共生产了35架。

随着B-52D——1956年5月14日第一架飞机完成试飞——的出现，B-52的生产中心后来转移到堪萨斯的威奇托；最终共生产了170架。在B-52E（建造了100架）和B-52F（建造了89架）之后推出的主要是生产版变体——B-52G。

B-52G是第一款装备远程远射空对地导弹——北美GAM-77"大猎犬"导弹（North American GAM-77 Hound Dog）——飞机，这一系统旨在提高轰炸机的生还几率。导弹设计为携带一个一兆吨弹头，能够飞跃500海里~700海里（926千米~1297千米）的距离（具体取决于任务剖面），能够在从树梢到16775米（55000英尺）的高度以最高2.1倍音速的速度运行。这一武器装有一套北美自动导航部门的惯性系统，它与飞机的导航系统相连，通过发射塔架的柯司曼星象跟踪仪不断更新。

装有"大猎犬"的所有B-52G及后来的B-52H都在每个机翼下携带着一个圆柱体。"大猎犬"的涡轮喷气发动机在起飞过程中点火，让B-52实际上成为十引擎驱动的飞机，随后关闭，导弹的油罐继而从母体飞机再次加满。在发射后，导弹能够遵循一个或高或低的飞行剖面，如果需要还能够折弯和转向。后来，进行了反雷达和地形匹配改

▼20世纪70年代初推出的B-52F是在越战中服役的第一款美国战略空军司令部轰炸机；第320轰炸联队的轰炸机从关岛出发执行了68次任务，这是回到美国后拍摄的照片

最终的核轰炸机

B-52F "同温层堡垒"

B-52F装有普拉特·惠特尼J57涡轮喷气发动机，这款发动机还为F-100战斗机、A-3轰炸机和U-2侦察机提供动力

机尾炮塔装有四门12.7毫米雷达制导机关枪

进。在1962年巅峰时期，战略空军司令部有592枚导弹库存，从另一个侧面也能看出这一系统的效力——它坚持服役到1976年。

B-52G共生产了193架样机，其中的173架在20世纪80年代被改装为携带12枚波音AGM-86B空中发射巡航导弹的轰炸机。最后一个版本是B-52H，起初打算携带空中发射的"空中弩箭"（Sky bolt）中程弹道导弹，但后来改为携带四枚"大猎犬"。B-52也装备了近程攻击导弹，1972年3月4日第一架交付位于缅因州空军基地的第42轰炸联队。B-52能够携带20枚近程攻击导弹，12枚安放在后翼群、8枚位于尾部的炸弹舱，同时还有最多4枚Mk 28热核武器。

20世纪50年代末，东方和西方的势力集团在几个场合陷入公开对抗。1948年6月，俄罗斯切断了进入柏林的陆上通道。英国和美国的运输机开始为这座城市提供空中补给，开启了"柏林空运"（Berlin Airlift），这一大规模行动持续了一年。1949年6月，空运随着苏联封锁的升级而逐渐减少；这一行动坚持到10月份。在1948年6月到1949年9月间，共向柏林空投了232.5809万吨补给，其中一半以上是煤。

舰载支援

东西方冷战在1950年升级为武装冲突，这一年朝鲜部队开始大规模侵入韩国。在进攻的初期阶段，朝鲜空军的主力是Yak-9战斗机，这一机型曾帮助苏联空军在5年前取得胜利。现役的其他类型苏联战机有：Yak-3、拉沃契金La-7和伊留申Il-10 "捍卫雄鹰"（Sturmovik）。抵挡它们的是北美F-51 "野马"和F-82 "双野马"（Twin Mustangs），还有少量的F-80 "奔星"。美国海军通过F4U "海盗"（Corsairs）和F9F "黑豹"战机提供舰载支援。后来，英国皇家海军也派出霍克 "海之怒"（Sea Furies）和费尔雷 "萤火虫"（Fireflies）战斗机参战。

打着 "联合国"制裁的旗号，美国很快建立了空中优势，到了8月底，朝鲜空军基本上被消灭。随后，中国部队在10月大规模介入，以美国为首的 "联合国"飞行员开始遭遇大量苏联建造的米格-15喷气战斗机。在性能上能够与米格-15战斗机匹敌的美国战机是北美航空公司生产的F-86A "佩刀"。1950年12月中旬，第一支 "佩刀"部队——第4战斗截击机联队——匆忙进入韩国。

在与米格战机的早期作战中，"佩刀"的最大劣势是其有限的行动半径。米格战机是在能够看到它们飞机场的范围内战斗，而 "佩刀"不得不从它们位于金浦或大邱市的基地向北长途跋涉到鸭绿江，这减少了能够用在作

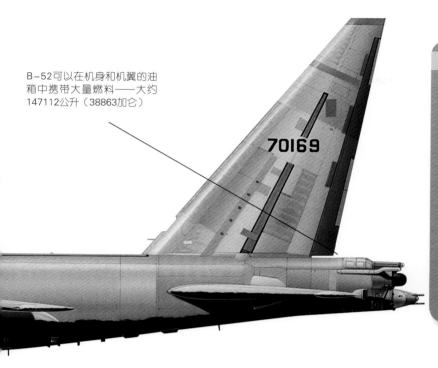

B-52可以在机身和机翼的油箱中携带大量燃料——大约147112公升（38863加仑）

70169

B-52D "同温层堡垒"

机型：重型轰炸机
发动机：八台53.82千牛（12105磅）推力普惠
　　　　J57-P-19W涡轮喷气发动机
最大速度：893千米/小时（555英里/小时）
作战半径：11730千米（7290英里）
使用（或实用）升限：11600米（38000英尺）
重量：空机74893千克（165111磅）；最大起飞
　　　重量204117千克（450000磅）
武器装备：机尾炮塔四门12.7毫米机关炮；内置
　　　　　和外挂最多27215千克（60000磅）
　　　　　炸弹
尺寸：翼展　56.39米（185英尺）
　　　长度　47.73米（156英尺7英寸）
　　　高度　14.73米（48英尺4英寸）

战区域的时间。

　　为拓展巡航时间，"佩刀"被迫以相对低的速度飞行以节约燃料，这将处于不利地位。米格战机的飞行员很快利用了这一弱点，以接近声速的速度从上面进攻，在"佩刀"战机的飞行员加速做出反应之前逃离。为反转这一内生劣势，"佩刀"飞行员采用了新的战术，其中包括在5分钟的时间间隔内高速全速发出4架F-86到作战区域；从此，虽然米格战机通常还是能够在战斗中享受到最初的优势，但"佩刀"也开始建立一定的制空权。

挑战优势

　　1951年6月，大约300架米格-15部署在鸭绿江北的机场群，而在韩国与这一强大力量对抗的美国部队仅有44

▼P-51D "野马" 空投汽油弹。第二次世界大战时期的"野马"在1950年6月的朝鲜战争爆发时仍在前线作战，过了很长一段时间才被喷气战机替代

▲格鲁曼F9F"黑豹"是朝鲜战争中美国海军喷气战机——轰炸机中队的主力机型。它对敌人的通信设施实施了连续不断的攻击，常常装备有非制导火箭弹

▶北美F-86"佩刀"涂有黄黑识别条纹。美国的"佩刀"飞行员声称对米格-15保持10：1的杀伤率，但这是严重夸大的。如果是一位有经验的飞行员驾驶，米格-15是一个非常难对付的敌手

▼另外一款在朝鲜战争初期坚持服役的活塞驱动美国战机是沃特F4U"海盗"式战斗机，它装备了多个美国海军和海军陆战队部队

第一款冷战超级战机
米格-15 UTI

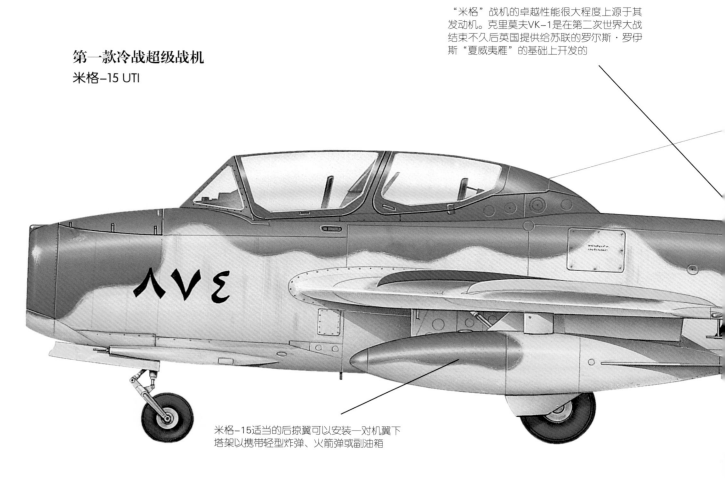

"米格"战机的卓越性能很大程度上源于其发动机。克里莫夫VK-1是在第二次世界大战结束不久后英国提供给苏联的罗尔斯·罗伊斯"夏威夷雁"的基础上开发的

米格-15适当的后掠翼可以安装一对机翼下塔架以携带轻型炸弹、火箭弹或副油箱

▲米格-15 UTI是米格-15战斗机的双座教练机版本。图中的战机标有伊拉克空军的标志，1959年后，伊拉克空军接收了大量苏联的装备

▼在20世纪50年代大部分时间里，米格-15构成苏联和华约国家空军的主力。在朝鲜的盟军对愿意驾驶米格-15叛逃过来的飞行员给予100000美元的奖励

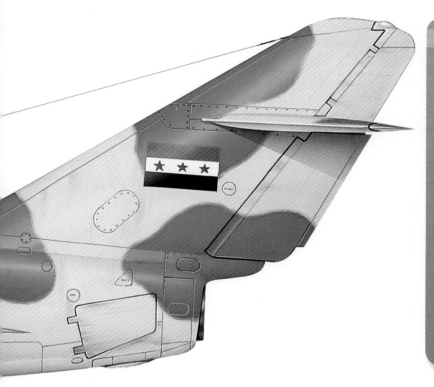

米格-15 UTI

机型：先进的双座飞行员/武器训练机
发动机：一台26.48千牛（5956磅）推力VK-1
　　　　离心式涡轮喷气发动机（来自罗尔
　　　　斯·罗伊斯"夏威夷雁"）
最大速度：海平面107千米/小时（66英里/
　　　　小时）
巡航距离：142千米（88英里）
使用（或实用）升限：15600米（51180英尺）
重量：空机4000千克（8818磅）；加载完毕
　　　　5400千克（11905磅）
武器装备：通常不安装，如果安装是一门80发
　　　　23毫米机关炮或一门150发12.7毫米
　　　　机关炮，外加机翼下两枚500千克
　　　　（1100磅）炸弹或副油箱
尺寸：翼展　　　10.08米（33英尺1英寸）
　　　长度　　　10.04米（33英尺）
　　　高度　　　3.74米（12英尺3英寸）
　　　机翼面积　20.60平方米（222平方英尺）

架"佩刀"战机。给"联合国"的飞行员带来烦恼和挫败感的一个重要来源是不允许他们跨过鸭绿江攻击敌人。然而，虽然他们在空战中经常面对二比一的情况，"佩刀"还是做到了泰然自若（尽管米格战机多次挑战他们的整体优势）。1951年9月和10月，情势十分危急，期间米格战机首次成功干涉美国针对朝鲜目标的轰炸袭击，到了1952年1月情况才有所缓和，第二支"佩刀"联队——第51战斗截击机联队——抵达韩国。

　　直到很多年以后——实际上是将近40年后——人们才知道，在韩国上空作战的米格战机的飞行员几乎都是苏联人。20世纪50年代后半段部署到中国东北的首支苏联战斗机部队是第151护卫战斗机师（第28和第139护卫战斗机团）和第28战斗机师（第67和第138战斗机团）。1950年11月底，第151护卫战斗机师和第28、第50战斗机师合并成立第64战斗机兵团。不过在12月，第28战斗机师被调往中国中部，在这里训练米格-15的飞行员。不久以后，第151护卫战斗机师接到一个类似的任务，因此在同年底真正参与韩国上空作战的米格-15部队是第50战斗机师，其中包括第29护卫战斗机团和第177战斗机团。第50师是首个在中国使用大功率版米格-15战机——米格-15B——的编队。

　　1951年年初，第50护卫战斗机师被召回苏联。它在前线的位置被第151护卫战斗机师接替，第151师接管了第50师的米格-15B，将自己使用的早期版本的米格战机交给中国人民空军的第三战斗机师。第151师将其下属团轮流派往作战区域，1951年2月8日将第28战斗机团派到丹东，3月份又派了第72团的两个中队。1951年4月，第1151师部署到64军团剩余兵力驻扎的鞍山，其在丹东的部队被第324战斗机师接替。这支部队受过良好训练且具有很高的机动性，考虑到它是由伊万·阔日杜布（Ivan Kozhedub）准将——第二次世界大战中苏联和盟军战斗机飞行员中的王牌——领导的部队，这并不意外。这个师装备有62架米格-15B，很快它的作用就显现出来。另外部署到中国东北的空军部队还有第303和第324师。

地面攻击角色

　　1952年全年，联合国部队保持了空中优势地位，F-80的地面攻击角色渐渐被F-84"雷电"喷气（Thunderjet）战机替代。随着1953年夏初韩国停战成为可能，最后一次大规模喷气对喷气战机的战斗冲突发生了，朝鲜再次采取攻势。到朝鲜战争结束时，"联合国"空军部队声称他们在3年的战斗中共摧毁了900架敌机，其中包括792架米格-15，"佩刀"飞行员声称自己损失了78架。后来，这一数字有了调整，米格-15下降到

▲洛克希德F-80C"奔星"在朝鲜战争中展现了卓越的地面攻击能力。它是一个非常稳定的火炮平台，也能够携带大量的炸弹和火箭弹负荷

379架，"佩刀"的损失增加到106架。苏联的记录承认损失了335架米格-15，如果把中国和朝鲜的米格战机算进来，这一数字上升到550架。不过，苏联及其同盟声称他们摧毁了"联合国"271架F-86"佩刀"战机中的181架，其中还包括27架"雷电"喷气战机和30架"奔星"。

米格-15暴露了英国主要空中防卫战斗机——格罗斯特"流星"F.8——的不足，这款飞机被澳大利亚皇家空军第77空中中队用于战斗机护航机（后来扮演地面攻击角色）。即将替代"流星"空中防卫角色的两款新型后掠翼战机是霍克"猎人"和超级马林"雨燕"；它们的原型机分别在1951年7月20日和8月1日完成试飞，英国皇家空军战斗机司令部订购了两款战机并"特别优先"生产。不过，"雨燕"被发现不适合其高空拦截的主要任务——发射机关炮时冲击波会进入进气口从而导致飞机在高空频繁熄火。它后来调整到低空战斗机/侦察机的角色，"雨燕"FR.5装备了位于德国的两个中队。

1954年年初开始服役的"猎人"F.Mk.1在高空机枪发射试验中也遇到发动机喘振（engine surge）的问题。

后来对其罗尔斯·罗伊斯埃文涡轮喷气发动机进行了一些改进,增加了燃料储备,加装了后翼油箱，最后推出"猎人"F4。这款飞机渐渐替代了第二战术空军位于德国基地的空中中队使用的加拿大生产的F-86E"佩刀"（作为过渡性战机提供给英国皇家空军）。"猎人"Mks 2和"猎人"Mks 5是后来推出的变体机，其动力来自阿姆斯特朗辛德利"蓝宝石"（Sapphire）发动机。1953年，霍克公司为"猎人"战斗机安装了拥有4535千克（10000磅）推力的埃文203发动机。被指定为"猎人"F.MK.6的这一变体在1954年1月完成首飞。1956年开始交付使用，F6随后装备了英国皇家空军战斗机司令部的15个空中中队。"猎人"FGA.9是在F6基础上开发的战机，最佳用途是地面攻击。

最后一款昼间战斗机

"猎人"是英国皇家空军最后一款纯粹的昼间战斗机。20世纪50年代末，它和格罗斯特"标枪"

▼共和RF-84F"雷闪"是替代美国空军战术战斗轰炸机中队使用的诸如F-80战机的F-84F"雷电"的侦察机版本

（Javelin）——开发作为在这个10年上半段装备英国皇家空军夜间战斗机中队的"流星"、"吸血鬼"和"毒牙"战机夜间版本的替代者——共同承担英国的防空任务。"标枪"原型机格罗斯特GA5——世界上首款双喷气发动机，在设计上有大胆创新——的建造始于1949年4月，于1951年11月26日完成了首飞，其动力来自两台阿姆斯特朗辛德利"蓝宝石"发动机。英国皇家空军订购了新型战斗机"标枪"FAW1并批准"特别优先"生产。这一机型的变体不断推出，并在FAW.9达到顶峰。

20世纪50年代初，法国在部署自己设计的喷气战斗机上突飞猛进，其中第一款是达索"暴风雨"（Ouragan）战斗机。这款飞机的设计始于1947年，最初是作为私人探险机，它的原型机在1949年2月28日完成首飞。"暴风雨"是一款简洁明了、用途唯一的战斗机，其动力来自一台罗尔斯·罗伊斯"夏威夷雁102"涡轮喷气发动机。它也成为法国设计的、批量生产的首款喷气战斗机，1952年出产的350架飞机交付法国空军使用。"暴风雨"战斗机还出口到印度——被称为"旋风"（Toofani）——和以色列（共接收了75架）。

1951年2月23日，达索MD 452"神秘IIC"（Mystère IIC）完成首飞。它也是一款简洁的战机，在"暴风雨"的基础上增添了后掠翼。法国空军接收了150架，1954年至1955年间以色列也计划采购一些，但考虑到这款飞机糟糕的事故记录——由于结构故障几架飞机坠毁，决定购买更有前途的"神秘IV"。后者无疑是这一时期最出色的战斗机之一。

"神秘IVA"的原型机在1952年9月28日完成首飞。早期的试验显示出非常好的前景，因此法国政府在6个月后（1953年4月）决定订购325架。这款战斗机也被送往印度，以色列在1956年4月订购了首批60架，用以替代以色列空军之前使用的格罗斯特"流星F.8"。

这一时期另外一款重要的法国战机是西南产区的SO.4050"秃鹫"（Vautour）。这款战机从一开始设计就承担三项任务，即全天候拦截、近距支援和高空轰炸。它的首飞安排在1952年10月16日。接受订购的两款生产版本是"秃鹫IIB"轻型轰炸机和"秃鹫IIN"全天候拦截机。"秃鹫"战机的最终版是一款轰炸——侦察变体：IIBR。近距支援版的"秃鹫IIA"没有

霍克"猎人"F.Mk 5

机型： 单座拦截机/战斗机

发动机： 一台35.59千牛（8005磅）推力阿姆斯特朗·西德利蓝宝石101涡轮喷气发动机

最大速度： 11000米（36089英尺）高度978千米/小时（608英里/小时）

初始爬升率： 8分12秒升至13720米（45000英尺）

巡航距离： 689千米（428英里）

使用（或实用）升限： 15240米（50000英尺）

重量： 空机5689千克（12542磅）；加载完毕7756千克（17100磅）；最大起飞重量10886千克（24000磅）

武器装备： 四门30毫米ADEN机关炮

尺寸： 翼展　　　10.29米（33英尺9英寸）

　　　　　长度　　　13.98米（45英尺10英寸）

　　　　　高度　　　4.01米（13英尺2英寸）

　　　　　机翼面积　33.42平方米（360平方英尺）

强壮、有活力的"猎人"
霍克"猎人"F.Mk 5

宽轨起落架主轮可收缩进机翼

▲格罗斯特F.Mk 8"流星"是20世纪50年代初期英国皇家空军的主要单座战斗机，出口到以色列（如图所示）、丹麦和澳大利亚等多个国家。F.Mk 8"流星"在朝鲜战争中被广泛使用

"猎人"后机身的下面装有前端铰接空气制动器。它可以降到67度角，大表面积接触气流以使飞机有效减速

▲WW645是为英国皇家空军建造的最后一款"猎人"Mark 1战机。从1954年中到1957年秋，这款战机在位于卢赫斯的英国皇家空军第43空中中队服役。后来这支部队重新装备了"猎人"F.Mk 6s

▲T.7是霍克"猎人"的双座训练机版本。其他"猎人"双座机变体还有Mks 8、Mks12、T52、T62、T66、T67和T69

被法国空军采用；不过，有20架样机被送往以色列，同时交付的还有4架IIN。

不幸的冒险

以色列的"暴风雨"和"神秘"战机在1956年10月参战。当时以色列军队串通英法部队进入西奈半岛抢占苏伊士运河区的关键地点，这次入侵可以说是几个月前埃及总统纳赛尔（Nasser）将苏伊士运河公司国有化这一"不幸的冒险"带来的后果。参与针对埃及飞机场攻击的有：在塞浦路斯的维克斯"勇士"和英国电气公司的"堪培拉"轰炸机，舰载霍克"海鹰"、德·哈维兰"海上毒牙"（Sea Venom）和韦斯特兰"飞龙"（Wyvern）战斗轰炸机，基地位于塞浦路斯的英国皇家空军"毒牙"，法国F4U"海盗"和F-84F"雷电"，后

最初的法国喷气战斗机
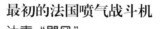
达索"飓风"

▲一架涂有黑黄识别标记的鲨鱼牙达索"飓风"地面攻击机，1956年西奈战役期间在以色列空军服役

▲格罗斯特"标枪"全天候战斗机的后期版本安装了一个长矛型空中加油探管以拓展作战半径。"蓝宝石"Sa.7R发动机再热喷嘴可以在图中清晰地看到

在苏伊士危机刚开始的1956年10月29日，以色列的"飓风"战机击落了4架埃及的"吸血鬼"战斗机

"飓风"与它在中东上空战斗中相遇的米格-15一样采用的是"夏威夷雁"涡轮喷气发动机

达索"飓风"

机型：单座战斗机/地面攻击机

发动机：一台斯帕诺佐加夏威夷雁104B涡轮喷气发动机

最大速度：940千米/小时（584英里/小时）

空载连续航距：1000千米（620英里）

使用（或实用）升限：15000米（49210英尺）

重量：空机4150千克（9150磅）；加载完毕7600千克（17416磅）

武器装备：四门20毫米希斯潘诺404机关炮；机翼下加载两枚454千克（1000磅）炸弹或16枚105毫米火箭弹或八枚火箭弹加两枚458公升（101加仑）汽油弹

尺寸：翼展　　　13.2米（43英尺2英寸）
　　　长度　　　10.74米（35英尺3英寸）
　　　高度　　　4.15米（13英尺7英寸）
　　　机翼面积　23.8平方米（256平方英尺）

▲达索"神秘IV"无疑是其时代最好的战斗机之一。1956年4月，以色列订购了第一批60架"神秘IV"，替代了在以色列空军服役的格罗斯特"流星"F.8

▼舰载霍克"海鹰"在由埃及的苏伊士运河国有化导致的苏伊士危机中参加了多次战斗

者的基地位于塞浦路斯和以色列。在几个北约部队的空军中，后掠翼F-84F代替了"雷电"喷气战机，使得许多欧洲的飞行员首次体验现代的后掠翼喷气战斗机。在苏伊士运河战争（Suez operation）期间，基地设在以色列的F-84F战机对卢克索飞机场实施了一次进攻，摧毁了埃及空军的大部分Il-28喷气式轰炸机。

到了20世纪50年代中期，随着苏联的喷气轰炸机部队不断增强，美国空军提出生产一款能够在其抵达北美洲大陆海岸线前拦截装备核武器轰炸机的远程全天候战斗机的明确要求。作为权宜之计，"佩刀"的全天候版——F-86D——被推出；它具备一套复杂的火控系统和腹部火箭包（rocket pack）。洛克希德公司后来推出了F-94"星火"（Starfire），这款战机在1950年开始服役并在韩国参战；诺斯罗普公司推出了F-89"天蝎"（Scorpion），它能够携带装有核弹头的空对空导弹。

不过，最终推出这一机型中最重要战斗机的是加拿大的飞机制造工业。加拿大阿弗罗公司生产的CF-100——当时世界上这一机型中个头最大的一个——是一款抵挡苏联跨越北极空袭的远程夜间和全天候拦截机。其原型机CF-100 Mk 1在1950年1月19日试飞，军方在最初订购124架CF-100 Mk 3，后又订购了510架Mk 4A和4B；后者安装的是"奥伦达11"发动机。9个加拿大皇家空军的空中中队使用这款战机，提供全天候防空覆盖。作为对北约组织的承诺，装备有CF-100的空中中队在德国服役，还有53架最终生产版本——Mk 5——的样机交付比利时空军使用。

全天候拦截机

替代CF-105的是加拿大阿弗罗公司的CF-105三角翼全天候拦截机，它的首飞安排在1958年3月25日，动力来自两台普惠J75涡轮喷气发动机，速度可达两倍声速以上。另外建造了4架，代号为CF-105 Mk 1；还有4架——代号Mk 2，装有奥伦达PS-13发动机——几乎建造完成，不过在1959年2月这一项目被突然叫停。CF-105是世界上最先进的拦截机之一，但逐步上升的开发成本以及美国政府用F-101B"伏都"（Voodoo）装备加拿大皇家空军3个防空中队的提议造成了它的夭折。剩下的关于它的认知是，在其简短的职业生涯中，它对航空技术的进步做出了非常重要的贡献。

双座的F-101B是麦克唐纳航空公司"伏都"的全天候变体，装备了美国防空司令部的16个空中中队，与其并肩作战的是康维尔公司生产的超音速F-102A"三角剑"（Delta Dagger）截击机——经过拖延的、问题不断的开发生涯后投入使用，随后被康维尔F-106"三角标枪"（Delta Dart）截击机替代。第一批投产的F-106在1959

▼德·哈维兰"海上毒牙"和机组成员正在登上一艘皇家海军航空母舰。1956年苏伊士危机期间，"海上毒牙"在海军航空兵对埃及机场的攻击中发挥了重要作用

▲洛克希德F-94"星火"全天候战斗机是从T-33A教练机发展而来

▼在20世纪50年代和60年代，装备火箭的共和公司F-84F"雷电"被证明是一款极有力的战术战斗机。这款飞机一直在希腊和土耳其服役到20世纪80年代初

年6月交付使用，在建造了257架样机后在1962年停止生产，共装备了13个战斗截击机中队。20世纪60年代初，F-106A是防空司令部库存中最重要的机型。

　　康维尔公司还负责开发世界上首款作战用超音速轰炸机——B-58"盗贼"（Hustler），首飞是在1956年11月11日。B-58的设计是对常规的大胆背离，它拥有锥形曲面前缘的三角翼、区域分隔的机身和4台位于机翼下分离舱中的涡轮喷气发动机。机组成员处在串联的座舱内，B-58是世界上首款在超音速运行的情况下机组人员拥有个体救生舱的飞机。武器和额外的燃料安放在机身下大号、可抛式分离舱中。原本打算用这款轰炸机替代B-47，但其在技术上太过复杂而且有可怕的事故率。最终，只有第43和305轰炸机联队装备了这款战机。

强有力的战斗机

　　1958年，航空史上最强大的战斗机之一完成首飞，它就是麦克唐纳F-4"鬼怪II"（Phantom），这款飞机最初源自1954年对一款先进的海上战斗机的需求。其原型机XF4H-1在1958年5月27日完成首飞。23架开发用战机推出后，麦克唐纳公司为美国海军生产了45架量产机型。这些飞机最初的代号是F4H-1F，但后来改为F-4A。F-4B是经过小幅改动的版本，加装了J79-GE-8发动机，F-4A和F-4B在4年的时间里创造了多项世界纪录。舰载试验在1960年进行；同年12月，第一代"鬼怪"交付VF-121训练中队。第一支具备完全作战能力的"幻影"中队VF-114在1961年10月装备了F-4B；1962年6月，F-4B战机首次交付海军陆战队VMF(AW)-314使用。F-4B的总共生产了649架。

▼诺斯罗普F-89D"天蝎"从翼尖发射架齐射折叠式尾翼空射火箭。F-89D之后投产的机型是能够携带"猎鹰"导弹和MB-1"鬼怪"空对空导弹的F-89H

　　1962年，29架F-4B接受美国空军的评估，结果被证明优于空军的所有战斗轰炸机。美国空军立即订购；最初的代号为F-110A，后来改为F-4C。1963年，战机开始交付美国空军使用。RF-4B和RF-4C是为美国海军陆战队和美国空军生产的没有武装的侦察机变体，而F-4D在F-4C的基础上进行了系统改良并重新设计了雷达天线罩。主要的出产版本是F-4E，1967年10月至1976年12月间，共有913架交付美国空军。F-4E的出口量也达到558架。RF-4E是战术侦察版。F-4F（生产了175架）是提供给德国空军的版本，主要意图是占据空中优势，但仍保留了多用途能力；F-4G"野鼬鼠"（Wild Weasel）是F-4E的改进版，主要意图是压制敌人的防卫系统。接替F-4B在美国海军/美国海军陆战队服役的是具有更强地面攻击能力的F-4J；1976年6月，第一批522架出产的战机交付使用。"鬼怪"在大部分美国的北约伙伴中服役，其中包括首位海外客户——英国，还有其他友好空军，如日本。

　　F-4进入美国海军服役后，参与了美国在1962年10月对古巴进行的封锁，此时美国发现苏联已经将中程弹道导弹部署到附近的岛屿。这些导弹及其辅助设备是通过侦察机拍摄的照片揭露的，而这款侦察机——洛克希德U-2——已在多次冲突中扮演重要角色。U-2的首飞在1955年完成，自1956年开始执行对苏联的空中侦察；1960年5月1日，美国中央情报局的飞行员弗朗西斯·鲍尔斯（Francis G. Powers）驾驶的U-2在斯维尔德洛夫斯克附近被苏联的一组SA-2导弹击落。

◄从不同的视角看加拿大制造的阿弗罗CF-100全天候战斗机。当时世界上这一机型中个头最大的CF-100被设计为一款远程夜间和全天候拦截机，主要应对苏联越过北极的空袭

▼加拿大制造的阿弗罗CF-105"箭"是世界上最先进的拦截机之一，但逐步上升的开发成本和美国政府提供的装备3个加拿大皇家空军防空中队的F-101B"伏都"造成了它的夭折

20世纪60年代初，F-106A是美国防空司令部军械库中最重要的机型。这一机型还装备了几个空中国民警卫队部队。图中样机属于新泽西的空军国民警卫队

▲ 第一批康维尔F-102A "三角剑" 在1955年6月交付美国防空司令部，第二年发往空中中队。这一机型总共交付了875架

▲ 一架F-106A "三角标枪" 飞越莫哈韦沙漠。现役的倒数第二款F-106战机在B-1B超音速轰炸机计划中被用于一款驱逐机

▲F-4E "鬼怪"战机投放集束炸弹。作为有史以来最有力、最通用的战斗机之一，麦克唐纳（后来的麦克唐纳道格拉斯公司）F-4 "鬼怪II"起源于1954年的一个开发先进海军战斗机的项目

▼第一款进入美国空军服役的超音速轰炸机康维尔B-58原型机在1956年11月首飞。原本预期它会替代B-47，但最后只有第43和305轰炸联队装备了它

▲洛克希德"黑夫人"（Black Lady）——U-2高空侦察机。从1956年开始，U-2在苏联和华沙组织国家上空执行侦察任务，直到1960年5月1日一架U-2在斯维尔德洛夫斯克附近被击落

图中是来自犹他州希尔空军基地的共和F-105"雷公式"战斗机与美国海军A-4"空中之鹰"组成的编队。1962年10月，两款战机随时准备对苏联在古巴的军用基地展开进攻

13

冷战后期

1958年，随着战略空军司令部地面警戒部队建设进程的顺利推进——此时1/3的轰炸机全天候处于战备状态，战略空军司令部开始采取其他行动以确保轰炸机部队的大部分战机都能够在完成突袭后安全返航，而且能够发起大规模的报复性打击。需要克服的主要问题之一是过度拥挤。20世纪50年代进行的大幅扩张导致一些基地需要供养多达90架B-47轰炸机和40架KC-97空中加油机。首支B-52联队也体量庞大，拥有45架轰炸机和15或20架KC-135 空中加油机，而且全部位于一个基地

答案显而易见：进行疏散。作为第一步，部分KC-97中队与他们的B-47联队分离，被重新部署在北部的基地，实际上这里在战略上更适于支持B-47的"北极行动"（Arctic operations）。B-47自身的疏散计划是一项长期任务，基本上通过在50年代末、60年代初逐步淘汰B-47联队实现。另一方面，B-52部队仍在增强，在这种情况下，疏散计划要求更大的B-52联队拆分成3个同等大小的拥有15架战机的部队。其中被重新指定为战略联队并享受全力支持服务的两个分支——包括一个附属的KC-135中队——被重新安置到其他基地。

英国皇家空军的"V"战队——不像美国战略空军司令部那样从不维持一支空中警戒部队——完全依靠兵力的分散来应对突然袭击，"V"系列轰炸机4个为一组地散布在英国本土及其海外的36个机场。"V"战队作为一支有效战略威胁部队的生命力持续经受各种强度战争状态演习的考验。例如，"同族者"（Kinsman）意味着分散，而"米奇芬兰人"（Micky Finn）意味着不预先通知地分散，无论是白天还是晚上。

1962年2月，随着"轰炸机司令部快速反应预警"（Bomber Command Quick Reaction Alert）计划——最初涉及来自每个"V"战队空中中队的一架飞机保持全副武装状态，通过特殊设计以在得到通知后立即采取行动——的启动，"V"战队的战备状态进一步提升。战备平台连接主要跑道，因此轰炸机能够以非常快的速度升空。随着技术的进步，一支拥有4架"伏尔甘"（Vulcan）轰炸机的小队能够在接到命令的90秒内升空。

东—西对抗

在东—西对抗这一危险时期，危机接二连三。最严重的一次在1962年秋爆发，10月22日19:00，约翰·肯尼迪总统在一次持续17分钟的电视演说中，向毫无戒备的美国公众宣布在古巴发现了苏联的中程弹道导弹，他同时宣布对这个岛的周围立即实施海上封锁。两天内，封锁部队的舰艇按照规定出现在海上，其中包括攻击型航

▼1961年首次公开露面的涡轮螺旋桨发动机驱动别里耶夫Be-12水陆两用飞机被选中用于替代Be-6作为苏联海军的主要海事巡逻水上飞机。原型机在1960年首飞

空母舰"企业"号（Enterprise）和"独立"号（Independence），同时出现的还有反潜艇航母"埃塞克斯"号（Essex）和"伦道夫"号（Randolph），以海岸为基地的海上飞机保持全天候巡逻。

1962年10月，古巴导弹危机使得战略空军司令部进入最高警戒状态。战斗人员24小时警戒，休假取消，全体人员被召回。B-47被分散到预先选定的民用和军用机场，其他轰炸机和加油机进入地面警戒，B-52空中警戒训练计划很快扩展为涉及全副武装战机24小时出击、每架B-52降落后会有另一架立即起飞的真实空中警戒。洲际弹道导弹和巡航导弹部队——登记造册的200枚导弹——也进入警备配置状态。

战争一旦打响，攻击位于古巴的苏联设施的先锋部队将是战术空军司令部第四战术战斗机联队的F-195"雷公"式（Thunderchiefs）战斗机。10月21日这支部队被部署到佛罗里达的麦考伊（McCoy）空军基地。第二天凌晨4点，第四战术战斗机联队开始进入一小时警戒状态，到了下午减少到15分钟。不过，随着国际谈判的推进，F-105改变任务，当它们起飞时已转换为防空角色，负责巡逻佛罗里达半岛南部以警戒Il-28喷气轰炸机。与此同时，古巴还在麦克唐纳RF-101"伏都"和洛克希德U-2侦察机的持续监视之下。

在可以最先明确感到苏联武装部队对美国在古巴采取武装行动的强烈反应的欧洲，由美国空军F-100"超级佩刀"（Super Sabre）战术战斗轰炸机组成的核警戒部队部署到英国基地，为英国皇家空军联合部署的"雷神"（Thor）中程弹道导弹提供支援，同时还有携带Mk 28美国早期核武器的英国皇家空军"勇士"轰炸机。

隐蔽警戒

10月22日15时，在巴黎奥利机场紧急召集的一次会议上，欧洲盟军最高指挥官劳里斯·诺斯塔德（Lauris Norstad）上将向美国驻欧洲空军主帅杜鲁门·兰德勒（Truman H. Landon）和他的副手简要介绍了古巴形势。随

▼作为特别设计用于执行远程海上侦察任务的第一款陆基飞机，洛克希德P2V"海王星"注定成为有史以来服役时间最长的战机之一。图中是日本海上自卫队的P2V-7

▲在洛克希德"厄勒克特拉"客机基础上发展而来的P–3"猎户座"（之前的P3V–1）在17个空军部队服役，其中包括图中的日本

后不久，被称为"隐蔽警戒"（Covert Alert）的程序在第20和48战术战斗机联队（拥有核打击能力）驻扎的英国皇家空军韦瑟斯菲尔德、莱肯希思和萨福克基地展开。其中涉及关键人员通过无线电话联系，并被要求汇报他们的工作地点；还包括保持战区战术核战斗力部队（Theatre Tactical Nuclear Force）的一些（但不是全部）飞机处于备战状态。随着危机的深化，战术中队加强了警戒状态。在这次危机更为关键的临界点，飞行员进入驾驶舱警戒状态，地面设施准备就绪，所有武器开封，发动机准备好立即启动。

1962年10月25日，英国皇家空军轰炸机司令部接到通知，美国战略空军司令部已将其战备状态升至与古巴危机有关的2级戒备（DEFCON 2）——仅次于全面战争的第二高级别。当时，轰炸机司令部正在执行被称为"练习米克"（Exercise Mick）的例行演练，其中包括在不分散飞机的情况下实施警戒和装备程序。这是一种没有通知的演习，它要求所有轰炸机机场调集——换句话说，准备采取军事行动——所有可用的飞机，结合每个武器系统的三个要素：飞机、武器和机组人员。10月26日，演习被扩展，"V"战队的战备状态提升至轰炸机司令部警戒和备战程序的"警戒状态3"（Alert Condition 3）；轰炸机机场雇佣的所有平民被撤回，机场周边的武装巡逻加倍。轰炸机司令部总部命令各地将处于"快速反应预警"（Quick Reaction Alert）状态的飞机数量加倍，为此大部分站点都有6架能够在15分钟内迅速升空的全副武装的轰炸机。英国皇家空军沃丁顿基地是一个例外，这里有9架全副武装的"伏尔甘"轰炸机能够在15分钟内升空。

这次危机的第一次重要缓和出现在10月28日，当天苏联政府同意将其弹道导弹撤出古巴，并接受联合国的确认。在接下来的几天里，美国战略空军司令部的飞机保持对导弹拆除、装船和经过封锁地区送回整个流程的紧密空中监视。封锁一直持续到11月20日，这一天苏联人同意撤回他们的Il–28轻型轰炸机。随后，战略空军司令部开始下调警戒状态。B–47回到大本营，地面警戒部队降回正常的标准配备的50%，B–52联队恢复日常的空中警戒训练。

古巴危机期间，很明显的一点是：苏联人在军事航空技术方面已经取得巨大进步。1961年5月在莫斯科附近的图西诺举行的一年一度的飞行表演就已震惊了西方的观察员，最重要的是苏联人好像正在生产超音速轰炸机。那一年在图西诺亮相的一个机型是图波列夫设计的图–22——北约将其称为"眼罩"（Blinder），被设计为图-16"獾"的超音速后继者。在图西诺看到的图-22是前期试验系列飞机,这一机型是在次年交付苏联战略空军使用的。首个作战版本——代号为"眼罩-A"——生产的数量有限。第二代变体——图-22K"眼罩-B"——加装了一个空中加油探头;随后有12架飞机提供给伊拉克,24架出口到利比亚。

另一款参与苏联"航空日"飞行表演的由米格-21护航的似乎是四引擎超音速轰炸机的机型,后来被证实为一款原型机。它就是米亚西谢夫M-50,一款具备超音速飞行能力的、非常先进的涡轮喷气驱动轰炸机。M-50的首飞是在1959年11月,建造了几架原型机,但这一项目由于中程弹道导弹的发展而被放弃。

在1961年图西诺航展上还有一款涡轮螺旋桨驱动的水陆两用飞机——别里耶夫Be-12,北约将其称为"邮件"(Mail),这是一款具备极强反潜艇能力的飞机。20世纪60年代初,随着东西方都在部署(或准备部署)核潜艇,反潜作战飞机的重要性大大提升。

美国反潜机型

当时,美国在使用中的两个主要机型,第一个是洛克希德公司的P2V"海王星"(Neptune)。洛克希德"海王星"是首款被设计为专门承担远程海上侦察任务的陆基战斗机,它注定要成为军用飞机中服役时间最长的战机之一。1945年5月17日,第一批两架XP2V-1原型机完成试飞,后来军方订购了15架预生产版本和151架生产版本的P2V-1。1947年3月,这款战机交付使用,此时另一款变体——P2V-2——也完成试飞。"海王星"的下一代变体是P2V-3,发动机经过调换后推出了P2V-4(携带后翼燃料箱)。随后推出的"海王星"P2V-6(P2F)除了反潜还拥有布雷能力;其中83架交付美国海军,12架交付法国海军。最终的生产版本是P2V-7。另一款主要的美国反潜战机是洛克希德P-3"猎户座"(Orion)。P-3"猎户座"是在(之前的P3V-1)洛克希德"厄勒克特拉"(Electra)客机的基础上发展而来的,是洛克希德公司在1958年美国海军竞赛中的获奖作品,此次竞赛是挑选一款能够通过对现有机型进行改装而快速投入使用的新型反潜战机。第一批两架YP3V-1原型机在1958年8月19

▼第一批出产的77架阿弗罗"沙克尔顿"MR.1在1951年4月进入位于苏格兰金洛斯的第120空中中队服役。"沙克尔顿"MR.2拥有腹部雷达天线罩,而MR.3具有重新设计的机翼和三轮起落架

由德·哈维兰"彗星"4C客机发展而来的"猎人"在1967年5月23日完成首飞，准备替代"沙克尔顿"作为英国皇家空军的标准远程海上巡逻机

1952年11月3日，萨博A-32"长矛"原型机完成首飞，动力来自一台罗尔斯·罗伊斯埃文RA7R涡轮喷气发动机。后来又建造了3架原型机，其中一架在1953年10月25日在浅层俯冲中实现超音速飞行

日完成试飞，1962年8月出产机型P-3A开始交付。最后的P-3C变体在1969年推出。"猎户座"还在澳大利亚空军服役，另外也在几个国家授权生产。

英国皇家空军使用的是林肯轰炸机的派生品——阿弗罗"沙克尔顿"（Shackleton）。1951年4月，第一批77架出产的"沙克尔顿"MR.1进入位于苏格兰金洛斯的第120空中中队服役。"沙克尔顿"MR.2拥有腹部雷达天线罩，而MR.3具有重新设计的机翼、翼梢油箱和三轮起落架。MR.3随后在舷外发动机舱加装了阿姆斯特朗辛德利"毒蛇"（Viper）涡轮喷气发动机，这批飞机被指定为"MR.3三段"（MR.3 Phase 3）。

1969年10月，"沙克尔顿"被霍克辛德利的"猎人"（Nimrod）——来源于"彗星"4C客机——替代。1967年5月23日，"猎人"的原型机完成首飞，1969年10月，出产的"猎人"MR.Mk.1战机开始交付使用。1969年至1972年间，第一批38架"猎人"交付，装备了5个空中中队和第236作战部队；另外8架在1975年交付，还有3架（被指定为"猎人"R.1）被转换为电子侦察角色。1979年，"猎人"战队大大提升到MR.2标准，拥有改进的航空电子和武器系统。1982年"马岛战争"（Falklands War）期间，这款战机加装了空中加油设备。所有"猎人"预定在2003—2008年间重新建造，仅保留机身外壳。被指定为"猎人"MRA.4的新型战机拥有新的机翼和起落架，动力来自宝马/罗尔斯·罗伊斯低燃耗发动机。

瑞典设计

夹在北约和华约（华沙公约组织）之间的是瑞典，在20世纪50年代和60年代，瑞典为保护其中立地位生产了一批惊艳世界的飞机。瑞典进入喷气机时代始于萨博J-21R（Saab）；它是活塞发动机双尾撑飞机（twin-boom）J-21A的喷气发动机驱动版本。J-21R在1947年3月10日首飞，不过，由于机身要进行大量改进，直到1949年才生产交付，订购量也从120架削减到60架。经过短暂的战斗机生涯后，J-21转为攻击角色的A-21R。这是在第一线看到的唯一一款同时具备活塞和喷气动力的机型。J-21R之后推出的是萨博J-29，它是第二次世界大战后在西欧服役的首款后掠翼战机。第一批三架原型机在1948年9月1日首飞，第一款J-29A在1951年开始服役。这款飞机其他变体的基本设计是油箱容量增加的J-29B；地面攻击版A-29与J-29基本相同，只是增加了后翼军械架；还有一款侦察机版S-29C。

▼在经历一段短暂的战斗机生涯后，J.21被改装为A-21R攻击机。它是在第一线参战的唯一一款同时具备活塞和喷气动力的机型

强击机

1946年秋，萨博公司开始为瑞典空军设计一款新型涡轮喷气强击机，两年后，瑞典空军委员会（Swedish Air Board）批准建造一款原型机，代号为P1150。这款飞机——现在被称为A-32"长矛"（Lansen）——的首飞是在1952年11月3日，动力来自一台罗尔斯·罗伊斯埃文RA7R涡轮喷气发动机。后来又建造了3架原型机，1953年10月25日，其中一架在俯冲中实现了超音速飞行。A-32A强击机变体之后是J-32B全天候战斗机，首飞是在1957年1月。

与此同时，瑞典下一代战机——萨博J-35"龙"式（Draken）战斗机——的设计工作也在进行，这款战机代表了一次巨大突破。"龙"式战斗机一开始设计时是为了在不同海拔、全天候拦截接近音速飞行的轰炸机；在最初亮相的时候，它拥有西欧最好的完全集成防空系统。这款独特的双三角翼（double delta）战斗机的3架原型机在1955年10月25日完成首飞；最初的生产版本J-35A在1960年年初开始服役。"龙"式战斗机的主要生产版本是J-35F，其设计基本上是围绕休斯HM-55"猎鹰"（Falcon）雷达制导空对空导弹，同时加装了一套改进的S7B迎击航向（collision-course）火控系统、一套将战机与STRIL 60防空环境整合的高容量数据链系统、机头下的一个红外传感器和一个PS-01A搜索与测距雷达。J-35C是一款双座作战训练机，而最后一款新建造的变体J-35J是J-35D的进一步发展——为携带休斯"猎鹰"空对空导弹而加装了更好的雷达、迎击航向火控系统和休斯红外传感器。萨博RF-35是一款侦察机版本，它一直在丹麦皇家空军729中队服役，直到1994年1月这支部队出于经济考量被解散，而其任务被726中队接管。"龙"式战斗机的总产量在600架左右，装备了瑞典皇家空军17个空军中队；这款飞机还出口到芬兰和丹麦。"龙"式战斗机也是西欧第一款被用于作战部署的完全超音速飞机。

萨博的下一代设计——"霹雳"（Viggen）战机——大约是20世纪70年代欧洲生产的最先进的战斗机。它拥有非常先进的雷达，更大的变速范围，还有比同时代战机更综合的航空电子设

萨博J-35J"龙"式战斗机

机型：单座拦截机

发动机：一台78.46千牛（17647磅）推力沃尔沃RM6C涡轮喷气发动机（装有沃尔沃设计再燃装置的罗尔斯·罗伊斯RB.146埃文300）

最大速度：11000米（36089英尺）高度2125千米/小时（1320英里/小时）或2马赫

作战半径：720千米（447英里）

使用（或实用）升限：20000米（65617英尺）

重量：空机8250千克（18188磅）；加载完毕12270千克（27051磅）

武器装备：一门90发30毫米ADEN M/55机关炮，两枚Rb 27雷达制导导弹和四枚Rb 28"猎鹰"或Rb 24"响尾蛇"红外导弹，或2900千克（6393磅）炸弹

尺寸：翼展　　　 9.40米（30英尺10英寸）
　　　 长度　　　 15.35米（50英尺4英寸）
　　　 高度　　　 3.89米（12英尺9英寸）
　　　 机翼面积　 49.20平方米（530平方英尺）

驾驶舱很狭窄，采用的是非常陈旧的控制技术。然而J-35很受飞行员的欢迎，可能因为驾驶它是一种挑战

瑞典的双三角翼"飞龙"
萨博J-35"龙"式战斗机

▲作为20世纪70年代最强大的战斗机这一，萨博"霹雳"设计用于执行攻击、拦截、侦察和训练四项职能。第一批7架原型机在1967年2月8日完成首飞

▼萨博J-35"龙"式战斗机代表了一次前所未有的巨大突破，在最初亮相的时候，它拥有西欧最好的完全集成防空系统

大部分"幻影"安装了英国生产的马丁–贝克弹射座椅，还有一些使用了美国设计的座椅

法国的畅销机型
达索"幻影"Ⅲ

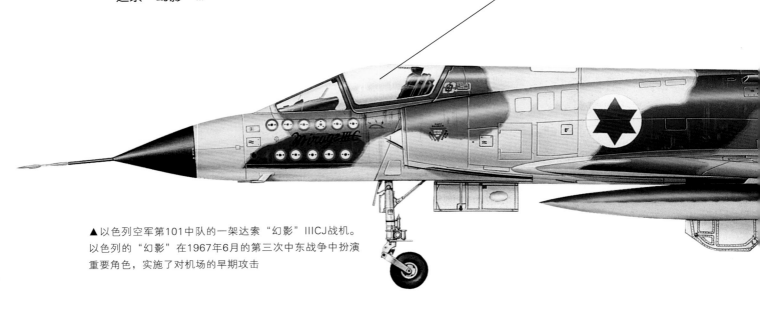

▲以色列空军第101中队的一架达索"幻影"ⅢCJ战机。以色列的"幻影"在1967年6月的第三次中东战争中扮演重要角色，实施了对机场的早期攻击

米高扬–格列维奇开发了飞机逃离系统，米格–17拥有这家公司生产的第三代弹射座椅

多面手
米格–17"弗雷斯科–C"

"幻影"的三角机翼意味着它没有
常规的水平尾翼。通过机翼后缘的
升降副翼——由升降舵和副翼组
成——控制横摇和纵摇

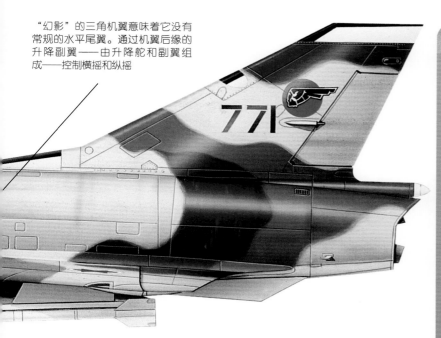

"幻影" IIIE

机型：单座战斗机

发动机：一台斯奈克玛41.97千牛（9440磅）推
力阿塔尔9C-3（安装再燃装置后60.80
千牛/13674磅）推力发动机，还有一台
可分离的14.71千牛（3308磅）西普844
火箭助推器

最大速度：2350千米/小时（1460英里/小时）或
2.1马赫

巡航距离：2400千米（1491英里）

使用（或实用）升限：14440米（47375英尺）

重量：空机7050千克（15543磅）；加载完毕
13700千克（30203磅）

武器装备：125发30毫米DEFA 552机关炮；诺德
5103、马特勒R.511、马特勒T.53或
休斯AIM-26"猎鹰"导弹

尺寸：　翼展　　　8.22米（27英尺）
　　　长度　　　15.03米（49英尺4英寸）
　　　高度　　　4.50米（14英尺9英寸）
　　　机翼面积　35.00平方米（377平方英尺）

米格发现有必要将垂尾
面积增加至4.26平方米
（46平方英尺）。这家
公司不遗余力地确保米
格-15的任何操控问题不
在新战机上重演

▲印尼空军的一架米格-17战斗机。20世纪60年代初，苏
联提供给印度尼西亚的喷气战机给马来西亚造成严重威胁

米格-17F "弗雷斯科-C"

机型：单座战斗机

发动机：一台斯奈克玛41.97千牛（9440磅）推
力阿塔尔9C-3（安装再燃装置后60.80
千牛/13674磅）推力发动机，还有一台
可分离的14.71千牛（3308磅）西普844
火箭助推器

最大速度：2350千米/小时（1460英里/小时）或
2.1马赫

巡航距离：2400千米（1491英里）

使用（或实用）升限：14440米（47375英尺）

重量：空机7050千克（15543磅）；加载完毕
13700千克（30203磅）

武器装备：125发30毫米DEFA 552机关炮；诺德
5103、马特勒R.511、马特勒T.53或
休斯AIM-26"猎鹰"导弹

尺寸：　翼展　　　8.22米（27英尺）
　　　长度　　　15.03米（49英尺4英寸）
　　　高度　　　4.50米（14英尺9英寸）
　　　机翼面积　35.00平方米（377平方英尺）

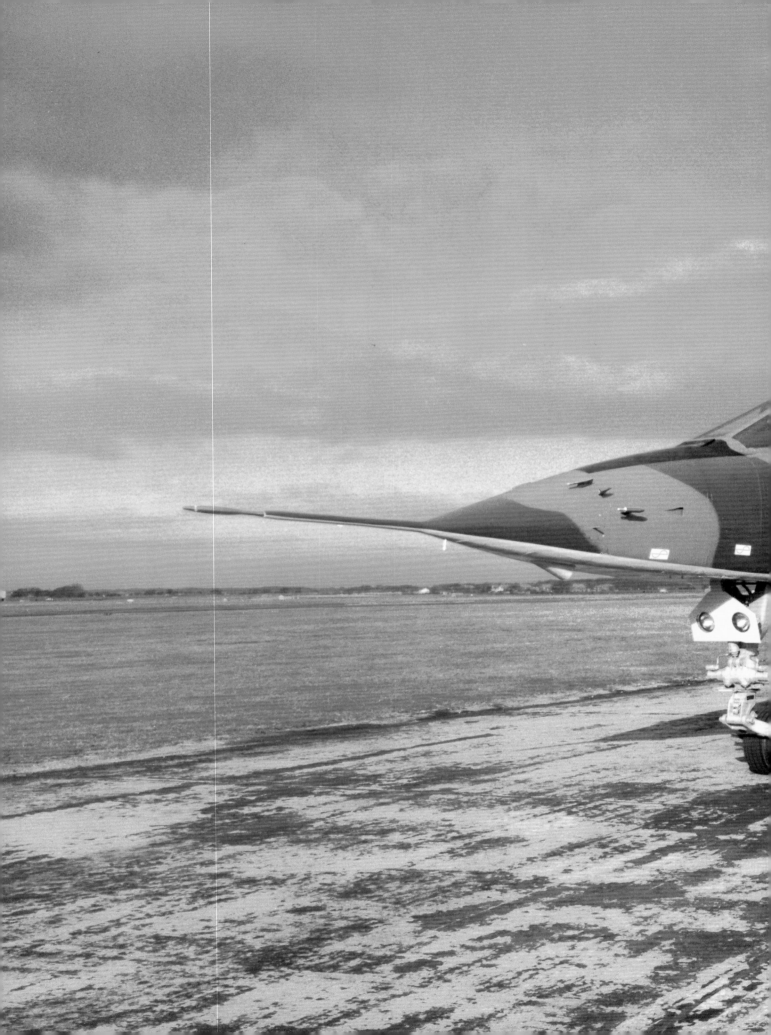

英国"美洲虎"装有两个武器制导系统：一个是激光测距光点寻标器；另一个是导航和武器瞄准次系统

▲米格-21是一款一流的缠战机型，其敏捷性和速度受到飞行员的好评。它可能不具备同时代战机的巡航距离，但它不负有史以来建造的最成功的战斗机之一的美誉

备。作为当时最强大的战斗机之一，"霹雳"被设计用于实施四项任务——攻击、拦截、侦察和训练。和早期的J-35"龙"式类似，它完全整合到STRIL60防空控制系统，动力来自一台瑞典版的普惠JT8D涡轮风扇发动机，并拥有强大的瑞典开发的再燃装置（afterburner），这使得它具备卓越的加速和爬升性能。第一批7架原型机在1967年2月8日完成首飞，随后是在1971年2月第一批出产的AJ-37单座全天候强击机变体。同年6月，第一批110架AJ-37开始交付瑞典皇家空军使用。生产了149架的"霹雳"战机的拦截机版本JA-37替代了J35F"龙"式战机；SF-37（26架交付使用）是一款单座配备武器装置的侦察机变体；而SH-37（26架交付使用）是一款全天候海上侦察机，它替代了S-32C"长矛"。SK-37（18架交付使用）是一款前后双座训练机，保留了助攻角色。

法国继续生产超级战斗机，达索的"神秘"系列战斗机让位于"幻影"III。"幻影"III发展自1954年的"幻影"I，首飞是在1956年11月17日。1957年1月30日，这款战机在水平飞行中超越1.5倍音速。

辅助火箭

法国政府指示达索公司继续推进一款多导弹版本——"幻影"IIIA的开发，其原型机（"幻影"IIIA-01）在1958年5月12日继续飞行。而在1958年10月24日的一次试飞中，这款战机在12500米（41000英尺）高空的水平飞行中实现了两倍声速飞行。1960年10月9日首飞的"幻影"IIIC与IIIA一样，动力来自一台阿塔尔（Atar）09 B3涡轮喷气发动机和一台SEPR 841（或844）辅助火箭发动机。法国空军订购了100架"幻影"IIIC。这款战机出口到多个国家，出口到以色列的后来在"阿以战争"（Arab - Israeli wars）——1967年6月著名的第三次中东战争——中扮演了重要角色。

毋庸置疑，20世纪60年代——见证美国卷入越战泥潭的10年——军事航空领域最重要的进步就是短距起飞垂直着陆(STOVL)飞机的发展，霍克辛德利的"鹞"式战机（Harrier）是一个代表。作为战后出现的最具革命性的战机，"鹞"式战术战斗轰炸机源自1957年的私人探险，随后霍克飞机Ltd和布里斯托航空发动机公司（BS53"飞马"涡轮风扇发动机的设计者）对其进行了改进。这款发动机——具有两对连接旋转式喷嘴，其中一对提供喷气升力——的开发部分得到美国资金的支持。1959—1960年，航空部订购了两架原型机和4架开发用飞机（代号为P.1127）。1960年10月21日，第一架原型机完成首次拴绳空中悬停飞行，1961年3月13日开始常规飞行试验。

1962年，英国、美国和西德宣布共同订购9架"红隼"（Kestrel）。1965年，涉及三方的一支空军中队在英国皇家空军西莱茵汉姆基地对其进行了评估。其中6架飞机后来被运往美国接受进一步测试。这款飞机的单座近距支援和战术侦察版接受英国皇家空军的订购，代号为"鹞"式GR.Mk.1，最初订购的77架飞机在1967年12月28日完成试飞。1969年4月1日，"鹞"式OCU开始在英国皇家空军维特宁基地（Wittering）服役，这款机型随后装备了位于维特宁的第一空军中队和位于德国的第3中队、第4中队和第20中队。美国海军陆战队选定并由麦克唐纳

在越战期间，空中加油是美军空中作战不可或缺的一环，它确保如共和F-105"雷公"式战机在执行完一项任务后安全返回基地

道格拉斯公司生产的版本被指定为AV-8A。

在短程攻击领域与"鹞"式垂直升降战斗机并肩作战的是象征国际合作的战机。英国飞机公司和法国布雷盖公司（后来的达索-布雷盖）联合开发的"美洲虎"（Jaguar）在拖延一段时间后推出，其动力和效力远远超出预想。1968年9月，法国版的第一架飞机试飞，它是一款双座"E"型战机；法国空军订购了40架样机。1969年3月，继"E"型战机之后推出了单座"美洲虎A"战术支援战机。"E"型战机在1972年5月开始交付使用，1973年第一批160架"美洲虎A"交付。英国版——被称为"美洲虎S"（攻击型）和"美洲虎B"（训练型）——分别在1969年10月12日和1971年8月30日试飞，后来交付英国皇家空军的是"美洲虎"GR.Mk.1。至少在欧洲，合作开始成为关键词。

确认的胜利

1964年8月5日，作为对早些时候北越鱼雷艇在北部湾（Gulf of Tonkin）攻击美国战舰的回应，美国海军强击机攻击了4个鱼雷艇基地和油料存储设施。这是美国在北越空战的开端，F-4"幻影"从一开始就参与其中，作为空中作战巡逻机，它负责抵挡北越部署的米格-17战斗机。从后面的交战情况看，它是一个强有力的对手。第一次确认的胜利出现在1965年6月17日。这一天，"中途岛"号航空母舰的两架"幻影"战机利用远程"麻雀"（Sparrow）空对空导弹击落了两架米格-17。美国空军在越南战争中的第一次胜利在几周后来到，第45战术战斗机中队的两架F-4"幻影"（刚刚抵达战区）在北越上空击落了两架米格-17。

到1966年9月，北越空军已接收了一定数量的米格-21，这些战机装有"环礁"（Atoll）红外空对空导弹，部署在河内地区的5个基地。参与其中的米格战机飞行员采取的战术是低空飞行，然后直线上升攻击满负荷的战斗轰炸机（主要是F-105"雷公"式战斗机），逼迫它们为保命而丢弃装载的炸弹。为应对这种战术，装有"响尾蛇"空对空导弹的"幻影"在比F-105更低的高度飞行。这使得机组人员能够在米格战机准备拦截的初始阶段发现它们，然后利用"幻影"出众的速度和加速度打击敌人。

▼内华达州法隆海军航空站战斗机中队的一架A-4"空中之鹰"。这架"空中之鹰"携带着一个空战操纵仪器吊舱

▲西科斯基HH-3E"快乐绿巨人"大型营救直升机。在越战中,这些大型直升机的机组成员冒着巨大风险深入敌区救出落难的飞行员

▼北美航空公司生产的A-5"联防队员"是一款大型飞机,勉强承担海军任务,很快被改装为一款侦察机

以SR-71闻名的这款战机实际上被指定为RS-71，但在这一秘密计划首次披露时，它被美国总统林顿·约翰逊错误地称为SR-71

共和公司F-105D"雷公"式战斗机和"幻影"战机是美国空军在越南——特别是在攻击北部目标的战斗中——使用的主要战斗——轰炸机。1959年6月9日首飞并在次年开始在战术空军司令部服役的F-105D体现了当时世界上最先进的自动导航系统。F-105D总共生产了610架。虽然这一机型最初由于早期的航空电子系统障碍而并不那么流行,不过后来它在越南证明了自己的价值——参与了70%以上的美国空军攻击任务,而中止率不到1%。作为世界上最大、最重的单座战斗轰炸机,它表现了令人吃惊的在巨大创伤后仍能返回基地的能力;不过,在越南战争中还是损失了397架F-105。后来,又建造了143架的双座版具备更强作战能力的F-105F,并被小规模分配到每个装备了F-105D的空中中队。在越南,F-105F经常在攻击中冲锋陷阵,提供对目标的精确制导。F-105F还是第一款承担"野鼬"(Wild Weasel)防卫压制任务的雷公式战斗机。装备改进的防空压制设备的F-105F被指定为F-105G。

美国海军在越南战争中的主力是道格拉斯A-4"空中之鹰"(Skyhawk)舰载强击机,它从1956年开始服役。从1964年北部湾报复性攻击到1968年,"空中之鹰"在海军对越南北部的攻击中冲锋陷阵。虽然后来在大型舰队航母上被沃特A-7"海盗II"替代,"空中之鹰"坚持在更小的航母上服役直到美国撤出越南。由于长期活跃的作战生涯,在越南战争中损失的"空中之鹰"比其他任何型号的海军飞机都要多。

直升机真正进入战场是在越南。冲突见证了武装直升机和战场侦察直升机的发展,同时也将搜救技巧磨炼到新的高度。美国空军在越南实施的一部分最危险的任务由西科斯基大型HH-3E营救直升机——绰号为"快乐绿巨人"(Jolly Green Giants)——的机组人员完成。这些直升机负责援助在"偏远战争"(Out-Country War)中因轰炸北越而被击落的飞行员。

越南侦察

越南上空的侦察任务由一系列战机完成,起初承担的是洛克希德U-2侦察机。扮演这一角色的主力机型是北美航空公司生产的RA-5C"联防队员"(Vigilante),这款机型最初是一款重型海军攻击轰炸机。"联防队员"的首飞是在1958年,它作为攻击轰炸机的时间相对短暂,大多数A-5A和A-5B的机身被改装为RA-5C侦察机结构。1964年1月,第一批RA-5C交付使用。10个

C-130A "大力神"	
机型:	四引擎军用运输机
发动机:	四台2796千瓦(3749马力)艾利森T56-A9涡轮螺旋桨发动机
最大速度:	616千米/小时(383英里/小时)
巡航速度:	528千米/小时(328英里/小时)
初始爬升率:	783米/分钟(2569英尺/分钟)
巡航距离:	4110千米(2554英里)
使用(或实用)升限:	12590米(41306英尺)
重量:	空机26911千克(59329磅);加载完毕48988千克(108000磅)
尺寸: 翼展	40.41米(132英尺7英寸)
长度	29.79米(97英尺9英寸)
高度	11.66米(38英尺3英寸)
机翼面积	162.12平方米(1745平方英尺)

世界空军的骨干
洛克希德C-130"大力神"

宽敞的、高位安装的座舱提供了极好的能见度,这也是相比之前的运输机在驾驶舱上的巨大改进。除此之外,它很安静、无振动

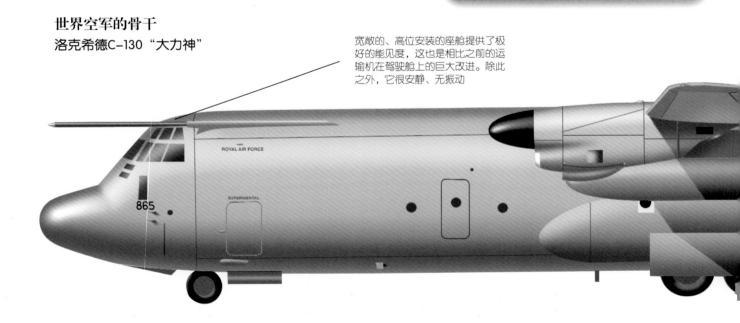

▲波音垂直起落CH-47"切努克"是美国在越战及后来的两次海湾战争中空中运输的主力机型。在大部分不利条件下，"切努克"都格外可靠

高位尾翼带来的尾部斜
面在飞行中可以放低以
向作战区投递货物

艾利森T56发动机装
有四叶片螺旋桨

865

NI30JA ZH865

▲无疑是有史以来最多才多艺战术运输机的洛克希德
C-130"大力神"在1954年8月23日完成首飞，在接下
来的半个世纪推出了多个变体。英国皇家空军是"大力
神"的第二大客户，拥有80架

装备RA-5C的中队中有8个参与了越战。RA-5C在越南上空行动中的表现如此成功，以至于其生产线在1969年重新启动，另外建造了48架。这款飞机在行动中损失的数量为18架。

1968年春，由于U-2在地对空导弹环境中暴露出越来越明显的弱点，军方决定为确保东南亚上空的行动而在冲绳的嘉手纳空军基地部署4架洛克希德SR-71。这款卓越的战机——其性能在24385米（80000英尺）的高空可以3220千米/小时（2000英里/小时）的最高速度覆盖4800千米（2983英里）的作战半径——完全可以在速度上超越敌人的SA-2地对空制导导弹。SR-71在越南上空的首次任务在1968年4月完成；最多时每周要执行3次作战任务。

如果没有历史上最大规模的空运行动，美国不可能维持在越南的行动。在作战中，除了广泛使用的运输直升机，如波音垂直起落CH-47"切努克"（Chinook），主要工作是由洛克希德的C-130"大力神"（Hercule）提供支持。C-130"大力神"无疑是最实用的战术运输机，首飞是在1954年8月23日，在接下来的半个世纪推出了这一机型的多个变体。最初的生产版本是C-130A和C130-B（生产了461架），随后是主要的生产版本C-130E（生产了510架）。其他版本还包括AC-130E武装直升机、WC-130E气象侦察机，为美国海军陆战队生产的KC-130F空降运输机和为航空航天救援回收生产的HC-130H。

空运

远程空运行动由波音C-135——波音707客机的军用运输版本——和洛克希德C-141"运输星"（StarLifter）承担。1963年12月17日完成首飞的大载重战略运输机"运输星"，设计用于为美国空军军事空运局（Military Air Transport Service）提供高速全球空运和战略部署能力。这款机型在1965年4月开始交付美国空军使用，总共建造

▼ "大力神"主要的生产版本C-130E建造了510架。其他版本还包括AC-130E武装直升机、WC-130E气象侦察机、为美国海军陆战队生产的KC-130F空降运输机和为航空航天救援回收生产的HC-130H

了277架，装备了军事空运司令部（Military Airlift Command）的13个中队。

随着越南战争的进行，在由地对空导弹大量使用的作战环境中，战斗机的生还越来越困难。例如，在1972年12月针对北越为期一周的轰炸行动中，共有15架B-52轰炸机被SA-2导弹击落（尽管使用了电子对抗手段）。

第三次中东战争

1967年6月5日，在美国仍深陷越战泥潭之时，以色列战斗机发动了针对西奈和苏伊士运河区埃及机场的大规模黎明空袭，这是一系列旨在消灭埃及及其盟友有生力量的先发制人进攻的第一波。位于约旦、叙利亚和伊拉克的机场也遭到攻击。这一天快结束时，以色列空军出动了大约1000架次战机，损失了20架，除了一架外全部毁于地面火力。阿拉伯国家共损失了308架战机，其中有240架是埃及的飞机，30架毁于空战。在这次后来被称为"第三次中东战争"（Six-Day War）的攻击中，"幻影"III成为主宰，它的英勇表现进一步撬动了由其生产商——达索飞机公司——推动的规模已经十分庞大的出口。

在西奈、戈兰高地和约旦河西岸的地面行动由"富加教师"（Fouga Magister）轻型强击机、达索"台风"（Ouragans）、"神秘"IVA和"超级神秘"B.2支持。到6月10日联合国施加影响停火前，阿拉伯空军已损失353架飞机（大约占其有生力量的43%），而以色列空军仅损失了31架，仅高于其有生力量的10%。为此，以色列通过最有效的途径——大比例摧毁地面上的敌人空军部队——获得了压倒性空中优势。

在第二次世界大战即将结束时，德国曾试图达成类似的目标，发动了"底板行动"（Operation Bodenplatte），主要是在1945年1月1日攻击盟军在西北欧的机场，以此支持他们在阿登高地疲弱的进攻。同以色列类似，德国达到了出其不意的效果，摧毁了大约300架仍在地面的盟军飞机；不过，相比起来，这些损失只有

▼除了最初的空中加油机角色，KC-135还被改装以执行其他重要任务。这架样机是经过特殊装备的试飞机，用于评估卫星的通信性能

驾驶舱的能见度较差，
也没有盲降系统

华沙条约国家的战斗机
苏霍伊 苏-7B

▲捷克空军的一架"苏-7B"战机。1956年推出，设
计用于近距空中支援的"苏-7"在整个20世纪60年
代都是华约组织国家的标准战术战斗轰炸机

▼1965年4月，C-141开始交付美国空军使用，最终有277架战机装备了军事空运司令部的13个中队

为不安全的快速起飞、着陆制作的超薄高掠翼

大约1/3是源于攻击部队，很大一部分是由于通讯不畅而毁于友军的火力之下。

以色列的进攻计划周密、执行出色，不留任何漏洞，因此大获全胜。强击机主要的威胁——近期在埃及部署的SA-2地对空制导导弹——很快被排除，以色列人很好地吸收了美国在越南的经验。

赎罪日

第三次中东战争之后没多久，以色列空军接收了两款在越南表现卓越的新型战斗机——"鬼怪"（Phantom）和A-4"空中之鹰"强击机。以色列空军的"鬼怪"战机在1969年首次投入战斗，用于空袭埃及位于苏伊士运河西岸的炮兵阵地。强击机中队随后着手系统摧毁位于运河区的埃及导弹和雷达站点，主要集中于散布在苏伊士运河和开罗之间29公里防御范围内的设施和这一

区域内的战略要道。苏联加强了埃及的防空力量，提供了更多的米格-21战机，敌对双方的空战愈演愈烈。1970年7月30日，在苏伊士湾上空，一个由4架"鬼怪"组成的小队遭受16架米格-21的攻击，但埃及（或苏联）的飞行员没有发现高空掩护的"幻影"，因此在这次战斗中"鬼怪"和"幻影"战机击落了5架米格战机，而自己全身而退。在1973年9月23日的另一次行动中，"鬼怪"和"幻影"战机遭遇叙利亚的米格-21战斗机，结果击落了13架米格战机，损失了一架"幻影"。

不过，对于以色列来说，最严格的考验即将到来。1973年10月6日，犹太人的赎罪日（Yom Kippur），埃及发动了一次有70000名士兵参加的、400辆坦克支持的突袭，部队浩浩荡荡地向以色列横跨苏伊士运河的地区挺进。与此同时，叙利亚的部队进攻戈兰高地。为支持埃及的进攻，大约250架米格-21和苏-7战斗轰炸机袭击以色列位于西奈的空军基地、雷达和导弹站点。以色列强力反击，动用了一切可用的空中力量，但以色列空军不

苏霍伊 苏-7B

机型：地面攻击机

发动机：一台66.6千牛（14980磅）静推力留里卡AL-7F涡轮喷气发动机；加装再燃装置后94.1千牛（22150磅）推力

最大速度：11000米（英尺）高度1700千米/小时（1056英里/小时）

作战半径：320千米（199英里）

使用（或实用）升限：15150米（49700英尺）

重量：空机8620千克（19000磅）；加载完毕13500千克（29750磅）

武器装备：两门30毫米70发NR-30机关炮；四个可携带两枚750千克（1650磅）和两枚500千克（1100磅）炸弹的外挂架，但与两个机身外挂架油箱一起

尺寸：翼展　　　8.93米（29英尺3.5英寸）
　　　长度　　　17.37米（57英尺）
　　　高度　　　4.7米（15英尺5英寸）
　　　机翼面积　34平方米（366平方英尺）

得不与一支拥有强大防空武器的部队作战。除了原有的SA-2和SA-3导弹发射场，同时启用的还有机动的SA-6地对空导弹系统和ZSU-23/24履带式防空火炮系统，每个都装有4门雷达控制的23毫米机关炮。以色列空军的"鬼怪"主要用于防御压制且损失惨重，而这些损失大体上是由于相对平坦的地形使得战机在实施低空攻击时没有太多掩护。

新战术

以色列飞行员采用了新的战术，其中包括将战斗机急剧俯冲地对空导弹发射场，使得战机处在小角度导弹发射轨迹之外；不幸的是，这一战术将他们暴露在防空火炮的射程之内，而以色列的大多数损失正是由此造成的。在冲突的第一周，以色列空军损失了80多架飞机，其中大多数毁在地对空导弹和防空火炮的火力下，第二周又损失了38架。

在战胜叙利亚之后，以色列将全部力量用于反攻埃及，将部队推过苏伊士运河，在10月24日联合国调解停火之前包围了埃及第十军。以色列空军总共损失了118架飞机，埃及损失113架，叙利亚损失149架。协助叙利亚的伊拉克空军损失了21架。仅此一次，阿拉伯集团和以色列的争斗陷入停滞状态。

空中优势战斗机

在越南的空战中，美国很快总结了一条重要的经验：速度和老练并不能替代机动性，所有导弹装备都不能替代枪炮。如F-4"鬼怪"战斗机，它最初的设计是用于超音速作战和多重角色，但在与灵活的米格-17和米格-21交战时反而要在相对低的速度中进行，为此不得不重新加装20毫米机关炮以应付近战。美军需要的是一款专用的空中优势战斗机（air superiority fighter），一款高机动性的不仅能够应对近距交战并获胜，也能够通过导弹攻击可视距离外的目标。

当美军发现苏联人正在开发一款新型拦截机——米格-25时，对上述战斗机的需求更加强烈。米格-25的原型机早在1964年就完成试飞，这款飞机明显是针对北美航空公司的B-70超音速轰炸机，它的最高时速可达三倍音速，最高巡航高度为21350米（70000英尺）。不过，B-70的退役使得"狐蝠"式战斗机（Foxbat，即米格-25）不得不重新定位。1970年，这款战机作为一款拦截机投入使用，代号为米格-25P（狐蝠-A）。

▼米格-25的两台图曼斯基R-15发动机在再燃装置满负荷工作时可产生非凡的219千牛（49409磅）推力

▲麦道F-15 "鹰"为空中优势战机。1972年7月27日，F-15A "鹰"战斗机完成首飞，第一批作战版战斗机在1975年交付美国空军使用。图中样机来自日本的嘉手纳空军基地

　　1965年，美国空军和在美国的各家飞机公司开始讨论这样一款飞机的可行性及与其相关的系统，最终替代F-4 "鬼怪"。4年后，军方宣布麦道公司被选为这款新型战机的主要机身生产商，随后将其代号定为 "FX"。1972年7月27日，F-15A "鹰"（Eagle）战斗机完成首飞，作战版战斗机在1975年交付美国空军使用。

　　F-15成功的秘诀在其机翼的设计。F-15C——主要的拦截机版本——的机翼负荷仅为每平方英尺24千克（54磅），再加上两台普惠F-100先进技术涡轮风扇发动机，赋予这款战机非凡的转向能力和在战斗中保持主动权所需的推力重量比（1.3∶1）。高推力重量比使得这款战机仅用6秒就能完成在183米（600英尺）的跑道紧急起飞，而超过2.5倍音速的最大速度也给飞行员足够的余地（如果他不得不突然停止交战）。F-15的主要武器是AIM-7F "麻雀"雷达制导空对空导弹，射程在56千米（35英里）以上。"鹰"战斗机携带4枚这种导弹，同时还有4枚短距离拦截所需的AIM-9L "响尾蛇"空对空导弹以及近距离作战所需的通用20毫米M61旋管机关炮。这些武器装备，加上可以多种模式使用的休斯脉冲多普勒雷达，使得F-15成为一款非常卓越的战斗机。

轻型战斗机

　　在海湾战争中有杰出表现的另一款美国战斗机是洛克希德马丁公司的F-16 "战隼"（Fighting Falcon）。由通用动力公司设计建造的F-16最初源自美国空军1972年发布的对一款轻型战斗机的规范，首飞在1974年2月。由洛克希德马丁生产的F-16 "战隼"成为世界上最高产的战斗机，它也将被持续更新并不断拓展服役时间直到21

▲波音（原来的麦道）F-15A"鹰"发射一枚AIM-7"麻雀"空对空导弹。F-15是世界上最快、最致命的战斗机之一，在F-15E的装束下它还是一款强大的战术轰炸机

世纪。

　　美国海军的空中优势战斗机是格鲁曼F-14"雄猫"（Tomcat），它是一款强大的拦截机，从一开始设计就是为了在航母特遣部队附近建立完全的空中优势，还有一个次要任务——攻击战术目标。1969年1月，在美国海军舰载战斗机选拔中，这款战机被选中并用于替代"鬼怪"。F-14A的原型机在1970年12月21日首飞，随后推出了11架开发用飞机。可变机翼的（variable-geometry）战斗机在1972年夏完成舰载试验，同年10月开始交付美国海军使用，"雄猫"成为舰载飞行联队的拦截机主力战机。"雄猫"的两台普惠TF30-P414涡轮风扇发动机使得它在低空飞行中可以达到1.2倍音速，在高空飞行时可达到2.34倍音速。

　　两款高度敏捷的苏联战斗机——米格-29"支点"（Fulcrum）和苏霍伊苏-27"侧面堡垒"（Flanker）——设计用于对抗F-15和格鲁曼F-14"雄猫"。这两款苏联战机具有类似的结构，拥有40度后掠角和高度后掠翼根扩展的机翼、悬挂式楔形进气口发动机以及双尾翼。"支点-A"在1985年具备作战能力。苏霍伊苏-27类似于F-15，是一款双重角色战斗机；除了主要的空中优势角色，它还可用于护航执行深侵入（deep-penetration）任务的苏-24"击剑者"（Fencer）强击机。1977年5月，原型机完成首飞，这款机型被北约赋予的代号为"侧面堡垒"。虽然苏-27P"侧面堡垒-B"防空战斗机的全规模生产在1980年就已开始，不过直到1984年这款战机才具备完全作战能力。

　　应用于20世纪70年代多款战斗机设计中的可变机翼概念并不是个新概念。在第二次世界大战中，它曾应用到一款德国喷气式战斗机——梅塞施密特P.1101上，在战后的实验用贝尔X-5战机以及舰载喷气战斗机格鲁曼XF10F-1"美洲虎"上都有应用。这款战斗机建造了两架原型机，但只有一架在1953年进行了试飞。

战场支持变体

米格-23的原型机在1967年完成试飞，1973年进入位于东德的第16空军正面攻击部队服役。它是一款具有23～71度后掠角的可变机翼战斗轰炸机，也是苏联空军的第一款真正多用途战斗机。米格-23M"鞭挞者-B"（Flogger）是第一代批量生产版本，它装备了所有主要华沙公约组织国家的空军。20世纪70年代末开始投入使用的米格-27是一款专用的战场支持变体，被北约称为"鞭挞者-D"。

可变机翼还应用到一款美国战机的设计，它在越南战争中首次亮相，后来被称为北约军火库中最重要的武器之一。它就是通用动力公司的F-111A封锁/强击机，首飞是在1964年12月21日。起初投入使用的变体是F-111E，这款变体具有改进的进气口，最高飞行速度可达2.2倍音速以上。F-111F是一款战斗轰炸机变体，综合了F-111E和FB-111A（战略轰炸机版）最好的特征，同时还加装了动力更强的TF30-F-100发动机。F-111C（建造了24架）是为澳大利亚空军生产的强击机版本。

1965年，苏联政府指示苏霍伊设计局开始研究一款可与通用动力公司F-111媲美的新型可变机翼强击机。一条明晰的规范是这款新型战机能够在超低空飞行，以侵入越来越有效的防空系统。最终推出的战机——苏-24——在1970年完成首飞，第一批生产版本——"击剑者-A"在1974年开始交付使用。随后推出了"击剑者"的多个变体，1986年交付使用的苏-24M"击剑者-D"达到顶峰。

另一款可变机翼机型"龙卷风"（Tornado）是为响应20世纪60年代发布的攻击和侦察机规范而推出的，其中规范中要求一款能够携带重型可变武器负荷、能够在昼间和夜间通过低空飞行穿透可预知的华约防空系统的全天候战斗机。为开发和建造这样一款战机，组建了名为帕那维亚（Panavia）的集团公司，主要由英国飞机公司

由洛克希德马丁公司生产的F-16 "战隼" 是世界上产量最多的战斗机，共有2000多架在美国空军服役，还有2000多架在19个国家的空军服役

▲虽然其开发过程中受到各种问题的困扰，可变机翼的F-14"雄猫"从一出现就成为有史以来最优秀的拦截机之一

▼图中是一架在莫斯科莫尼诺俄罗斯联邦航空博物馆的苏霍伊苏-24"击剑者"的原型机。这款原型机被指定为"T-6-1"，首飞是在1967年

▲苏霍伊苏-27在首次推出时被西方观察员赞为航空动力学的奇迹。这款飞机令人难以置信的敏捷性使得它在空中缠斗方面成为一个危险的对手

▼米格-23是一款具有23~71度后掠角的可变机翼战斗轰炸机，也是苏联空军的第一款真正多用途战斗机

▲基地位于英国莱肯希思的第48战术飞行大队装备有F-111F——一款综合了F-111E和FB-111A（战略轰炸机版）最好特征的战斗轰炸机变体，同时还加装了动力更强的TF30-F-100发动机

（后来的英国宇航公司）、梅塞施密特-博尔科-布洛赫姆（MBB）、阿利塔利亚（Aeritalia）以及许多次承包商组成。另外一个集团——"涡轮联盟"（Turbo-Union），由罗尔斯·罗伊斯、德国奔驰和菲亚特组成，主要是建造"龙卷风"使用的罗尔斯·罗伊斯RB-199涡轮风扇发动机。

第一批9架"龙卷风"IDS（封锁/强击机）的原型机于1974年8月14日在德国首飞。英国皇家空军接收了229架GR.1强击机，德国空军接收了212架，德国海军航空部队接收了112架，意大利空军接收了100架。英国皇家空军和意大利空军的"龙卷风"参与了1991年的海湾战争。

"龙卷风"GR.1A是具有中心线侦察吊舱的变体，20世纪末开始交付使用。装有"海鹰"（Sea eagle）导弹的GR.4是一款反舰攻击版本，而GR.4A主要用于战术侦察。

有效拦截机

1971年，英国国防部发布空军参谋部395目标（Air Staff Target 395），提出用最小改动、最低成本推出一款有效的拦截机以替代英国执行防空任务使用的英国宇航公司"闪电"和F.4"鬼怪"战机。这催生了"龙卷风"ADV（防空变体），它后来服役于英国皇家空军、意大利和沙特阿拉伯空军。

在整个冷战时期，华约组织跨过德国北部平原进行大规模武装进攻的威胁使得开发应对这一进攻的机型具有最高优先级，而费尔柴尔德共和公司（Fairchild Republic）推出的反坦克战斗机A-10"雷霆II"使得这一开发达到顶峰。1977年3月，这款战机开始交付位于南卡罗来纳州美特尔海滩的第354战术战斗机联队；美国空军战术战斗机联队总共接收了727架，主要用于欧洲的行动。为此款战机开发的战术包括两架A-10相互支持，覆盖3千米~5千米（2英里~3英里）宽的地面，为此一旦第一架飞机的飞行员开火后没有击中目标，第二架飞机可以很快补射。这款战机携带了足够的30毫米弹药筒，足以完成10~15个回合的射击次数。

一般而言，A-10S参与的行动是要与美军的直升机并肩作战的；后者可以攻击移动的地对空导弹和苏联装甲部队的防空高射炮系统。如果敌人的防御哪怕暂时受挫或削减，A-10S战机就可以自由地集中于对坦克的攻击。12年后，这些战术在1991年的海湾战争中得到应用并达到致命的效果。

能够与A-10匹敌的俄罗斯战机是苏霍伊苏-25"蛙足"（Frogfoot）。单座近距支援苏-25K在1978年开始部署，这款战机在苏联介入阿富汗的过程中参与了大量战斗。通过总结阿富汗冲突中的经验，又推出了更新版的

▲EF–111A "乌鸦"是F–111的一款电子作战变体，它能够发出有效的电子干扰使得攻击部队不被敌人的雷达和战斗机发现

苏–25T，新版战机具有改进的防御系统，能够抵挡如"毒刺"（Stinger）等武器的进攻。改进还包括在发动机舱和燃料箱下嵌入几毫米厚的钢板。经过改装后，再没有苏–25被阿富汗的肩上发射防空导弹击落。在为期9年的阿富汗冲突中，总共损失了22架苏–25和8名飞行员。

超音速轰炸机

20世纪70年代，见证了超音速轰炸机罗克韦尔公司的B–1战机的复兴。B–1是一款设计用来在低空侵入领域替代B–52和FB–111的轰炸机，原型机的首飞是在1974年12月23日。这款超音速轰炸机的作战代号为B–1B（美国战略空军司令部订购了100架），其原型机被指定为B–1A。尽管在之前几周两架B–1A原型机中的一架在参与试飞时坠毁，第一架B–1B还是在1984年10月完成首飞（超前进行）。1985年7月7日，第一批作战用B–1B交付位于得克萨斯州戴耶斯（Dyess）空军基地的第96轰炸联队使用。

苏联也推出了冷战后期最重要的战斗机之一——图波列夫图–22M。被北约称为"逆火"（Backfire）的图–22M在1971年完成首飞，1973年具备初步作战能力，次年替代图–16开始在苏联服役。新型轰炸机即将执行的任务——外围攻击或洲际攻击——成为冷战时期情报部门竞争最激烈的领域之一。而这款轰炸机的真正威胁——反舰攻击——过了很长时间才显现出来。

在冷战时期，图–22M被苏联空军用于战略轰炸，被苏联海军航空部队用于远程攻击。美国十分担心这款新型轰炸机施加的威胁。实际上，这款轰炸机无法实现针对美国的往返进攻，到1982年，共建造了不到200架。不过，美国海军和美国空军将这一轰炸机作为一个重要威胁，结果导致美国防空预算的增加。1987—1989年，图–22M第一次在阿富汗参战，被用于战术支持，为支持地面行动而投递了大量常规军火。事实上，它所做的与美国空军B–52在阿富汗所做的十分雷同，而实际情况是这种饱和攻击的有用性非常有限。独联体（CIS）在格罗兹尼进攻车臣部队时也使用了"逆火"轰炸机。

苏联解体时，在独联体服役的图–22M大约还有370架，但由于财政紧缩，这一数字在接下来的十年中急剧减少。图–22M复杂的特性带来严重的维修问题，结果导致其生产在1993年终止。虽然苏联没有出口图–22M，但苏联的解体使得一些战机落入苏联共和国的一些国家。

图–22M"逆火"之后推出的是图–160超音速轰炸机，它同"逆火"一样，拥有可变机翼。被北约称为"海

▲第一批9架"龙卷风"IDS(封锁/强击机)原型机1974年8月14日在德国首飞,机组人员在英国(1980年7月接收了第一批"龙卷风"GR.1)的皇家空军科特斯莫尔基地接受了训练

▼苏-24"击剑者"推出了多个变体,在1986年交付使用的苏-24M"击剑者-D"达到顶峰。这一变体装有空中加油装备,更新了导航/攻击系统和激光指示器

盗旗"（Blackjack）的图–160在1981年12月19日完成首飞，但两架原型机中有一架在一次事故中被毁。可与罗克韦尔匹敌（但体型大得多）的这款轰炸机在1984年开始批量生产，第一批作战样机在1987年5月交付使用。

见证苏联政权解体和冷战结束的20世纪80年代末期，爆发了一系列小规模冲突，在这些冲突中前十年开发的技术得到了应用。第一次冲突是1982年的"马岛战争"（Falklands War），其中英国的"鹞"式喷气战机在与阿根廷的战斗中得到检验。同年，以色列的F–15和叙利亚的米格–23在黎巴嫩上空进行了交火。

海上"鹞"式战斗机

在马岛冲突中，海上"鹞"式战斗机（Sea Harrier）证明了自身的实力。以"鹞"式战斗机为基础的海上"鹞"式战斗机FRS.1装备了皇家海军的3艘无敌级航空母舰。它的机头被加长以安放"蓝狐"AI（Blue Fox）雷达，驾驶舱上移以便安装更强大的航空电子设备组，同时也让飞行员有更好的全面视野。第一生产批次的24架飞机加上3架开发用飞机被用于促进测试和飞机许可（clearance，飞机在起降、通过上空时必须得到飞行管理官员的许可）。而当第一代海上"鹞"式战斗机在1978年夏接近完成时，正在测试将其全套作战设备植入两架特别改进的"鹞"式"猎人"T.8（Hunter）战斗机。

1978年8月20日，第一架海上"鹞"式战斗机FRS.1从敦斯福德（Dunsfold）起飞完成首飞；这款战机——XZ450——实际上并不是一架原型机，而是从24架增到31架的第一批生产订单中的第一架。10月13日，它成为第一架降落在航空母舰——"竞技神"号航母（HMS Hermes）——上的海上"鹞"式战斗机。除了这个生产批次，军方在1975年又订购了3架海上"鹞"式战斗机。1978年12月30日，其中的第一架XZ438战机完成首飞，之后被制造商留用于性能和操控试验。第二架XZ439战机在1979年3月30日试飞，随后进入博斯坎比城的飞机和武器实验机构（A&AEE）接受飞机许可测试。在1979年6月6日试飞的第三架XZ440战机在英国航空航天局（B.Ae）敦斯福德和博斯坎比城基地以及英国皇家航空研究中心（RAE）布里斯托基地接受性能试验。

1979年5月25日，第二批出产的海上"鹞"式战斗机XZ451在完成首飞并成为皇家海军负责的第一批样机，

▼费尔柴尔德A–10在仅有一台发动机，大部分航空动力在表面受损的情况下仍能运转。它坚韧的结构在1991年海湾战争中被证明是生死攸关的

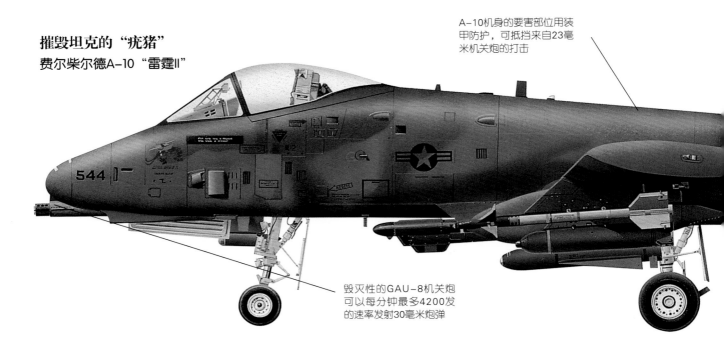

摧毁坦克的"疣猪"
费尔柴尔德A-10"雷霆II"

A-10机身的要害部位用装甲防护，可抵挡来自23毫米机关炮的打击

毁灭性的GAU-8机关炮可以每分钟最多4200发的速率发射30毫米炮弹

1979年6月18日，这款战机进入强化飞行试验分队（Intensive Flying Trials Unit）服役。1979年6月26日，第800A海军航空中队奉命前往萨默塞特郡的耶奥维尔顿（Yeovilton）皇家海军航空站，成立海上"鹞"式战斗机强化飞行试验分队。1980年3月31日，这支部队被解散并重新组建为第899指挥和训练中队。第二支海上"鹞"式战斗机中队——第800空军中队——1980年4月23日成立，1981年2月26日又组建了第801中队。和平时期的计划编制是每个中队5架海上"鹞"式战斗机；第800中队登上"竞技神"号航空母舰，第801中队登上"无敌"号航空母舰（HMS Invincible）。

与此同时，军方又从英国宇航公司订购了10架海上"鹞"式战斗机；其中第一架在1981年9月15日完成试飞，随后交付第899中队。装有"响尾蛇"空对空导弹的海上"鹞"式战斗机FRS.1在1982年的马岛战争中一举成名，驾驶这款战机的飞行员摧毁了23架阿根廷的战斗机。1982年5月21日，海上"鹞"式战斗机以每20分钟一对的速率发出进行空中巡逻。海上"鹞"式战斗机部队后来升级到FA.2标准，前机身被重新设计以安装费伦蒂蓝雌狐（Ferranti Blue Vixen）脉冲多普勒雷达。航空电子设备统统升级，飞机加装了AIM-120先进中程空对空导弹（AMRAAM），使其能够打击可视范围外的多个目标。

马岛冲突见证了这款战机第一次也是唯一一次的作战运用，主要负责维持英国长久以来的核威慑力量——阿弗罗"伏尔甘"。在1968年将"快速反应告警"（QRA）任务让渡给装有"北极星"（Polaris）的皇家海军核潜艇后，皇家空军的"伏尔甘"部队被分配给北约和中央条约组织（CENTO）以承担自由投放轰炸任务。第27空中中队的B.2战斗机也参与了一段时间的海上雷达侦察任务，战机被重新指定为"伏尔甘"B.2。1982年5月，"伏尔甘"从大西洋的阿森松岛（Ascension Island）起飞实施对马岛的攻击以支持英国从阿根廷手中夺回这些岛屿的行动。这些代号为"黑羚羊"（Black Buck）的行动涉及由个体飞机执行的常规轰炸袭击和反雷达任务，每个任务都由不少于11架次的"胜利者"K.2加油机提供支持。为执行反雷达任务，"伏尔甘"加装了"百舌鸟"（Shrike）空对地导弹，这款导弹装有高爆破片弹头，能够从12千米（7.5英里）外发射。"百舌鸟"空对地导弹交付英国使用，悬挂在美国空军"鬼怪"战机翅膀下，从德国起飞——整个冷战时期（实际上是从那以后一直保持的）美国空军和英国皇家空军之间协作的另一个非常经典的例子。"伏尔甘"的总产量为136架，其中包括两架原型机和89架B.2。最后一批作战用的"伏尔甘"是第50空中中队的6架，此时已转为执行空中加油任务。

"鹞"式战斗机II

虽然负责这款卓越战斗机早期开发的是英国，但是美国海军陆战队认识到升级其最初版本——AV-8A的必

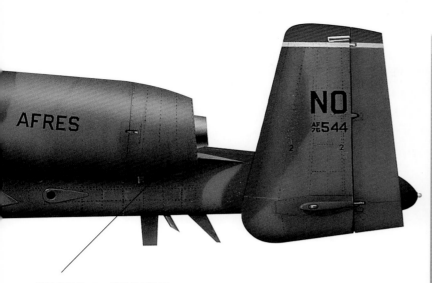

高位安装的TF34发动机是为了在使用战术跑道时避免撞上碎片。它的动力足够强，一台发动机就可以支撑A-10

▲第926战术战斗机联队的第706战术战斗机中队在沙漠风暴行动中使用了A-10

费尔柴尔德A-10

机型：单座反坦克战机

发动机：两台40.31千牛（9066磅）推力的通用电气TF34-GE-100涡轮风扇发动机

最大速度：682千米/小时（424英里/小时）

空载连续航距：4000米（2485英尺）

使用（或实用）升限：10575米（34695英尺）

重量：空机10977千克（24200磅）；加载完毕21500千克（47400磅）

武器装备：一门通用GAU-8/A1350发30毫米机关炮；7258千克（16000磅）混合武器，包括激光制导炸弹、集束炸弹和AGM-65"小牛"导弹

尺寸：翼展　　　17.53米（57英尺6英寸）

　　　长度　　　16.25米（53英尺4英寸）

　　　高度　　　4.47米（14英尺8英寸）

　　　机翼面积　47.01平方米（506平方英尺）

▼苏联对能与A-10"雷霆II"相匹敌战机的需要在苏霍伊苏-25"蛙足"上得以实现，在与伊留申II-102的竞争中它脱颖而出

要。"鹞"式战斗机在机身设计和构造上使用的是20世纪50年代的技术。到了70年代,尽管系统进行了升级,但这种技术已经限制了这款战机潜能的进一步开发。在开发美国海军陆战队新型"鹞"式战斗机变体的过程中,基本设计理念被保留下来,而新技术和航空电子设备也被充分利用。主要的改进之一是一款新型机翼:具有碳纤维复合结构、超临界机翼剖面以及更大的面积和跨度。在短暂的起飞离地瞬间,新机翼具有与偏离喷嘴相连的较大开缝翼襟(slotted flaps),这可以提高控制精度,增加提升力。加装的前缘延伸板(Leading-edge root extensions)通过提高转弯速率而增加了战斗机在空战中的灵活性;而机身下、机炮吊舱上安装的升力提升装置(lift improvement devices)能够在垂直起降过程中获取地面反射的喷气气流,给飞机带来大得多的地面效应气垫同时减少热气再循环。

1978年11月,原型机YAV-8B"鹞"式战斗机II完成首飞,1981年11月推出了第一批开发用战斗机,1983年出产的战机开始交付美国海军陆战队使用。1984年1月16日,第一批AV-8B交给位于北卡罗来纳州切里角(Cherry Point)的VMAT-203训练中队,4天后这款战机接受检验飞行。1985年春,VMAT-203开始专门为AV-8B训练飞行员,到1986年年底,170名飞行员完成了转换课程。"鹞"式战斗机飞行员被派往第32海军航空队,1985年年初,装备第一批12架"鹞"式战斗机的第一支战术空军中队(VMA 331)具备了初期作战能力。1986年秋,这支中队的战机增至15架,并在1987年3月实现全部定员(20架战机)。第二个AV-8B战术中队VMA-231在1986年7月达到初期作战能力(15架战机)。第三支中队VMA-457也在1986年年底实现初步作战能力。装备"鹞"式战斗机的第四支空军中队——VMA-513是西海岸首支使用这款战机的部队,1986年8月,它作为海军陆战队中最后一支装备AV-8A的部队退出。

英国皇家空军的"鹞"式战斗机GR5在1987年开始交付使用;生产版本GR5后来转换为GR7。这个版本基本上类似于美国海军陆战队的夜间攻击版AV-8B,装有前视红外雷达、数字移动地图显示、改进的平视显示器(head-up display),飞行员配有夜间护目镜。西班牙海军也装备了AV-8B(1987年10月开始交付使用)。1996年,早期批次AV-8A的幸存者被卖给泰国。

冷战时期的狂热开发为航空技术语言带来大量的全新词汇和表达方式。20世纪80年代,一个更为有趣的词汇凸现出来,它就是"隐形术"(stealth)。

▲大量所谓的"秘密"技术被应用到B-1B身上,大大增强了它穿透大部分先进敌人防御工事的前景。通过空中加油,它可长距离携带沉重的武器负荷

▲B-1B战机的大部分任务都是在高亚音速的情况下完成的；这款战机装有固定几何形状发动机进气道，它通过弯曲的管道为发动机送气，同时还有流向挡板、阻塞来自风扇的雷达反射

▲图波列夫图–22M是一款非常先进的可变机翼轰炸机，专门设计用远射导弹攻击外海上的北约海军特遣部队

▼图波列夫图–160"海盗旗"是苏联渴望生产的一款类似于美国罗克韦尔B–1的远程可变机翼超音速轰炸机。逐步上升的成本导致产量的严重削减

▲1982年马岛战争期间，英国皇家海军的海上"鹞"式战斗机证明了自身的实力，它有效完成了空中战斗巡逻任务。图中是最新的变体——海上"鹞"式战斗机FRS.2

▼美国海军陆战队采用"鹞"式战斗机的设计进而开发出AV-B"鹞"式战机II，它的攻击火力更强。图中是最初的AV-8A正在进行甲板着陆试验

1947年10月14日，X-1原型机成为世界上第一款完成超音速飞行的飞机。X-1被设计为类似于来复枪子弹的流线型

X-飞行器：
通往航天飞

14

第二次世界大战结束不久，美国陆军航空队、国家航空咨询委员会（NACA）和贝尔飞机公司就开始共同致力于设计并生产一款研究用飞机，以探索超音速（1马赫以上）高速飞行领域。通俗地说，由奥地利教授恩斯特·马赫（Ernst Mach）在1887年设计并在后来以他的名字命名的声速单位"马赫"相当于在15摄氏度（59华氏度）的气温条件下，在海上以1224.68千米/小时（760.98英里/小时）的速度飞行，在11000米（36098英尺）以上这一速度降为恒定的1061.81千米/小时（659.78英里/小时）

最终推出的研究用战斗机是贝尔XS-1，代号很快改为比较简单的X-1。线条明快、子弹形状的X-1拥有超薄的没有后掠角（un-swept）的机翼和常规的尾翼面。它的动力来自一台反应式双燃料火箭发动机，能够产生持续两分半钟的最大2721千克（6000磅）的静推力。

超音速飞行

1946年秋，X-1完成首飞。它被嵌入一架改装的B-29轰炸机的炸弹舱，升到高空后放飞，之后滑翔到地面。同年12月9日，在穆拉克（Muroc）飞行试验基地（后来改名为爱德华兹空军基地）上空，X-1依靠自身动力完成首飞，驾驶它的飞行员是查尔默斯·古林（Chalmers Goodlin）。到1947年夏，X-1已完成多次试飞，速度被稳步推到965千米/小时（600英里/小时）以上。与此同时，汇集整理了大量有关飞机操控特征的信息。

1947年10月14日，X-1成为世界上第一款完成超音速飞行的飞机。当时，它在9000米（29500英尺）的高空从一架B-29"超级空中堡垒"上启动。驾驶它的飞行员是查尔斯·耶格尔（Charles E. Yeager）少校。他在几个月前加入测试计划，已完成8次试飞，当天，这款飞机达到了1.015马赫的水平飞行速度。

▼为贝尔X-1加油。与所有火箭推进飞机一样，这款飞机操纵起来比较危险，因为使用的是高挥发性的火箭燃料，一个失误就会导致一场灾难

两倍音速
贝尔X-1A

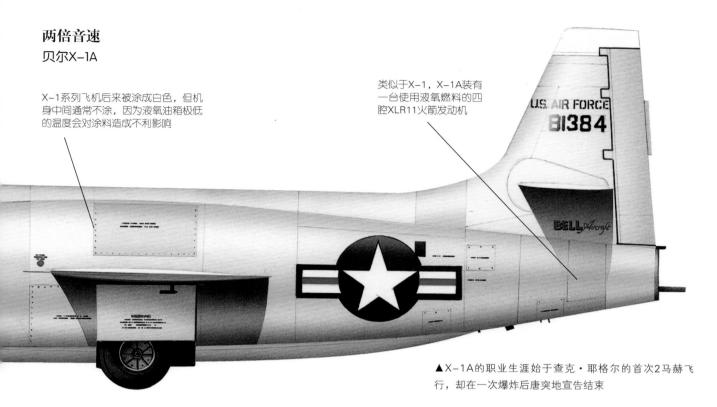

X-1系列飞机后来被涂成白色，但机身中间通常不涂，因为液氧油箱极低的温度会对涂料造成不利影响

类似于X-1，X-1A装有一台使用液氧燃料的四腔XLR11火箭发动机

▲X-1A的职业生涯始于查克·耶格尔的首次2马赫飞行，却在一次爆炸后唐突地宣告结束

"查克"（Chuck）耶格尔随后驾驶X-1又完成了53次飞行，其中大部分都实现了超音速飞行。1949年1月5日，他驾驶这款飞机首次通过自身动力飞离地面，在1分40秒后爬升至7015米（23000英尺）的高度，在爬升过程中实现了超音速飞行。1949年8月8日，弗兰克·埃佛勒斯特（Frank Everest）少校驾驶X-1飞到新的高度——21925米（71881英尺）。后来又建造了3架改进的飞机（X-1A，X-1B和X-1D），1953年12月12日，耶格尔驾驶第一架达到2.435马赫的速度。1954年6月4日，另一位飞行员——亚瑟·穆雷（Arthur Murray）——飞到27435米（90000多

贝尔X-1A	
机型：	高空高速研究用飞机
发动机：	一台26.7千牛（6000磅）推力四缸反应式XLR11-RM-5火箭发动机
最大速度：	2655.4千米/小时（1646.35英里/小时）
持续时间：	4分40秒
使用（或实用）升限：	27432米（90000英尺）以上
重量：	空机3296千克（7251磅）；加载完毕7478千克（16452磅）
武器装备：	通常不装备武器
尺寸： 翼展	8.53米（28英尺）
长度	10.90米（35英尺8英寸）
高度	3.30米（10英尺10英寸）
机翼面积	39.6平方米（426平方英尺）

◀1948年2月，后掠翼道格拉斯"空中火箭"完成首飞，起初动力来自一台西屋电器J34涡轮喷气发动机和一台XLR-8火箭发动机。1953年11月，它成为首款在有人驾驶的情况下实现2马赫以上速度——在19825米（65000英尺）高空达到2.01马赫——飞行的飞机

英尺）的高度。这一系列的最后一款是X–1E，它转换自第二代X–1，用于测试一种新型高速机翼。X–1系列飞机总共完成了231次飞行。

1950年，X–1在穆拉克基地迎来了新伙伴：道格拉斯"空中火箭"（Skyrocket）。1948年2月首飞的"空中火箭"是一款线条明快的后掠翼飞机，起初动力来自涡轮喷气发动机火箭发动机，这使得它能够从地面正常起飞。后来，涡轮喷气发动机被拿掉，"空中火箭"完全依靠火箭发动机。同X–1一样，它通过B–29轰炸机被带到高空。1953年11月21日，"空中火箭"成为首款在有人驾驶的情况下实现2马赫以上速度——在19825米（65000英尺）高空达到2.01马赫——飞行的飞机。

虽然经历了若干事故和技术故障，但是国家航空咨询委员会有人驾驶研究用飞机计划在1954年以前没有损失一名飞行员，其中使用的飞机是另一款贝尔公司的设计：X–2。和X–1不同，X–2拥有后掠翼和尾翼面，设计要达到的航速为3218千米/小时（2000英里/小时）。为克服在如此高的速度会出现的高温，飞机结构主要采用的是不锈钢材料。X–2的动力来自一台寇蒂斯XLR–25火箭发动机。

致命坠机

道格拉斯公司建造了两架X–2。1954年5月，灾难降临到第一架身上——在其液态氧罐正在装入B–50母舰腹部时，突然发生爆炸。X–2的飞行员和一名B–50的机组人员当场毙命。不过由于B–50的飞行员迅速投弃了这架飞机，没有发生进一步的灾难。第二架X–2在弗兰克·埃佛勒斯特中校的操控下，于1955年11月18日完成首次有动力飞行，但这架飞机也在1956年11月27日的一次坠机中被毁。在此之前，米尔本（Milburn）上校驾驶它创造了3.2马赫的新纪录，这是官方记录的人类历史上最快的航速。

在接手国家航空咨询委员会初步设计研究成果，参加了涉及大部分美国航空制造业的设计竞赛后，北美航空公司在1955年12月获得一份生产3架有人驾驶研究用飞机的合约。这款飞机的设计航速在7马赫以上，能够达到至少80000米（264000英尺）的高度（也可以说地面上空80千米的高度）。换句话说，这款飞机是设计用来填补初期火箭动力研究用机型和最终能够将美国人带入轨道的宇宙飞船之间的空白。动力装置是一款能够产生26000千克（57600磅）推力的齐柯尔XLR–99–RM–1火箭发动机——不过第一批两架X–15A在进行初期飞行试验时采用的是两台反应式LR–11–RM–5火箭发动机（每台能够产生3624千克的推力），因为此时更大的发动机还没有就绪。在高超音速会遭遇的高度摩擦意味着X–15的基本结构材料要采用钛和不锈钢，整个机身要覆盖一层由镍合金制成的"装甲皮肤"（armoured skin），可以承受最高550度（1022华氏度）的高温。

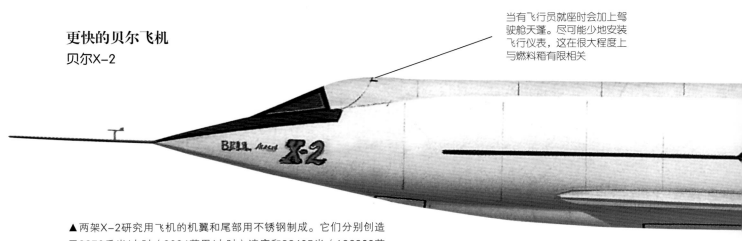

更快的贝尔飞机
贝尔X–2

当有飞行员就座时会加上驾驶舱天蓬。尽可能少地安装飞行仪表，这在很大程度上与燃料箱有限相关

▲两架X–2研究用飞机的机翼和尾部用不锈钢制成。它们分别创造了3370千米/小时（2094英里/小时）速度和38405米（126200英尺）高度的纪录。图中是第二架飞机，它在一次事故中被毁

▲1954年5月，一次空中爆炸导致它被B-50母舰投弃后，从沙漠收回的贝尔X-2残体

总体增白处理非常有利于抵抗高速导致的高温；尽管如此，飞机着陆后通常还是有大片涂层受损

贝尔X-2

机型：超音速研究用飞机

发动机：一台66.7千牛（15000磅）推力寇蒂斯-莱特XLR25-CW-1火箭发动机

最大速度：3058千米/小时（1896英里/小时）

持续时间：10分55秒有动力飞行

燃料容量：2960公升（782加仑）液氧；3376公升（892加仑）乙醇和水

舱位：1名飞行员

使用（或实用）升限：38405米（126000英尺）以上

重量：空机5314千克（11690磅）；最大起飞重量11299千克（24858磅）

尺寸： 翼展　　　9.75米（32英尺）

长度　　　13.41米（44英尺）

高度　　　4.11米（13英尺6英寸）

机翼面积　24.19平方米（260平方英尺）

比子弹还快
北美航空公司X-15

▲北美航空公司X-15火箭动力研究用飞机弥合了大
气层内载人飞行和飞跃大气层进入太空的载人飞行
之间的差别

可丢弃的外燃料箱将X-15的
火箭发动机燃烧时间从超过1
分钟增加至将近两分半钟

▼共建造了3架X-15，这款飞机在高空从一架B-29上发射。在一次着陆事故后，第二架X-15A被重新建造而成为X-15A-2，是曾升空
的最快的飞机

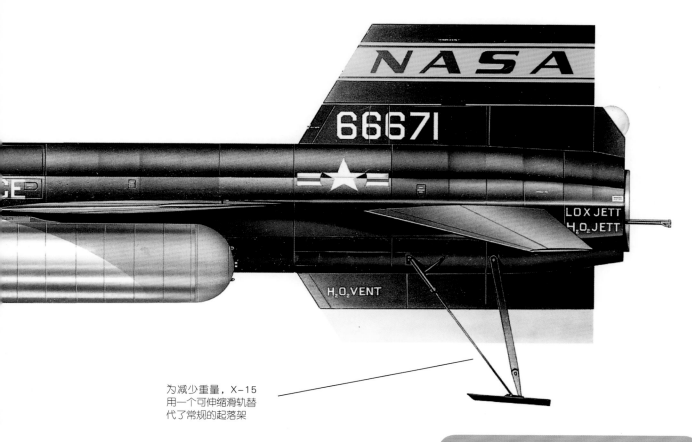

为减少重量，X-15
用一个可伸缩滑轨替
代了常规的起落架

超音速爬升

　　1959年3月10日，第一架X-15A被携带在母体飞机B-52
右翼下完成首飞；这次没有放飞。第一次无动力自由飞行是
在6月8日，驾驶它的飞行员是斯科特·克洛斯菲尔德（Scott
Crossfield）。9月17日，克洛斯菲尔德再次进入驾驶舱，X-15A
从11590米（38000英尺）的高空被投下，首次完成有动力飞行。
降低到1525米（5000英尺）时火箭发动机启动，克洛斯菲尔德
操控飞机小角度升至2.3马赫的速度。在启动4分钟后，燃料用
尽，克洛斯菲尔德转弯制动并在穆拉克湖完成无动力着陆，着
陆时的速度为240千米/小时（150英里/小时）。地面工作人员检
查X-15A时，发现一个损坏燃油泵中溢出的乙醇已流入尾发动机
舱，一股未被发现的火势烧穿了大片铝管、燃料管线和阀门。随
后进行了23天的维修，这款飞机很快准备就绪迎接第二次有动力
飞行。

　　期间，遇到若干故障（大部分与燃油系统有关），而在第二
次飞行进行之前这些问题必须解决。1959年10月17日，克洛斯菲

北美航空公司X-15A-2

机型： 单座超速火箭动力研究用飞机

发动机： 一台齐柯尔（反应式）XLR99-RM-2
单腔可节流液体推进燃料火箭发动
机，在14000米（46000英尺）高度可
产生26000千克（57200磅）推力；在
30000米（98400英尺）高度可产生
32000千克（70400磅）推力

最大速度： 7297千米/小时（4534英里/小时）

最大高度： 107960米（354000英尺）

爬升时间： 从发射时的15000米（49212英尺）
高度升至100000米（320000英尺）
需要140秒

巡航距离： 在典型的试飞中450千米（280
英里）

重量： 加载完毕25460千克（56000磅）

尺寸： 翼展　　6.81米（22英尺4英寸）
　　　　长度　　15.47米（50英尺9英寸）
　　　　高度　　3.96米（12英尺11英寸）
　　　　机翼面积　18.58平方米（200平方英尺）

尔德和X-15最终还是在12505米（41000英尺）的沙漠上空从B-52上被放飞。在8个火箭发动机喷管全部点燃后，
X-15迅速加速。飞行员驾驶它超音速至16775米（55000英尺），随后调整成水平飞行，在进行一些高速演练后
再次爬升至此次飞行的最高高度——20435米（67000英尺）。火箭熄火后，克洛斯菲尔德驾驶X-15以1.5马赫的
速度超音速滑行，在15250米（50000英尺）的高空水平飞行。

　　5天后，克洛斯菲尔德再次驾驶X-15升空，计划在25925米（85000英尺）的高度将速度推到2.6马赫。不过，

当飞行员发现氧气系统出现故障时，飞行不得不取消。后来由于恶劣的天气，进一步的试飞一直推到11月5日。这一次，天气非常好，飞行前的检查也没有发现任何问题。X–15被投放，火箭发动机点燃，飞机开始加速。随后，在X–15身后1/4千米的位置，驾驶一架F–104追逐机（chase plane）陪同试飞的鲍勃·怀特（Bob White）少校看到X–15火箭喷焰附近出现一股红色亮光，他意识到克洛斯菲尔德需要对其进行处理。他听到怀特的警告，克洛斯菲尔德关闭了X–15的火箭发动机，投弃燃料负荷，经历令人恐怖的快速滑翔，在罗莎蒙德干湖紧急迫降。克洛斯菲尔德全身而退，但X–15的尾部受损，火箭发动机也烧坏了。

两个月后，研究计划继续进行，推出了新的X–15A–1，这次安装的是XLR–99–RM–1火箭发动机。1960年1月23日，它完成首次有动力飞行。克洛斯菲尔德受损的飞机经过维修后归队（新代号为X–15A–2）。1960年夏，第三架飞机——X–15A–3——已准备好进行试飞，但在6月8日由于在地面的一次推进燃料爆炸而严重受损。过了好几个月它才再次适宜飞行。但这并不是灾难的终止。1962年11月9日，X–15A–2在没打开襟翼的情况下着陆，撞掉了起落架，飞机发生侧翻，幸运的是飞行员没有受重伤。

创纪录飞行

此时，X–15已完成大量著名的创纪录飞行。1962年6月27日，美国国家航空航天局（NASA）首席试飞员乔·沃克（Joe Walker）驾驶X–15A–1，在发动机燃烧89秒（而不是通常的84秒）后达到6.06马赫的航速。1962年7月17日，鲍勃·怀特少校驾机爬升至95.89千米（59.6英里）的高度，创造了新的世界飞行高度纪录。怀特因此荣获"美国宇航员飞行奖章"（US Astronaut Wings）。这一奖章用于表彰那些驾驶飞机达到80千米（50英里）以上的飞行员。

1962年11月的事故之后，X–15A–2几乎重新建造，机身加长，外部燃料箱加大。整个机身覆有烧蚀材料，使得它能够承受在8马赫这一航速下产生的1400度（2552华氏度）高温。1964年6月28日，这架飞机以全新的面貌起航，罗伯特·鲁什沃斯（Robert Rushworth）少校驾驶它在25315米（83000英尺）高空达到了4769千米/小时（2964英里/小时）的航速。1966年11月18日，X–15A–2在30500米（100000英尺）高空的水平飞行中达到6838千米/小时（4250英里/小时）的速度，驾驶者是美国空军的皮特·奈特（Pete Knight）少校。

1957年11月15日，X–15计划遭遇唯一的一次厄运。这一天，试飞员迈克尔·亚当斯（Michael J. Adams）驾驶的X–15A–3在下降过程中出现自旋，结果机毁人亡。到20世纪60年代末，X–15的使用寿命告终。1967年10月3日，美国空军的威廉·奈特（William J. Knight）少校创造了这款飞机的最高航速：6.72马赫。

1968年10月24日，X–15进行了最后一次飞行，随后不久这一计划暂停。此时，美国人的眼睛盯在阿波罗登月计划上，而1969年人类的第一次登月也使得X–15团队的工作黯然失色。然而，X–15项目为美国太空计划所做的贡献是无法估量的，特别是在可再用太空航天器的开发方面。

▼在使用寿命接近尾声时，X–15A–2穿上了一层烧蚀材料外套，使得它能够承受在8马赫这一航速下产生的高温

实现这一目标的重要一步是一系列试验升力体（lifting-body）研究用飞行器的设计与开发，最初是始于两架由诺斯罗普公司建造的无翼飞机。这两个代号分别为M2-F2和HL-10的飞行器非常类似。从上往下看，M2-F2基本呈三角形，机身的横截面呈D形，侧面为平面的D形构成机头部分。至于HL-10，平整表面在底部。"升力体"同样是由美国国家航空航天局特殊改装的B-52带到高空后投放，经过可控的滑翔后下降到地面。1965年6月15日，M2-F2交付美国国家航空航天局；1966年7月12日完成首次无动力飞行，同年底开始进行有动力试飞。1967年5月10日，M2-F2在着陆时坠毁（因被用到20世纪70年代播出的电视连续剧《无敌金刚》的开场而出名），后完成重建，直到1972年12月才完成试飞计划。

最大高度

1966年1月19日，HL-10交付美国国家航空航天局。12月22日，进行了首次无动力飞行。到1971年年底，共完成了37次试飞，其中25次是有动力飞行。HL-10飞到27500米（90200英尺）的最高高度和1.861马赫的航速。

马丁·玛丽埃塔（Martin Marietta）公司也参与了"升力体"的研究，生产了4架被称为SV-5D小型无人驾驶飞行器，它们在美国空军的代号为X-23A。1966年，美国空军订购了一架有人驾驶的飞行器——SV-5P（X-24A）——以探究低速飞行状态。1967年7月11日，X-24A交付使用。飞行试验示意图涉及通过B-52将飞行器带到13715米（45000英尺）高空后释放，随后使用其火箭发动机推到2马赫的航速和30480米（100000英尺）的高度，接下来飞行器将完成无动力滑翔降落和着陆，从发射到飞行结束大概持续15分钟。飞行器的着陆速度非常

▼诺斯罗普HL-10是在美国国家航空航天局德莱顿飞行研究中心接受测试的6架升力体之一，从1966年到1975年，这一测试是航天飞机开发计划的一部分

高，设计的最大速度是560千米/小时（350英里/小时）。1970年3月19日，X-24A进行了首次有动力飞行；1972年重新建造后在1973年8月以新的代号X-24B再次试飞，1975年9月23日进行了最后一次试飞。

与此同时，1972年7月启动的航天飞机（Space Shuttle）计划已经成形。洛克威尔国际公司（Rockwell International）获得生产2个（后来增加到5个）轨道飞行器（Orbiter）的合同；1976年9月，第一个飞行器推出；1977年2月，轨道飞行器被安放在一架经过专门改装的波音747上完成了首次无人驾驶飞行；1977年6月18日，进行了首次放飞和滑翔飞行；1981年4月12日被官方称为"太空运输系统"（Space Transportation System）的首次全功能穿梭（fully functional shuttle）由"哥伦比亚"号轨道飞行器完成。

1986年1月28日，"挑战者"（Challenger）轨道飞行器在上升过程中解体，搭载的7名宇航员全部遇难。随后推出了替代"挑战者"的"奋力"号（Endeavour，使用的是最初计划生产其他轨道飞行器的备件），于1991年5月交付，一年后首次发射。"挑战者"发射17年后，搭载7名宇航员的"哥伦比亚"号在2003年2月1日的返回过程中发生灾难，其后再没有推出新的轨道飞行器。

▼马丁X-24系列升力体设计用于探究大气层内从高空超音速到着陆的飞行特性，并证明升力体从太空返回的可行性

从升力体和早期的X-飞行器获得的经验在有史以来最伟大的技术成就——太空运输系统或航天飞机身上达到顶峰

波音707将民用航空运输带入新的时代。它推出后，世界几乎是在一夜之间缩小了。图中是一架英国海外航空公司的早期样机

15 商用航空：从1950年到今天

20世纪50年代初，波音公司利用从B-47和B-52轰炸机项目获得的专业知识设计了一款世界一流的喷气客机：波音707。原型机的建造严格保密，1954年7月13日进行了首航。波音707的主要系列模型是1957年12月首航的707-120以及在1959年1月首航的707-320

1959—1972年，生产了550多架道格拉斯DC-8。图中是一架DC-8的货运版

涡轮风扇发动机的引进不可估量地提高了波音707（其实是所有其他喷气客机）的潜能。世界上第一款涡轮风扇发动机是罗尔斯·罗伊斯"康威"（Conway）。发展自轴流式涡轮喷气发动机的涡轮风扇发动机的特点是具有增大的、充当导管风扇（将空气吹过发动机的核心以产生额外的推力）的一级压缩机。1955年，这款发动机在阿弗罗阿什顿（Avro Ashton）试验平台下接受首次飞行测试，它被装在机身下吊舱（类似于后来安装在波音707机翼下引擎舱的外形）内，这款发动机的"康威动力"版随后被英国海外航空公司订购。

波音707的直接竞争对手是道格拉斯公司的DC-8——美国生产的第二款商用喷气客机。最初被称为道格拉斯1881型，并设想为四引擎国内客机的道格拉斯DC-8在1955年6月亮相，1958年5月30日完成首航，在波音707推出一年后开始在民航服役。

比较便宜的选择

等到道格拉斯DC-8原型机试飞完成后，订单已经有130多架了；第一位客户是在1955年10月订购了25架的泛美航空公司。有意思的是，在20世纪60年代，这些飞机与波音707共同执行飞往欧洲的航线。1961年8月21日，一架改装的DC-8-40成为第一款超越1马赫航速的喷气客机，它在小角度俯冲时达到1073千米/小时（667英里/小时）的速度。DC-8的价格比波音707稍便宜一些，速度稍慢一些，不过两款客机速度的区别几乎感觉不到，即使是长途旅行。尽管由于喷气客机的复杂性，在推出早期出现了一些惊人的事故，但后来，他们被证明为安全、可靠的客机。总的来说，波音707在服务上更为高效。

1965年4月，道格拉斯推出了DC-8的三款新型变体机。第一款是大容量横贯大陆的DC-8"超级61"（Super 61），机翼和发动机与DC-8-50相同；第二款是"超级62"，比标准的道格拉斯客机稍长一点，正好与波音707-320的载客人数相当，发动机装置经过重新设计；第三款是"超级63"，它整合了DC-8-61的机身和"超级62"的机翼，发动机功率也有所提升。第一架"超级61"在1966年3月试飞，到1967年年中，三个版本的载客飞机全

英国最后一款大型喷气客机
维克斯VC.10

▼有17架为英国海外航空公司服役的VC-10 1151型是一款基本的旅客运输机。被指定为1154型的另外5架归东非航空公司——订购这一机型的唯一海外航空公司所有

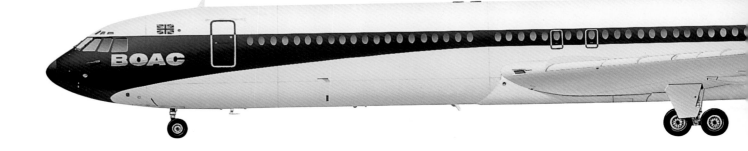

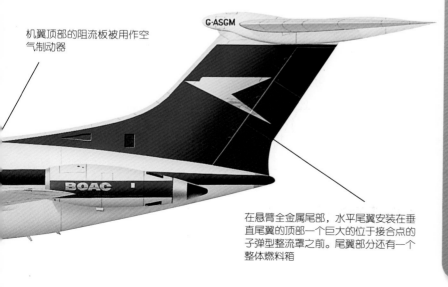

部投入使用。

因德·哈维兰"彗星"的不维克斯（英国飞机公司）的四台装于尾部的罗

幸而失去商业喷气客机领导地位的英国，试图通过VC-10重新进入这一领域，这是一款造型优美、由尔斯·罗伊斯"康威"涡轮风扇发动机驱动的客机。

VC-10的设计既可用于长途超音速飞行，也能适应非洲航空港的高温，首飞是在1962年。进一步开发版的"超级VC-10"设计用于携带比标准VC-10更大的有效载荷，而起飞距离的增加相对较小，它的机身加长了4.27米（14英尺）。VC-10在商业上并不成功，仅在英国海外航空公司和东非航空公司服役，最终也只是建造了54架VC-10和超级VC-10。其中一部分超级VC-10被改装为英国皇家空军的空中加油机。

最具声望的客机

1957年，俄国革命（Russian Revolution）40周年前几天，当时世界上最大的苏联涡轮螺旋桨发动机和商业客机完成首航。它就是图波列夫图-114"罗西亚"（Rossiya），是安德烈·图波列夫为响应一款能够环航全球飞机的规范而设计的。这款客机以图-95"熊"战略轰炸机为基础，使用同样的安装在机身较低位置的机翼，这样客舱就不会被机翼主梁结构阻碍，它在空运史上开辟了新天地。这款客机最成功的航线之一是俄罗斯航空公司—日本航空公司联合开发的莫斯科到东京的航线，由俄罗斯—日本机组人员共同提供服务。被北约称为"楔子"（Cleat）的这款客机的表现并不出色，但其承载能力和速度使其成为苏联在20世纪60年代最具声望的客机。

20世纪60年代，另一款苏联长途客机是伊留申Il-62。被北约称为"经典"（Classic）的Il-62在1963年1月完成首航，它也是苏联生产的第一款长途四喷气引擎商业客机。经过一架原型机和三架预生产飞机多次检验飞行后，Il-62开始在俄罗斯航空公司定期服务，负责莫斯科到哈巴罗夫斯克、莫斯科到新西伯利亚的航线。自1967年9月，这款飞机开始替代图-114负责莫斯科到蒙特利尔的航线，1968年7月，这一线路拓展到纽约。Il-62M是一款动力更强、飞行距离更远的客机。

1960年12月，波音宣布准备生产一款中短程喷气客机，代号为727型。这款飞机在1963年2月完成首航，1964年2月进入东方航空公司开始定期服务。到1967年4月，波音727成为世界上应用最广泛的商业喷气客机。

与波音727相当的英国客机是霍克辛德利"三叉戟"（Trident），不过没有取得美国客机那样的成功。"三叉戟"源于英国欧洲航空公司在1957年发布的一项规范，其中要求生产一款在

机翼顶部的阻流板被用作空气制动器

在悬臂全金属尾部，水平尾翼安装在垂直尾翼的顶部一个巨大的位于接合点的子弹型整流罩之前。尾翼部分还有一个整体燃料箱

超级VC.10	
机型：	四引擎远程旅客/货物喷气运输机
发动机：	四台100.08千牛（23030磅）推力罗尔斯·罗伊斯康韦RCo.43涡轮风扇发动机
最大速度：	935千米/小时（580英里/小时）
初始爬升率：	700米/分钟（2300英尺/分钟）
巡航高度：	11600米（38000英尺）
巡航距离：	满负荷的情况下7560千米（4698英里）
重量：	空机66660千克（146960磅）；基本飞行重量70479千克（155054磅）
最大载重：	27043千克（59495磅）
尺寸： 翼展	44.55米（146英尺）
长度	52.32米（172英尺）
高度	12.04米（39英尺）
机翼面积	272.4平方米（2931平方英尺）

1963年1月，首飞的伊留申Il—62是苏联生产的第一款商用远程四引擎客机。Il—62M是动力更强的版本

CCCP-86675

▲在很多方面与波音727相似的图波列夫图–154在苏联被广泛使用。世界上至少有10个国家的空军也使用这款飞机

1964年开始服役的新型短程商业喷气客机。其原型机在1962年1月9日试飞，1964年4月1日，英国欧洲航空公司开始通过第一批24架客机进行常规服务。1965年6月，一架英国欧洲航空公司的"三叉戟I"在一次常规客运服务中完成首次自动着陆。5个版本的"三叉戟"共生产了117架。

苏联的中程三喷气引擎客机是图波列夫图–154，它在1968年10月完成首航并继而成为世界领先的中程客机之一。这款客机被广泛用于俄罗斯航空公司的国内和国际航线，同时还在与苏联有关国家的航空公司服役。1971年11月，图–154进入俄罗斯航空公司国内航线开展定期服务。

继维克斯"子爵"式（Viscount）客机之后，新一代涡轮螺旋桨驱动客机在20世纪50年代末和60年代初开始服役。英国推出了源自英国海外航空公司对一款中程运输机规范的布里斯托"大不列颠"（Britannia），起初计划由4台"半人马"（Centaurus）活塞发动机驱动。1950年，英国海外航空公司表示出对布里斯托"普罗透斯"（Proteus）涡轮螺旋桨发动机的偏爱，在安装了这款发动机后，"大不列颠"在1952年8月16日完成首航。1957年2月1日，这款机型进入英国海外航空公司伦敦到约翰内斯堡的航线服役。虽然是一款不错的飞机，但"大不列

美国涡轮螺旋桨客机
洛克希德188"厄勒克特拉"

"厄勒克特拉"是由美国设计生产的第一款涡轮螺旋桨客机

这款客机在1961年为西部航空公司建造，在1969年转为货运飞机

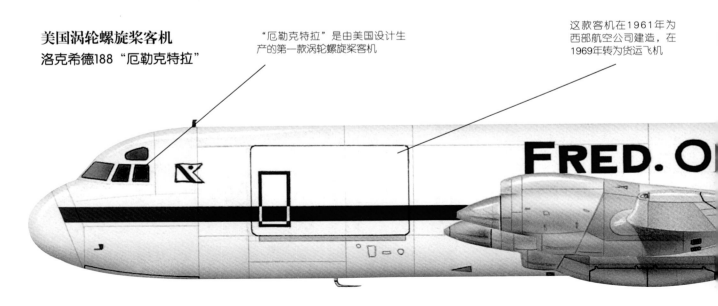

颠"进入世界客机市场为时过晚，此时潜在运营商已将目光聚集在全喷气发动机设备。不过，"大不列颠"在许多航空公司提供了优质服务，还装备了英国皇家空军运输司令部的两个空中中队。

在美国设计建造的第一款涡轮螺旋桨客机是洛克希德L-188A"厄勒克特拉"（Electra）。这款机型在1957年12月首航，1959年开始在东方航空公司和美国航空公司定期服务，它在商业上的成功似乎是肯定的，但随后的两次致命事故显示出飞机机翼的结构性缺陷，"厄勒克特拉"的生产被叫停，并进行了重要修改。飞机被设定了速度限制，其后也没有更多的订单；不过，其军用变体——P-3"猎户座"（Orion）——非常成功。

苏联也推出了一系列涡轮螺旋桨飞机，其中第一款是在1957年7月首航、1959年4月进入俄罗斯航空公司服役的伊留申Il-18。按照西方的标准，质朴粗糙、被北约报告系统称为"笨人"（Coot）的Il-18成为苏联民用航空领域的中流砥柱，在20世纪60年代为俄罗斯航空公司的航线拓展做了大量工作。

1959年，进入军队服役的安托诺夫An-10"乌克兰"（Ukraina）重型运输机是另一款四引擎俄罗斯涡轮螺旋桨飞机。An-10A是载客版，而被北约称为"幼兽"（Cub）的An-12是货运变体。它将成为当时最成功的运输机之一，大致相当于洛克希德的"大力神"。安托诺夫公司还负责生产取得巨大成功的双引擎系列飞机，这一系列始于1959年的An-24，还有著名的多用途An-2实用双翼机。

最重的飞机

1965年6月，举行的巴黎国际航空展上，奥列格·安托诺夫（Oleg K. Antonov）推出了震惊航空界的最新创造。这款体型庞大的An-22重型运输机在俄罗斯航空公司和苏联空军——用于运输如装在履带发射器上的导弹和拆卸的飞机等大型货物——服役。An-22一登场，就成为有史以来建造的最重的飞机。到1974年停产时，这款飞机共生产了50架。

在接下来的几年，安托诺夫陆续推出了更多惊世骇俗之作，第

> **洛克希德188A"厄勒克特拉"**
>
> **机型**：涡轮螺旋桨客机
> **发动机**：四台2800千瓦（3750马力）艾利森501涡轮螺旋桨发动机
> **巡航速度**：600千米/小时（373英里/小时）
> **巡航距离**：4458千米（2770英里）
> **使用（或实用）升限**：8565米（28400英尺）
> **重量**：加载完毕51257千克（113000磅）
> **载客量**：3名机组人员，加66～98名乘客
> **尺寸**：翼展　　30米（99英尺）
> 　　　　长度　　32.15米（105英尺）
> 　　　　高度　　10.25米（33英尺7英寸）
> 　　　　机翼面积　272.4平方米（2931平方英尺）

▼1957年12月6日首飞的洛克希德"厄勒克特拉"短/中程客机推出后立即获得成功，原型机完成处女航时，这家公司就接受了144架订单

艾利森501发动机为L-100"大力神"和康维尔580客机提供动力

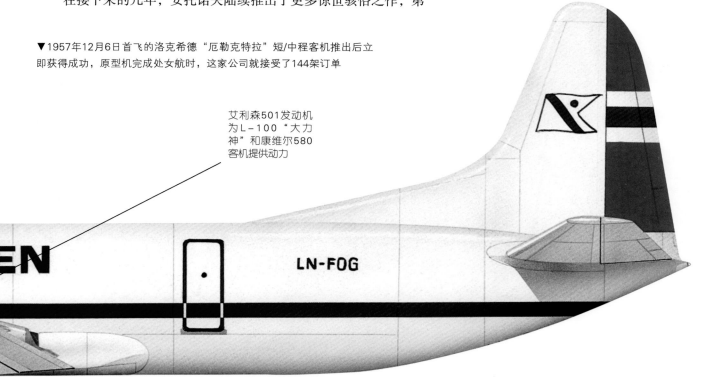

LN-FOG

安托诺夫An-125在世界各地为各种客户提供货运服务。图中是一艘美国海军深潜救生艇（Deep Submergence Rescue Vehicle）正被填入这款巨型飞机的"胃"里

一个是安托诺夫An-124"鲁斯兰"（Ruslan），有史以来建造的最大的飞机之一，设计用于超重货物运输的An-124从设计之初就被证明是一款成功的运输机。被北约报告系统称为"秃鹫"（Condor）的An-124更为流行也更准确的苏联名字是"鲁斯兰"（鲁斯兰是俄罗斯文学和音乐领域伟大的民族英雄）。第一架原型机An-124在1982年12月26日开始进行飞行试验计划；1985年年底，这款飞机开始在俄罗斯航空公司的航线进行检验飞行。到1991年，在使用中的An-124至少有23架，安托诺夫设计局组建了一家特殊的公司，向全世界出售载货运输机。

通过运输机在地面站点间运送轨道太空飞行器的理念由美国国家航空航天局的波音747/航天飞机组率先倡导，不过这一想法在苏联达到新的发展高峰。通过经大幅改进的米亚西谢夫Mya-4"野牛"（Bison）轰炸机的尝试，证明了重型、特大货物"背驮式"（piggyback）的运输方法是可行的。期间，这款轰炸机运送了将用于发射俄罗斯航天飞机——"暴风雪"号（Buran）——的艾尼及亚（Energiya）助推器组件，而巨大的安托诺夫An-225"梦"（Mriya）也在1988年推出。An-225是专门为苏联的太空计划开发的，也是世界上第一款总重达453000千克（1000000磅）的飞机。

在20世纪60年代早期的短程客运市场，一款英国客机取得了成功，它就是在1963年8月首航的英国航空公司的1-11（One-Eleven）。为满足各个航空公司客户的要求，这款客机生产了多个版本。1-11的总产量是244架，这款客机还在罗马尼亚授权生产。

美国对等机型

1-11的美国对等机型是道格拉斯DC-9，它在世界上许多航空公司的短中程航线上已服役多年。其原型机在1965年2月试飞，它也推出了多个版本。当1967年道格拉斯被麦克唐纳合并时，DC-9被赋予新的代号：麦道MD-80。在卖出2400多架后，DC-9成为航空史上最成功的客机之一。

▼波音747经过大量改进，使得它们能够在背上驮着航天飞机飞行。图中是"亚特兰蒂斯"号航天飞机

▲道格拉斯飞机公司特意为北欧的航空公司开发了两个版本的DC-9，分别是DC-9-40和DC-9-20——高寒高空版

▼波音737的销售一直不温不火，直到1978年市场突然爆发。许多美国地方航空公司开始购买737以加速扩张

很少有航空动力学方面的工程成就能够与
英法的"协和"式客机媲美，它设计时预
想的经济巡航速度在2马赫以上

可以并入这一行列的苏联客机是图波列夫图-134，北约将其称为"硬壳"（Crusty）。图-104的后继者图-124（起初被指定为图-124A）在前者的基础上有了进一步发展，而且做了许多改进。图-134项目始于1962年6月，原型机在1963年12月试飞，1966年这款飞机进入俄罗斯航空公司国内航线服役。1967年9月，它开始在莫斯科到斯德哥尔摩之间提供国际航线服务。起初64座的图-134在1958年加长为80座的图-134A。

不过，这一时期短程客运最成功的机型还要数波音737。这一著名客机的开发始于1964年，原型机的首飞在1967年4月。这一机型的销售很平稳，但并不突出，直到1978年的市场爆发。这一年，出于一些原因，波音737的订单多达145架。波音从英国航空公司和德国汉莎航空公司接到了两笔"一次性"（one-off）大订单，同时美国政府废除了禁止小型但高效的地区性航空公司参与许多航线竞争的规则。地区性航空公司购买波音737以加快他们的扩张，而波音公司生产了多个变体以满足需求的激增。

正如预想的那样，先进的737型客机受到"第三世界"经营者的青睐，成为中东、远东、非洲和拉丁美洲一道常见的风景线。在欧洲，节日包机业务已成熟到航空公司有能力提供全新飞机的程度；内设130个座位、空间足够大的737型客机被证明为理想的选择。1980年，波音737超越727成为世界上最畅销的客机。

惊人的成就

20世纪60年代，在商业航空领域最惊人的成就是超音速运输机的发展，而英法的"协和"式超音速喷气客机（Concorde）是一个缩影。作为国际合作的典范，西方世界第一架超音速客机的开发和生产是由英国和法国联

▼图波列夫图-144是世界上第一款超音速运输机，1968年12月31日完成首飞。两个月后，协和式客机升空。和协和式客机不同，它并不成功

合进行的，正式协议在1962年11月签署。预想巡航速度为2.05马赫的"协和"式客机采用的是尖顶式（双曲线）机翼平面，这一特征在BAC-221——一款从创纪录的费尔雷"德尔塔2型"飞机基础上重建的研究用飞机——身上进行了充分试验。另一款研究用飞机——亨德里·佩奇HP.115——建造用于测试这款机翼的低速操纵特性。"协和"式客机的动力来自四台罗尔斯·罗伊斯/斯奈克马"奥林巴斯"（Olympus）593发动机。法国宇航局负责第一架原型机——1969年3月2日在图卢兹完成首航——F-WTSS的开发，而英国航空公司负责第二架原型机——1969年4月9日在布里斯托菲尔顿完成首航——G-BSST的开发。

　　1969年10月，第一架原型机"协和001"完成超音速试飞，1970年11月实现2马赫航速飞行。此时，16家航空公司已选择购买74架飞机，不过最初只有英国航空公司和法国航空公司使用了"协和"式客机。这两家航空公司在1976年1月开始"协和"式客机服务，英国航空公司运营伦敦和巴林岛之间的航线，而法国航空公司运营巴黎和里约热内卢之间的航线，随后又开辟了到加拉加斯、华盛顿和纽约的航线。

　　"协和"式客机优美简洁的线条一定程度上掩盖了极其复杂的飞机工程和航空动力系统。例如，尖顶式机翼的前缘弯曲成弧形产生了飞机在巡航速度可以利用的强大涡流，而四个悬挂式发动机有精准控制的空气供应，其中涉及一系列复杂的进气坡道。"协和"式客机的长鼻子和高攻角意味着机组人员在低速时看不到前面，为此机头在起飞和着陆时会"下垂"。"协和"式客机卓越的安全记录在2000年7月25日中断，这一天法国航空公司的一架客机在巴黎戴高乐机场附近坠毁，机上人员全部遇难。这次事故的起因是飞机在起飞时跑道的碎片使得一个燃料箱破裂。"协和"式超音速飞机在2003年全部退役。

▼美国空军购买了4架波音747-200用于国家紧急空中指挥所（National Emergency Airborne Command Posts），安装了大量通信套件和空中加油装置

进入航空公司服役的第二款（第一款是波音747）宽体高密度客机麦道DC-10在1970年8月29日首飞，生产型飞机在第二年8月5日投入使用

设计变动

　　"协和"式客机并不是第一款超音速运输机。它是在图波列夫图-144——1968年12月31日完成首航——压力下的产物。图-144的开发旷日持久，横跨将近10年，期间经历了重要的设计变动，其中包括新型机翼、重新定位的发动机舱、新的起落架和可改进低速操纵的可伸缩前置翼面（主升力面前部像机翼的小型突出部分）。图-144在1969年6月5日实现超音速飞行，仅一个月后实现2马赫航速。1973年6月3日，第二架生产机型在巴黎的航空展上发生了一次致命事故，在一次猛烈操纵后在半空解体。苏联人没有对此次事件进行任何报道。图-144最初用于在莫斯科和阿拉木图之间运送信件和货物，1977年11月开始在这一线路搭载乘客；1978年6月，这款飞机突然退役。

　　美国人也试图利用波音2707在超音速运客机市场分得一杯羹。同"协和"式客机和图-144不同，这款客机的建造大量使用钛合金，由此使得它能够达到3马赫的航速，同时还具有可变机翼。全尺寸实物模型在1966年建造出来，但可变机翼概念因过于复杂而在1968年被放弃，随后改为更小的固定翼版，并计划在1970年试飞，1974年投入使用。原型机的建造工作启动，但美国超音速客机项目基于燃料成本上升、环境问题的理由在1971年被取消。

　　虽然超音速客机的概念可能让人兴奋、充满想象，但在20世纪70年代为航空运输领域带来真正革命的是一款完全不同的飞机。1969年2月9日，宽体喷气式运输机的时代到来。这一天波音747大型喷气式客机（Jumbo Jet）——最初开发用于赶超"加长版"的道格莱斯DC-8——实现首航。随后生产了波音747的众多变体，第一款生产模型——747-100——1970年1月22日在泛美航空公司伦敦到纽约的航线上投入使用。起初设计为双层的747最终基本上还是采用了单层的结构，载客机型可容纳385人，其中包括16个豪华舱位。

　　1970年10月，波音公司第一架747-200进行了试飞，其燃料储备和总重都有所提升。主要的载客版是747-200 B型，而747-200F型是没有窗户的专用货运版，它的铰链式机头可直接装载货盘和集装箱。波音747的变体还包括747SP，一款具有缩短的机身和增大的尾翼的专用远程版本。除了其他著名的飞行，泛美航空公司的一架

▼开发自早期Il-86的Il-96事实上是一个全新设计，仅有机身部分和起落架勉强没变

747SP以809千米/小时（503英里/小时）的平均速度用了1天22小时50分钟完成环球航行；还有一次横越南北极的环球航行。

洲际线路

第二款进入航空公司服役的宽体高密度客机是麦道公司的DC-10，首航是在1970年8月29日，第二年8月5日生产型飞机在美国航空公司洛杉矶到芝加哥的航线上投入使用。一款"增程"（extended-range）变体——DC-10-30——在1972年6月21日试飞；这款机型计划用于洲际线路，它拥有更大功率的发动机、第三代主起落架装置和增加的翼展。随后又推出了几款变体，其中包括动力更强的40系列。这款飞机后来被重新指定为MD-11；之后的版本具有加长的机身以为乘客和行李提供更大的空间，机翼也被加长并加装了小翼。MD-11的总体设计比DC-10更为先进，这使其具有更高的效率，早期的模拟座舱显示系统也被多功能荧光屏显示器所替代。

导致麦道DC-10开发的相同市场需求催生了洛克希德"三星"（TriStar）高密度喷气客机项目。这一被指定为L-1101的项目在1968年3月启动，第一架飞机在1970年11月16日起飞。起初可用的版本是洛克希德L-1011-1，它在1972年4月26日在东方航空公司投入定期航线服务。1973年年底，现役客机数达到56架，还有199架确认订单和可选订单。此时，DC-10正在进入洲际市场，洛克希德公司着手增加"三星"的航程和有效载荷，开始推动L-1011-100系列的研发工作。这款客机由三台罗尔斯·罗伊斯RB.211涡轮风扇发动机提供动力，成为最适合的"三星"系列，但它还是没能与DC-10 30系列的航程和有效载荷能力相匹配。为彻底改进"三星"客机的巡航能力，洛克希德公司推出了 L-1011-500，这款客机在1979年12月获得美国联邦航空局的认证。

改良版本

1976年12月，随着伊留申Il-86的首航，苏联进入宽体客机市场。1977年10月，俄罗斯航空公司开始使用这款客机，但由于Il-86糟糕的巡航能力，它基本上被严格限制在飞往苏联境内的目的地。这导致对一款改良版本——Il-96（基本上是一款新的设计）——的开发。差不多唯一没有变动或仅轻微改动的部分是机身的主体（虽然也被大幅缩短）和起落装置的4个部分。Il-96的第一架原型机在1988年9月28日首航，第二年6月，这款客机在巴黎航展亮相。俄罗斯航空公司订购了大约100架用于国内和海外的远程高密度航线，但到2006年9月，仅有大约16架在使用中。这一机型的进一步开发版本是为中程航线提供的拥有350个座位的Il-96M和Il-90双引擎版。

20世纪80年代，波音家族通过双喷气发动机757型客机——开始替代现役的727——的引入继续扩张。随后又推出了与757类似的767型，它的机身更宽大。接下来，刚好填充767和747空白的波音777推出，它是一款全新的宽体设计，以波音努力尝试的双涡轮风扇驱动客机概念为基础，同时也为满足潜在客户的要求提供了一种发动机的选择。其结构广泛使用先进材料，最新的航空动力技术包括"遥控自动驾驶"（fly-by-wire）控制系统。

▲1966年，推动麦道DC-10开发的市场需求同时导致洛克希德"三星"高密度喷气客机项目。这个被指定为L-1101的项目在1968年3月启动

▼空中客车A310非常抢手，很大程度上是由于其杰出的节油和巡航能力。它是一款非常安全的飞机，大量高升力装置提供了非常好的近地安全因素

然而，到目前为止，波音在民用客机市场上明显的垄断受到欧洲空中客车公司（Airbus Industries）——到1981年已占领世界双走道运输机市场55%以上的份额——强有力、持续的冲击。1972年，这家公司试飞了空中客车A300，第一架宽体双引擎商用机投入使用。最初的销售并不理想，但随后空中客车推出了设计用于短程航线的A300B4。东方航空公司从1977年年底开始租赁4架空中客车A300B4，租期为6个月。这家公司对这款飞机非常满意，买下了最初的4架，同时又订购了25架。这是空中客车成功故事的开始；到1978年，空中客车已拥有来自其他美国航空公司的有担保订单，在宽体机销售上成为仅次于波音的第二大飞机制造商。3年内，它将波音挤到了第二名的位置。

改装机翼

A310是拥有改装机翼的缩短版的A300，后来被A320——预示真正高科技客机时代的到来——夺去了光彩。1981年，A320确定了空中客车在世界大型客机市场的领先地位。在没有试飞前，A320就收到了400架的有担保订单。A318、A319和A321是短程变体，而双喷气引擎的A330和四喷气引擎的A340是远程机型。

2005年4月27日，空中客车试飞了其最新产品——世界上最大的客机A380——的原型机，这款客机按照标准的三类座舱结构可容纳555名乘客，如果全部安排经济舱最多可容纳853人。A380计划在2007年投入使用。

波音公司决定不去开发空中客车A380的直接竞争对手，而是转而提出开发一款替代767的被称为"音速巡航者"（Sonic Cruiser）的亚音速飞机。波音公司的这款非常规设计并没有在航空界产生太大影响，2001年这一项目被放弃，不过其中涉及的一些技术在波音的最新产品——节能型7E7梦幻客机（Dreamliner），一个传统的设计融合了所有最新的技术。

▼世界上最大的客机——空客A380——计划在2007年进入航空公司服役，不过在开发阶段因与客户要求出现分歧而延迟交付

波音（麦道）AH-64 "阿帕奇"
是一款强有力的战斗直升机，
1991年海湾战争中展现了它令人
生畏的火力，期间它用火箭弹和
加农炮摧毁了伊拉克的雷达站

16

未来之翼：未来世界的军用航空

1991年1月16日和17日晚，8架麦道公司的AH-64A直升机开启"沙漠风暴行动"（Operation Desert Storm）空袭的突击阶段，攻击巴格达附近的两座雷达站，使用的武器是"地狱火"空对地导弹、70毫米火箭弹和30毫米火炮。任务取得圆满成功，两个站点全被摧毁。最初对巴格达的攻击由位于海湾的美国战舰和洛克希德F-117A战机发射的"战斧"（Tomahawk）巡航导弹完成，直捣指挥控制中心、各部门、军营和总统府等个别目标在随后的攻击过程中，F-117A强击机一直没被发现，是隐形技术发挥了作用。令人惊异的F-117A隐形战机始于1973年被称为"拥蓝"（Have Blue）的项目，这一项目旨在研究生产一款具有微弱（或没有）雷达和红外特征战斗机的可行性。1977年，两架试验性隐形技术（Experimental Stealth Tactical）"拥蓝"研究用战机建造出来，并在内华达州（51区）的马夫湖（Groom Lake）进行了试飞。其中一架在一次事故中被毁，另一架在1979年成功完成了这一试验计划。"拥蓝"的原型机确认了隐形战机的小平面（faceting）概念及飞机的基本形状。

对两架"拥蓝"战机的评估带来了65架F-117A生产型飞机的订单。1981年6月，这一机型完成首航，

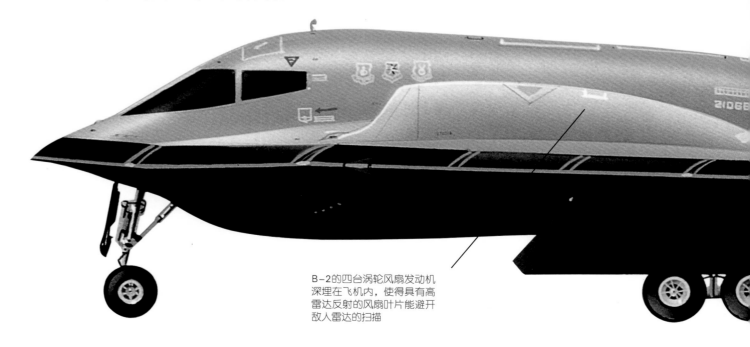

▲1991—2003年海湾战争期间，洛克希德F-117A扮演重要角色，向高优先级目标发出第一击；这款战机也被用于巴尔干半岛和阿富汗冲突

1983年10月投入使用。F-117A是一款单座亚音速飞机，动力来自两台带有屏蔽狭槽尾气装置——设计用于消散热辐射（还伴有热屏蔽片）从而最小化红外特征——的非加力（non-afterburning）通用F404涡轮风扇发动机。小平面（直角平面）的使用分散了进入的雷达能量，而雷达吸收性材料和经导电涂层处理的透明胶片进一步减少了F-117A的雷达特征。飞机具有高度后掠掠前缘，一个W型机翼后缘和V型尾翼组。武器携带在两个内藏式武器舱的下摆吊架上。F-117A拥有四冗余遥控自动驾驶控制装置，前视红外和激光制导可操纵炮塔、平视、俯视显示器、激光通信和整合数字航空电子技术的导航/攻击系统。

在1991年海湾战争中，美国空军第37战术战斗机联队的F-117A表现卓越，对高优先级目标完成了先发制人的打击；这款战机后来被用于巴尔干和阿富汗战争以及2003年第二次入侵伊拉克的战争。1990年7月，最后一批59架F-117A交付使用。

美国的第二款隐形设计——诺斯罗普格鲁曼公司的B-2轰炸机——更了不起。B-2轰炸机的开发工作始于1978年，美国空军最初想要133架，但到了1991年，连续的预算消减使得这一数量减至21架。其原型机在1989年

▼诺斯罗普B-2轰炸机的开发工作始于1978年。原型机在1989年7月17日首飞，第一批生产型B-2在1993年12月17日交付位于密苏里州怀特曼空军基地第509轰炸机联队的第393轰炸中队使用

B-2的四台涡轮风扇发动机深埋在飞机内，使得具有高雷达反射的风扇叶片能避开敌人雷达的扫描

▲B-2的机翼前缘设计成空气可通过各个方向导入发动机进气口，使得发动机能够在高功率、零航速的情况下工作

7月17日试飞，第一批生产型B-2在1993年12月17日交付位于密苏里州怀特曼空军基地（Whiteman AFB）第509轰炸机联队的第393轰炸中队使用。

飞翼式

在设计这款高技术轰炸机（ATB）的过程中，诺斯罗普公司根据其在第二次世界大战期间设计"飞翼"式（flying wing）飞机的经验，从一开始就决定采用一种全翼结构。其理由是一款"飞翼"式战机能够携带与常规战机相同的有效载荷而重量更轻、燃料消耗更少。尾部表面没有重量和阻力，同时包括支撑它们的结构的重量。机翼结构本身更

致命的"回旋镖"
诺斯罗普B-2A "幽灵"

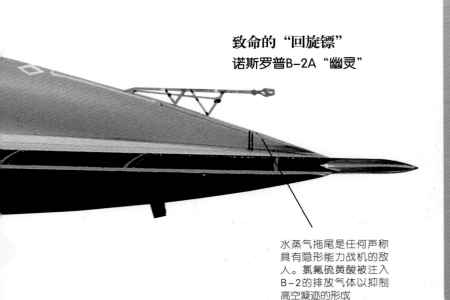

水蒸气拖尾是任何声称具有隐形能力战机的敌人。氯氟硫黄酸被注入B-2的排放气体以抑制高空凝迹的形成

诺斯罗普B-2A "幽灵"

机型： 双座远程战略轰炸机
发动机： 四台84.52千牛（19017磅）推力通用F118-GE-100涡轮风扇发动机
最大速度： 12200米（40000英尺）以上960千米/小时（597英里/小时）
巡航距离： 12225千米（7596英里）
使用（或实用）升限： 16920米（53440英尺）
重量： 空机79380千克（175995磅）；加载完毕181437千克（400000磅）
武器装备： 炸弹舱内旋转发射台上的8枚B61或B83核弹或16枚核导弹，或80枚227千克（500磅）Mk 82或最多22600千克（50000磅）其他武器
尺寸： 翼展　　52.43米（172英尺）
　　　　　长度　　21.03米（69英尺）
　　　　　高度　　5.18米（17英尺）
　　　　　机翼面积　196平方米（2110平方英尺）

当今的隐形战士
洛克希德F-22 "猛禽"

F-22的最高速度在很大程度上是未知的，因为发动机动力仅是一个因素。机身承受来自摩擦产生的压力和高温的能力是一个关键因素，特别是对于使用如此多高分子材料的F-22而言

▲ "F-22" 的隐形特性使得它能够在不被察觉的情况下接近敌机，加上最新的超视距空对空导弹，赋予它卓越的一击致命能力

为高效，因为飞机的重量被分散在机翼，而不是集中在中心。之所以选择全翼结构，是因为它异常简洁的构造有利于最大限度减小雷达截面，同时略去垂直尾翼面，额外的好处还包括翼展负荷的结构效率和高升/阻比（lift/drag ratio）带来的高效巡航。外侧机翼板的增加是为了纵向平衡，提高升/阻比并为倾斜、翻转和偏航操纵提供足够的翼展。前缘后掠的选择是出于平衡和亚音速航空动力学的考虑，而整体外形的设计是为了获得中性纵向静稳定性。飞机的短尺寸意味着它必须呈现稳定的俯冲时刻以超越失速、获得积极的恢复。最初的高技术轰炸机设计仅在外侧翼板有升降副翼，不过随着设计的推进，内侧也加装了额外的升降副翼，这使得B-2具有与众不同的双W机翼后缘。

▼F-22 "猛禽" 设计用于部署到世界任何地方，与B-1 "长矛"、B-2 "幽灵" 和F-15E "攻击鹰" 等战斗机共同构成一支快速反应部队

洛克希德F-22"猛禽"

机型：单座超音速空中优势战斗机

发动机：两台15.87千牛（35000磅）推力普惠F119-P-100涡轮风扇发动机

最大速度：2575千米/小时（1600英里/小时）

作战半径：1285千米（800英里）

使用（或实用）升限：19812米（65000英尺）

重量：空机14061千克（31000磅）；最大起飞重量27216千克（60000磅）

武器装备：生产型飞机装有普通的武器装备和内置炸弹舱内的下一代空对空导弹

尺寸：翼展　　　13.1米（43英尺）

　　　　长度　　　19.55米（64英尺2英寸）

　　　　高度　　　5.39米（17英尺8英寸）

　　　　机翼面积　77.1平方米（830平方英尺）

F-22的隐形设计包含各种因素，如飞机的总体形状，雷达吸收材料的采用，以及如减少能够提供雷达反射的铰链和飞行员头盔等细节设计

B-2的起飞速度是140节（260千米/小时），这个速度不受起飞重量的影响。正常的运转速度处在高亚音速范畴；最大高度大约是在15200米（50000英尺）。这款轰炸机的机动性非常高，具备类似于战斗机的操纵特性。

获胜组合

21世纪初，大量隐形技术被纳入这个设计之中，这无疑是最令人兴奋的战斗机——洛克希德马丁F-22"猛禽"（Raptor）也进行了这样的设计。20世纪70年代末，美国空军提出要用750架高技术战斗机替代F-15"鹰"战机。两家公司——洛克希德和诺斯罗普——被选中建造演示用原型机。两家公司各生产了两架原型机——洛克希德YF-22和诺斯罗普YF-23，4架原型机在1990年完成试飞。两款不同的发动机——普惠YF119和通用YF120——接受了评估，1991年4月，军方宣布F-22和F119为获胜组合。1997年4月9日，第一架F-22原型机在乔治亚州玛丽埃塔市的洛克希德马丁工厂推出。这款飞机具有很多问题，其中包括软件故障和燃料泄露，第一次试飞因此推迟到1997年9月7日。第二架原型机在1998年6月29日完成首航。到2001年年底，已有8架F-22完成试飞。

F-22组合了许多隐形特征。例如，它的空对空武器是内置的；三个内置武器舱存放着先进的短程、中程和超视距空对空导弹。1993年对这款战机的作战能力进行评估后，又增添了地面攻击能力，其内置武器舱也能存放454千克（1000磅）的GBU-32精确制导导弹。F-22设计用于高出击率作战，其周转时间在20分钟以内。它的具有高度集成的航空电子设备，在空战中能够做出快速反应，其存活能力在很大程度上取决于飞行员尽早定位目标并在第一击命中的能力。F-22设计用于应对特殊威胁，当时的代表是大量的苏联敏捷战斗机，F-22的任务是在自己的领空利用超视距武器击落它们。它是在2001年组建以应对全世界各种威胁的"全球打击特遣队"（Global Strike Task Force）的主要战机。

F-22计划受到不断推迟的困扰，但相比欧洲面向21世纪的战斗机——欧洲台风战机（Eurofighter Typhoon）——项目所遭受的痛苦，这些苦恼不值一提。开发一款通用欧洲战斗机的目标在1983年12月由法国、德国、意大利、西班牙和英国的空军参谋长们提出；最初的可行性研究在1984年7月完成，但法国在一年后退出这一项目。1987年9月，各方发布了一条明确的欧洲人员要求（从事开发），提出了更为详尽的操作规范，而主要的发动机和武器系统开发合约在1988年11月签署。为证明欧洲战机所需的必要技术，英国宇航公司获得一份在"试验飞机计划"（EAP）下开发一款敏捷的演示用战机——不是一款原型机——的合约。这款演示战机在1986年8月8日完成首航。1992年结束的冷战导致对这一计划进行重新评估，德国提出需要大规模削减成本。几种低

英国皇家空军科宁斯比台风作战转换部队（Coningsby Typhoon Operational Conversion Unit）的"欧洲台风"战机，正在展示它们的协同性。驾驶过"台风"的飞行员都表示出对这款战机先进系统的欣赏

▲法国达索公司的Rafale是在先进战斗机领域的一次大胆尝试，但这一机型的出口并没有预想的那么好

成本结构接受了检验，但只有两种被证明比起初的欧洲战机便宜；两款战机都比不上米格–29和苏–27。最终在1992年12月这个项目被重新包装为"欧洲战机2000"（Eurofighter 2000），此时相对计划的开始服役时间已耽搁了3年。

第一批两架"欧洲战机"的原型机在1994年试飞，随后又推出了几架。最初的客户需求是英国和德国各250架，意大利165架，西班牙100架。西班牙在1994年1月宣布订购87架，而德国和意大利分别将需求改为180架和121架，德国的订单包括至少40架战斗轰炸机版样机。英国的订单为232架，额外可选订单65架。向4个国家空军的交付时间计划在2001年开始；这一计划再次落空。英国皇家空军在2003年6月30日接到第一批战机。欧洲战机打入出口市场，奥地利订购了35架。

最初身为发起欧洲战机开发合伙人的法国在早期阶段决定退出，开发自己的21世纪敏捷战斗机。法国拥有大量经验；其开发的"幻影"2000多功能战斗机（"幻影"III的继任者）获得巨大成功。

法国"阵风"战机

法国敏捷战斗机始于达索"阵风"战斗机（Squall）。基于比"幻影"2000在外形尺寸上稍大的机身，达索公司着手生产一款能够在空对空交战中摧毁从超音速飞机到直升机各种对手的多功能战机。这款战机还能够向距离其基地650千米（400英里）以外的目标投递至少3500千克（7715磅）炸弹或现代武器。携带至少6枚空对空导弹并快速连发的能力被认为是必不可少的，同时还要具备的能力包括发射光电导引和先进的"射后不理"（即发射后自动寻的）空对地（air-to-surface）武器。作战条件下的高机动性、高攻角飞行能力，短途起飞和着陆的最佳低速性能是基本的设计目标。这导致达索公司选择了一种复合后掠三角翼，一个比主翼装得更高的大号鸭式前翼，两台发动机，处在半腹位置全新设计的进气口和单独的尾翼。

三个版本

正如"欧洲战机"，一款被称为"飓风-A"（Rafale-A）的技术演示机建造出来，它在1986年7月4日完成首航。"飓风"装有两台斯纳克玛M88-2加强版涡轮风扇发动机，每台发动机可产生7450千克（16424磅）的推力。"飓风"共有三个版本：为法国空军生产的"飓风-C"单座多功能战机、双座"飓风-B"和供海军使用的"飓风-M"。如用于攻击，"飓风"可携带一枚中程空对地对峙核弹；如用于拦截，武器改为8枚装有自动制导装置的空对空导弹；如用于空对地，比较典型的装备是16227千克（35774磅）炸弹、两枚空对空导弹和两个外部燃料箱。这款战机可兼容北约所有的空对空、空对地武器。内置武器包括一门隐藏在右舷发动机管旁的30毫米机关炮。

在有利可图的出口市场与"欧洲战机"和"飓风"战机竞争的是瑞典的JAS-39"鹰狮"（Gripen）战斗机。萨博JAS-39"鹰狮"轻型多功能战斗机的设计始于20世纪70年代，用于替代攻击、侦察和拦截版的"雷式"战斗机。原型机在1987年4月26日推出，首航在1988年12月9日完成。1989年2月2日的一次着陆事故损失了这架飞机后，萨博公司对其先进的遥控自动驾驶系统进行了改进。"鹰狮"战斗机的订单总共是140架，所有订单来自瑞典皇家空军，1995年交付使用。

空军力量大规模使用的海湾战争以及随后由美国和北约在伊拉克、阿富汗、巴尔干半岛等地实施的行动见证了冷战后期开发的所有常规武器——从集束炸弹到巡航导弹——的应用。这些冲突也证明了航空母舰（及其携带的各种攻击机）依然是全球武力投送的最有效手段。最有效的战斗机之一仍是麦道公司的F/A-18"大黄蜂"（Hornet），它在1986年4月在对利比亚的报复性攻击中首次参战。1978年11月18日首航的"大黄蜂"原型机之后推出了11架开发用飞机。第一批生产版本是战斗/攻击机F-18A和双座F-18B作战训练机；随后的变体包括装备AIM-120空对空导弹和"小牛"（Maverick）红外导弹以及机载自我保护干扰系统的F-18C和F-18D。这款飞机也在加拿大空军服役，代号为CF-188。其他客户包括澳大利亚、芬兰、科威特、西班牙和瑞士。

萨博JAS-39"鹰狮"

机型： 单座高性能战斗机
发动机： 一台54.0千牛（12150磅）推力沃尔沃RM12（通用F404-GE-400）涡轮风扇发动机；加装再燃装置后80.49千牛（18110磅）推力。
最大速度： 在11000米（36000英尺）高度上2126千米/小时（1321英里/小时）
使用（或实用）升限： 14000米（46000英尺）
重量： 空机6622千克（14600磅）；加载完毕8300千克（18298磅）
武器装备： 一门27毫米Mauser BK27机关炮；两枚翼尖Rb 74（AIM-9L"响尾蛇"导弹）或其他空地空导弹；翼下空对地或萨博Rb 15F反舰导弹
尺寸： 翼展　　8.00米（26英尺3英寸）
　　　　　长度　　14.10米（46英尺3英寸）
　　　　　高度　　4.70米（15英尺5英寸）
　　　　　机翼面积　80平方米（861平方英尺）

瑞典的超级战机
萨博JAS-39"鹰狮"

▲萨博JAS-39"鹰狮"轻型多功能战斗机的开发构想在20世纪70年代提出，旨在替代攻击、侦察和拦截版本的"雷"战斗机

▲ 在F-14替代"幻影"担任海军空中优势战机的同时，替代其战术角色（美国海军和美国海军陆战队）的战机是1978年11月18日首飞的麦道F-18"大黄蜂"

机身大约有30%的复合材料。在测试过程中，这种结构被证明比设计人员预想的还要坚固。"鹰狮"的机身可以承受9个标准大气压

动力来自一台沃尔沃RM12涡轮风扇发动机，是授权建造的通用F404型发动机。波音F/A-18"大黄蜂"使用的也是这款发动机

联合攻击战斗机

　　"大黄蜂"与美国海军陆战队的Av-8B"鹞"式II战斗机并肩作战，两款战机最终将被F-35联合攻击战斗机——将拥有三款变体的英美联合开发机型——替代。F-35A常规起降飞机将从2011年起替代美国空军的F-16"战鹰"（Fighting Falcons）和A-10"霹雳II"；F-35B是一款短途起飞和垂直降落变体，计划从2012年起替代美国海军陆战队Av-8B"鹞"式II战斗机和F/A-18"大黄蜂"以及英国皇家空军/海军的"鹞"式GR.7/9战斗

机；F-35C舰载变体从2012年开始替代部分美国海军的"大黄蜂"。

虽然它们在现代作战环境中十分有效，但事实上最新的战斗机——如F-35——是非常昂贵的。而且，虽然飞行员依然必不可少，但在将来会更加依赖无人驾驶的作战飞行器。这些战机的雏形已出现在我们身边，它们将是未来空战的斗士。

▼F-35联合攻击战斗机设计用于在美国海军、美国海军陆战队和皇家空军服役。它可以向前追溯到垂直起飞"鹞"式战斗机